인간과 주거문화

홍원화

경북대학교출판부

홍원화

| 학력 및 주요 경력 |

1982년~1986년 경북대학교 공학사(건축공학 전공)
1990년~1992년 와세다대학 대학원 공학석사(도시한경 및 설비 전공)
1992년~1994년 와세다대학 대학원 공학박사(도시환경 및 설비 전공)
1999년~현재 경북대학교 건축 · 토목공학부 교수
2001년~현재 Asia Institute of Urban Environment 부회장, 국제기구위원
2007년~현재 American Society for Engineering Education member
2009년 경북대학교 공과대학 부학장
2010년~2011년 한국연구재단 기초연구본부 공학단장
2012년~현재 고등교육기관 학부 · 과 표준분류심의위원회 공학 분야 위원장

| 주요 저서 및 역서 |

『都市環境學』, 都市環境學敎材編輯委員會, 林高北出版株式會社, 2003
『2 · 18 대구지하철 화재 참사 기록과 교훈』, 119매거진, 2005
『동일본 대지진 이후의 일본재생』, 기문당, 2011

인간과 주거문화

초판 1쇄 2013년 3월 11일 | **초판 3쇄** 2017년 2월 15일
지은이 홍원화 | **펴낸이** 김상동 | **펴낸 곳** 경북대학교출판부
출판등록 1973년 10월 10일 ㉱97호 | **주소** 대구광역시 북구 대학로 80
전화 053-950-6741~3 | **팩스** 053-953-4692 | **E-mail** press@knu.ac.kr
ISBN 978-89-7180-368-4 93610

정가는 뒤표지에 있습니다.
파본은 바꾸어 드립니다.

머리말

주거는 우리가 거주하는 물리적 형태의 공간뿐만 아니라 그 공간을 지배하는 인간사회의 정서적인 개념까지 포괄한다. 다시 말해서 집을 가진다는 것은 의식주를 해결하는 공간이면서 개인의 생활을 넘어 가족이라는 소사회를 구성할 수 있는 가장 기본적이고 필수적인 장소를 소유함을 뜻한다.

구석기시대 이래로 동굴이나 움집과 같이, 자연의 위협으로부터 보호받을 수 있는 은신처 역할에서 시작된 주거의 의미는 수만 년을 거치면서 자연환경 변화, 재료범위의 확대, 기술수준 향상, 인류문화의 다양성에 따라 꾸준히 변화해 왔다. 주거공간으로서의 역할은 예나 지금이나 변함이 없지만 시대 변화에 따라 주거로부터 심리적 안정과 생활여건의 향상을 추구하게 되고 이것을 확보하려는 노력을 통해 주거공간의 유형이 다양화되는 것이다. 오늘날 삶의 질이 높아지면서 주거환경에 대한 사람들의 관심이 나날이 높아지고 있다. 특히 환경과의 상호관계 속에서 생활의 쾌적함과 편리함을 추구함에 따라 주거공간의 개념이 더욱 더 확대되고 이상적인 주거환경을 만들기 위해 노력하고 있다. 따라서 우리는 인간의 생활양식과 문화적 다양성을 공부하고 그에 따른 주거공간의 의미, 유형, 가치, 기능을 익혀 미래사회의 급변하는 건설환경, 주거환경에 대응할 수 있어야 하겠다.

지금까지 주거에 관한 책은 주거와 환경에 국한된 것이 대부분이었는데, 이 책은 건축을 전공하는 이들을 위한 기초서적인 동시에, 주거라는 추상적 공간개념과 건축에 의해 이루어지는 실질적인 공간개념을 종합적으로 다루고 있다. 특히 저자 본인이 대학 교양과목으로 지난 15년간 연구하고 수업하면서 쌓아 온 학술자료를 모아 전공 공부를 시작하는 학생이나 주거에 대해 관심을 가지고 있는 일반인들이 주거문화에 대해 쉽고 친근하게 접근할 수 있도록 필요한 지식을 체계적이고 간단명료하게 정리하였다. 또한 이 책은 주거문화에 관한 전반적인 내용을 바탕으로, 우리의 주거 역사와 문화, 주거 계획, 주거 환경과 설비, 주거 안전, 미래 주거 등 다양한 주거문화에서 다루어져야 하는 기본적인 지식에 대하여 그림이나 사진 등 기초 자료를 활용하여 내용을 쉽게 이해할 수 있도록 기술하였다.

이 책은 많은 선배 학자님들의 가르침을 바탕으로 이루어진 것으로, 책을 저술함에 있어 그분들의 연구결과를 인용하고 있으나 그 출처를 일일이 밝히지는 못하였다. 책을 저술하는 데 사용하였거나 참고자료를 제공해 준 선배 학자님들의 높은 업적에 존경을 표한다. 특히 고(故) 하재명 교수님께서는 대학 내 교양과목으로 '인간과 주거문화'를 만들어 함께 강의하며 교양과목에서 다루어야 할 내용과 자료취합, 자문에 이르기까지 너무나 많은 도움을 주셨다. 또한 동양대학교 황용운 교수에게는 한국건축사에 관한 내용과 사진 등을 제공 받았다.

끝으로 자료를 정리하는 등, 책을 발간하는 데 많은 도움을 준 도시환경설비연구실의 최미영, 원안나, 이호영, 김태우, 윤혜경 박사와 박사과정의 이승욱, 이정림, 이지애에게 깊은 고마움을 전하며, 이 책의 발간을 기꺼이 수락해 주신 경북대학교출판부에 감사드린다.

2013년 2월

홍 원 화

목차

제1장

인간과 문화 그리고 주거의 시작

인간의 정의 및 이해

문화의 의미와 기능

주거의 의미

1

인간의 정의 및 이해

인간의 정의

인간人間, human being은 동물의 일원이지만 다른 동물에서 볼 수 없는 고도의 지능을 소유하고 독특한 삶을 영위해 가는 존재로, 인류라고도 한다. 본래 불교용어 '세간世間'과 같은 뜻으로 쓰였으나, 인간 세계에 사는 사람을 나타내는 일상어로서 개인이나 집단에 대한 구별 없이 쓰이게 되었다. 아이누어로 '아이누'는 인간을 가리키며, 타이완臺灣 고사족高沙族의 '아타얄'도 아타얄어로 인간을 나타낸다. 이러한 예는 세계 각지에서 볼 수 있으며, 동서고금을 통해 인간의 복잡함과 인간에 대한 논의가 끊임없이 이루어져 왔다는 것을 의미한다.

즉, 자기 자신까지 포함해서 '인간이란 무엇이냐'에 대해 예로부터 많은 사상가들을 중심으로 논해졌으며, 이러한 질문에는 인간이 동물의 일종이며, 두 발로 서서 걷는다는 사실 외에 그 이상의 특성으로 인간을 규정하려는 뜻이 숨어 있다. 예지인Homo sapiens, 공작인Homo faber, 언어인Homo loquens, 정치인Homo politicus, 경제인Homo economicus, 종교인Homo religliosus, 예술인Homo artex, 마술인Homo magicus, 유희인Homo ludens 등은 인간이 지닌 특성을 가리킨다.

인간의 특성을 좀 더 구체적으로 살펴보면, 인간은 조직사회를 이루고 언어와 도구를 사용하면서 생활을 한다.

그림 1-1
인류의 진화과정

인간이란 사람과 사람 사이를 뜻하며, 인간으로서 살기 위해서는 인간관계를 유지하는 것이 중요하다. 인간사회는 부부와 가족을 기본단위로 하면서, 그 외에 다양한 집단을 구성함으로써 조직사회를 형성한다. 또한 인간은 언어 없이는 인간적 존재를 유지할 수 없는데, 이것은 언어를 통하여 생각이 축적되고 전달되기 때문이다. 특히 글이 있고 없음에 따라 인간사회는 미개와 문명으로 나누어진다. 그 밖에도 인간은 주변에 있는 물질을 골라 이를 가공하여 도구를 만든다. 도구는 인간이 생명을 유지하고, 주변환경의 도전에 대해 자신을 지키는 수단으로서, 인간은 도구 없이는 살아갈 수 없다.

B. 파스칼은 "인간은 생각하는 갈대와 같다"라고 하였다. 이는 인간의 약함과 사고방식의 우월성을 나타내는 말이나, 한편 형이하학적으로 인간은 결코 약하지 않으며, 많은 동물들에게 위협적 존재이다. 오늘날 행해지고 있는 자연파괴를 제외하고도 후기 구석기시대 이후 인간은 많은 생물을 멸종시키거나 멸종의 위기까지 몰아넣기도 했다. 그러한 행위도 무기나 불만 사용한 것이 아니라 뛰어난 지능으로 극심한 공격을 전개한 결과였다. 그렇기 때문에 인간은 '만물의 영장靈長'이 되었고, '식육류食肉類'로 간주되었다. 살인 · 고문 · 전쟁 등의 실례로 보아 인간처럼 잔인한 동물은 없다고 하지만, 대부분의 동물이 이기적 행동으로 살아가는 가운데서도 인간은 이타적으로 행동할 수 있으며, 일상적으로 남을 위해 애쓰기도 하고, 약자를 부조하며 사랑하는 유일한 동물이다. 대부분의 동물은 늙어 생식능력이 없어지면 죽지만 노인은 사회의 보호에 따라 생존하며 그 지혜와 경험을 살려 그 사회에 이바지한다.

인간사회에서 자연선택은 부분적으로 작용한다. 인간은 인간이 만든 환경 속에서 크며, 살기 위한 속성屬性은 자신가축화自身家畜化로 설명되기도 하지만, 가축과는 달리 인간은 주체성을 유지한다. 인간은 기능이나 지능 발달이 기대되기 때문에 그 사회 특유의 형태로 교육을 받는다. 따라서 타고난 성질을 그대로 유지한 채 성장하지는 않는다. 인간은 일정한 가치관을 가지게 되고 신체나 생활도 그가 살고 있는 사회의 문화적 영향을 받는다.

인간은 그들만의 생활방식을 가지고 있다. 이러한 생활방식은 태어날 때부터 가지고 있는 것은 아니고 각자가 생후에 사회에서 습득하며, 자손에게 전해지는 것이다. 신체적 특징은 생물로서의 유전법칙에 의해 부모로부터 자식에게 전해지지만, 생후에 습득한 언어나 기술은 사회를 통해 세대에서 세대로 전해진다. 생후에 획득한 신체적 형질形質은 다음 대에 유전되지 않지만, 어떤 세대에서 발명되고 개선된 생활기술은 다음 세대에 계승되고 발전한다. 이처럼 생활기술의 진보는 신체의 진화를 앞지르게 되었다. 인간의 진화는 정지한 것처럼 보이기도 한다. 이 같은 인간 특유의 생활기술도, 그 근원을 거슬러 올라가면 역시 인간이 동물로서의 삶을 영위함에 있어서 이를 보충하기 위한 생물로서의 특성에 기인한 것에 불과하다. 일찍이 지혜를 간직한 뇌의 발전은 사람을 사람답게 하는 근원으로 간주되었다. 그러나 오늘날에는 화석인류化石人類와 문화유물에 나타난 증거에서, 이족직립보행二足直立步行에 알맞은 신체구조의 변화가 먼저 이루어지고, 뇌의 발달은 이보다 늦게 진행되었다는 사실이 명백해졌다.

그리하여 인간의 생물로서의 특성에 바탕을 두고 성립된 생활기술은 반대로 생물로서의 진화에 영향을 주는 요인이 되었고, 지구상에 출현한 지 200만 년에 이르러 오늘날 지구상에 널리 퍼져, 독특한 생활을 영위하는 인간세계를 나타나게 하였다.

인간에 대한 이해

부볼츠, 아이커와 손탁(Bubolz, Eicher & Sontag, 1979)에 의하면 인간은 인간생태이론의 중심에 위치하며, 생태학의 중심개념인 유기체에 해당된다. 또한 인간은 인간환경단위human environed unit로 명명되기도 하는데, 인간은 그를 둘러싸고 있는 환경에 적응하면서 성장 · 발전하기 때문이다.

인간환경단위는 개인일 수도 있고 가족과 같은 개인의 집합일 수도 있는 환경을 의미하며, 이것을 구성하는 환경요소는 인간행동환경human behavioral environment, 인공환경human constructed environment, 자연환경natural environment으로 보고 있다. 인간행동환경은 인간의 생물 물리적 · 심리적 · 사회적 행동환경으로 동작이나 자세, 사고와 정서 그리고 가족, 친구, 동료집단 및 그들과의 관계를 포함한다. 인공환경은 사회 물리적 · 사회 생물학적 · 사회문화적 환경으로 구성된다. 이 환경은 지적이고 사회적인 능력의 산물인 인간이 그들의 신체적 · 생물적 · 사회적 · 심리적 욕구를 충족시키기 위해 자연환경에 적응한 결과 산출된 환경이다. 사회 물리적 환경은 의식주, 도로, 오염된 공기와 물 등 인간이 변화시킨 물리적 환경을 의미하고, 사회 생물적 환경은 인간이 변화시킨 미생물, 식물, 동물을 말하며, 사회 문화적 환경은 정치, 교육, 건강, 종교, 경제적 제도, 언어와 사회규범, 법률, 정책, 문화 패턴, 기술, 이웃, 지역사회를 포함한다. 또 자연환경은 공간 · 시간적 요소, 물리적 요소 및 생물학적 요소를 가지며, 인간 생활에 필요한 에너지와 물질을 공급해 줌으로써 인간생활을 유지할 수 있게 한다. 이처럼 환경에 적응하는 유기체로서의 인간은 다음과 같은 특징을 지닌다(Hawley, 홍등식 외 역, 1995).

첫째, 인간은 살아 있는 유기체로서 환경과 접촉한다. 이것은 생존의 유일한 길이며 생계수단을 획득하기 위한 지식을 얻는 길이다. 환경에 대한 의존성을 지속적으로 항상 표출하는 것이 인간 삶의 모습이다.

둘째, 인간이 사회에서 생존하는 데 가장 기본적이며 필수불가결한 형태는 상호의존이다. 인간은 완숙되지 않은 채 세상에 태어나 출생 후 오랜 성숙기간을 요하는 동시에 외부세계에 대처하는 신체적 기관들이 매우 미발달된 상태에 있다. 나아가서 상호의존은 서로 다르면서도 관련이 있는 여러 활동을 동시에 수행할 수 있게 하여 개인이 혼자서 해낼 수 없는 일들을 가능하게 한다. 그래서 개인은 언제나 집단의 구성원으로 존재하며 누구든지 집단성원이 아닌 상태에서는 생존할 수 없다.

셋째, 인간은 여타의 생명체와 마찬가지로 시간적 차원에서 유한한 존재이며 또한 한계성을 가진 피조물이다. 반복적인 식사와 휴식으로 생활의 기본 리듬을 만들고 이에 따라 모든 사회활동에 있어서 시간배정을 규칙화한다. 출생, 성장, 노쇠와 같은 생의 주기는 인간이 통제할 수 없는 한계점으로 작용한다. 인간이 환경에 대처할 때 시간절약은 생활의 중요한 관심사가 된다.

넷째, 인간은 상황조건이 허락하는 한 생명을 최대한 보전하고 연장하려는 성향을 가지고 있다. 인간생명에 관한 이 같은 내적 욕구는 모든 다른 욕구의 기본이 된다. 이러한 욕구의 가장 기본적인 표현은 자손을 남기는 것으로 나타난다. 또한 이 같은 특정 욕구는 적극적이고 안전하게 환경을 이용하려고 하는 인간의 노력에서 나타나며, 구성원들 간의 상호의존성의 증가에서도 찾아볼 수 있다. 생명유지에 대한 욕구는 인간이 모든 특이한 기후풍토와 환경에까지 두루 퍼져 살고 있는 것과 인구증가와 수명연장이 진행되어 온 과정을 보면 확인할 수 있다.

다섯째, 인간행위의 다양성에 대한 내재적인 제한은 결정적인 것이 아니다. 인간행위는 그 종류나 정도에 별다른 제한 없이 확대 가능하다. 인간의 능력이 최대한으로 동원될 때, 각 개인은 창의성을 발휘하여 에너지를 동원하고 확대하는 방안을 궁리하게 된다. 그러나 이것은 아무런 제한이 존재하지 않는다는 것을 의미하지는 않는다. 외재적 제한은 내재적 제한이 부과되기 훨씬 이전부터 작용해 왔다.

이상에서 본 바와 같이 인간은 환경에 의존하고 인간끼리 상호의존하며 시간의 한계 속에서 살아가면서 생명과 생존을 지속하고자 하는 욕구에서 생명을 재생산하고 환경을 개발하며 내적 · 외적 제한을 극복하고 창의성을 최대한으로 발휘하는 존재이다. 즉 인간은 주어진 환경 속에서 적응하고 살아가지만 생명유지에의 욕구를 충족하는 과정 속에서 환경을 개발하게 되며, 이때 중요한 것은 인간이 환경과의 관계 속에서 균형을 유지함으로써 생태계의 평형을 지향하여야 한다는 사실이다.

문화의 의미와 기능

문화의 의미

문화라는 말은 사회학, 인류학, 사회심리학 등에서 자주 쓰이고 있다. 하지만 주거문화, 동양문화, 한국문화, 대학문화, 음주문화와 같이 '문화'는 일상적으로 자주 쓰이는 말이며 인간활동의 거의 모든 영역에 적용되는 용어이면서도 그것이 함축하는 의미는 말하는 사람에 따라서 다르다. 크뢰버A. Kroeber와 클룩혼C. Kluckhohn이 150가지에 이르는 문화에 대한 정의들을 모아서 하나의 책으로 펴낼 정도로 문화에 대한 정의는 다양하며, 문화를 연구 대상으로 삼는 학자들 사이에서도 그 정의와 개념에 대한 견해가 분분하다.

그렇다면 문화는 무엇을 의미하는가? 문화culture라는 단어는 인류학의 선구자인 영국의 에드워드 타일러Edward Tylor에 의해서 인류학에 소개되었고 하나의 전문적인 용어로 되었다. 그의 저서 『원시문화Primitive Culture』(1871)에서 그는 문화를 "지식, 신앙, 예술, 법률, 도덕, 습관, 그리고 사회의 한 구성원으로서의 인간에 의하여 얻어진 다른 능력이나 관습들을 포함하는 복합체"로 기술하고 있다. 타일러는 문화란 인간에게 독특한 것이고 인간과 다른 하등동물과는 근본적인 차이가 있다는 점을 분명히 했다. 타일러의 문화의 개념은 1930년까지도 인류학자들에게 잘 받아들여졌다. 그러나 타일러는 문화의 개념을 간명하게 하나의 정의 형태로 표현하지 않았으며, 문화의 본질이 무엇인지에 대한 질문을 받게 되었다. 그 이후 여러 학자들이 제시한 문화의 개념은 문화를 상징행위로 보는 견해가 가장 지배적으로 나타나고 있다. 상징한다는 것은 곧 의미를 창조하고 부여하는 것뿐만 아니라, 그것을 이해하는 것까지 포함한다. 상징행위는 물건이나 행위뿐만 아니라 색깔로서도 표현할 수 있다. 그리고 의미는 인간이 인위적으로 부여한 것이고, 인간의 상징할 수 있는 능력에 의해서만 이해될 수 있는 것이다.

정의에 의하면 문화는 상징행위symboling에 의하여 비로소 가능하게 되었다. 인간과 다른 동물들의 행위는 어떠한가? 왜 우리는 그들의 행위를 문화라고 부를 수 없는가? 개미도 사회조직을 갖고 있고 그 밖의 모든 동물들도 사회조직을 갖고 있다. 원숭이류는 도구를 사용하고 새들은 둥지를 만든다. 학자에 따라서는 그들의 행동이 학습되고 전승될 경우 문화라고 말하기도 한다. 물론 인간에 가까운 몇몇 동물들은 지식과 사고력을 가지고 있다. 원숭이도 복잡한 것을 이해한다. 그들은 지렛대를 사용하는 방법을 알며, 외계에 있는 것과 관련하여 효과적으로 행동할 수 있다는 점에서 지식을 가지고 있다. 어려운 문제에 봉착한 많은 경우에 이들 원숭이류는 해결방법을 선택하고, 명백히 사태를 파악하여 어떤 행동방침을 결정하고 이를 실행에 옮긴다. 그렇다면 어째서 이것을 문화라고 부를 수 없는가?

인간을 제외한 모든 종의 생물들의 사회조직은 생물학적으로 결정된다. 곰이라는 한 종 안에서는 전혀 다른 종류의 사회조직은 찾아볼 수가 없다. 곰들의 사회조직은 신체구조와 유전학적인 구성으로 나타난 것이다. 인류에게서의 사회조직은 신체구조가 아니라, 우리가 문화라고 부르는 한 외적이고 생물적 차원을 초월한 전통의 작용으로 나타난 것이다. 그리하여 인류의 사회조직은 극히 다양하다. 인간의 사회학은 문화라고 불리는 외적이고 초생물학적이며 또한 초유기체적인 전통의 작용으로 나타난 것이어서 다른 종의 생물들에서 나타나는 사회학과 근본적인 차이가 있다.

원시인들의 문화에서 그들의 친족제도보다도 더 인상적인 것은 없다. 수백 명으로 이루어진 부족의 친족제도에서는 모든 사람이 각기 사회적인 관계를 가지며 친족으로 불린다. 그리하여 뜻을 잘 표현할 수 있는 말과 함께 사회관계를 맺고 있는 모든 사람들이 분류되어 직책과 의무가 주어지고 생활을 더욱 안정시키는 상호부조를 위한 조직을 형성하게 된다.

도구과정 또한 인간과 인간 이외의 영장류 사이에는 근본적인 차이가 있다. 후자의 경우는 심리학적인 면뿐만 아니라 외부로 나타나는 행위에서 단절되고 진보적인 것이 아니며, 축적적인 것도 아니다. 반면에 인간의 도구과정은 연속적이며, 축적적이고 진보적이다. 그리고 그 차이는 상징행위에 기인한다.

이와 같이 인간 이외의 생물들의 사회조직은 인간의 것과는 근본적으로 다르며 도구과정 또한 다르다. 인간에 가까운 동물들의 개념과정도 인간과 다르다. 왜냐하면 인간 이외의 동물들은 뜻을 잘 표현할 수 있는 말로서 개념들을 밖으로 표현할 수 없기 때문이다. 원숭이가 개념을 표현할 수 있는 유일한 방법은 행위를 통해서이다. 인간은 개념을 다룰 수 있고 뜻을 잘 표현하는 말로서 개념을 조작할 수도 있다.

인간이 사용하는 언어는 지식의 축적뿐만 아니라 지식의 전승을 가능하게 한다. 그리하여 상징행위와 뜻을 잘 표현하는 말은 사회조직과 경제제도를 창조하고, 도구과정을 발전적이고 축적적인 과정으로 바꾸며, 또한 지식의 전통과 신앙을 창조한다. 이와 함께 의식과 의례 등도 창조한다.

문화의 기능

이상과 같이 우리는 상징을 할 수 있는 능력을 행사하여 문화를 창조하고 있다. 이제 이러한 문화의 기능이 무엇인지 검토해 보자. 문화는 인류의 생존을 안전하게 하고 영속시켜 주는 기능을 한다. 모든 사람들은 문화적 환경 속에 살며 그 속에서 인간의 욕구를 충족시키고 생존을 안전하게 한다.

인간의 욕구는 외부의 물질로서 만족될 수 있는 것과 물질과 관계없이 만족될 수 있는 것 두 가지로 나누어 볼 수 있다. 후자는 심리적이고 정신적인 것이다. 외부에서 공급되어야 만족될 수 있는 욕구는 분명하다. 식량은 생존에 필수적이며, 의생활, 주생활, 교통 등의 목적을 위해서는 또 다른 재료들이 필요하다. 문화는 생명을 더욱 안전하게 하고, 존속시키며, 영속시키기 위한 재료들을 공급하기 위하여 외부의 자원을 철저하게 이용한다.

인간은 심리적인 욕구, 정신적인 욕구를 가지고 있다고 말할 때, 우리는 인간의 행위를 관찰해서 얻은 추론을 표현하고 있는 것이다. 문화의 중요한 기능 중의 하나가 곧 이러한 욕구를 충족시키고, 인간에게 용기, 자신감, 사기, 위안 등을 가져다주는 것이다. 원시시대에는 신화가 그 역할을 담당했다. 모든 사람들은 그들을 돌보아 줄 신을 가지고 있었고 자신들의 신이 다른 사람들의 신보다 더 좋은 것으로 믿고 있었다. 그들의 신이나 초자연적인 힘, 마술, 기도, 의식들을 통하여 원시인들은 외계를 통제할 수 있을 뿐만 아니라, 집단의 사회적인 단합을 증진시킬 수 있었다.

문화의 다양성

지금까지 문화의 기능에 대해서 간단히 살펴보았다. 이제 시간, 공간, 그리고 인종에 따른 문화의 다양성은 어떻게 설명될 수 있는지 알아보기로 하자.

인류의 문화는 동질적인 것이 아니라 매우 다양하다. 어떠한 문화든지 시간의 흐름에 따라 변하기 때문에 이러한 다양성은 시간적 차원을 가지고 있다. 오늘날의 문화는 100년 전의 그것과 다르다. 세계의 문화를 시기별로 구분해 보면, 같은 시기 안에서도 문화의 다양성을 발견하게 된다. 이러한 다양성은 보통 문화발달에 기인하는 것으로 해석된다. 그러나 문화발달의 결과가 아닌 문화전파의 결과로서 시기에 따라 문화의 다양성이 나타나기도 한다. 즉 한 지역 또는 한 민족의 문화가 타 지역으로 퍼져 나가는 경우 문화전파라고 할 수 있다. 대원군의 쇄국정책 이후 우리나라에 물밀듯이 들어온 서구문화는 우리 생활양식에 많은 영향을 미쳤는데 이러한 것은 문화전파의 한 예로 볼 수 있다. 문화발달의 예는 우리의 음식문화에서 찾아볼 수 있다. 과거 우리는 쌀과 보리를 주식으로 하고 감자, 고구마, 옥수수 등을 간식으로 하는 등 주로 식물성 음식을 먹었다. 그러나 최근에 와서는 닭, 돼지, 쇠고기 등의 육류를 많이 먹는 음식문화로 바뀌고 있는데 이러한 현상은 문화발달의 결과로 나타나는 다양성으로 볼 수 있다.

문화는 또한 지역에 따라 차이가 난다. 우리나라의 문화는 미국의 문화와 다르다. 모든 문화는 하나의 실질적인 거주지역과 관계를 맺고 있다. 그리하여 어떤 특정의 문화와 거주지역 간에는 긴밀한 관계가 나타난다. 그리하여 문화에 미치는 거주지의 영향을 과장하는 주장이 흔히 나타난다. 이것은 환경결정론 또는 지리적 결정론으로, 문화가 지리적 또는 환경적 조건에 의하여 결정된다는 주장이다. 물론 이것은 과장된 표현이다. 비슷한 환경에서 항상 비슷한 문화를 찾아볼 수 있는 것은 아니기 때문이다. 그리고 지구상에서 기후와 식물의 성장상태로 보아 가장 좋은 거주지의 하나로 생각되는 타스마니아(오스트레일리아 동남쪽 섬)에서 원주민의 문화가 발달하지 못하고 가장 원시적으로 나타나는 것을 보더라도 문화와 거주지역 간에 긴밀한 상관관계가 있지만 그러한 관계 속에도 다양성이 많음을 알 수 있다. 환경은 그 속에서 이루어지는 문화들에 많은 영향을 미치지만 문화를 결정하는 것은 아니다.

그리고 문화는 인종에 따라서도 다르게 나타난다. 에스키모인의 문화는 말레이시아의 피그미족의 문화와 다르고 미국에 사는 중국인들의 문화는 백인이나 흑인들의 문화와 다르다. 이러한 차이는 생물학적인 것이며, 선천적으로 타고나는 것이다. 그러나 생물학적인 차이가 인종 간의 우열을 구분 지을 수 있는 증거는 보이지 않는다. 인종에 따라서 능력에 차이가 있다거나, 우수한 인종은 우수한 문화를 낳고, 열등한 인종은 문화 창조의 능력이 떨어진다는 주장은 정당화될 수 없으며, 단지 문화의 다양성을 설명하기 위해 나온 주장으로 받아들여야 할 것이다. 실제로 문화와 인종 간에는 의미 있는 상관관계가 없다.

문화의 특성

문화를 인간행태와 관련시켜 볼 때 네 가지 특성을 찾아볼 수 있다.

첫째, 문화는 일정 집단 혹은 한 사회의 믿음과 세계관, 가치와 규범, 관습과 행동을 포함한다. 즉, 문화는 세계 혹은 환경에 대한 사람들의 믿음을 포함하며, 선과 악을 구분하는 가치판단을 포함한다. 또한 행동 혹은 일을 하는 방법에 관련된 규칙과 믿음을 포함한다. 따라서 지각知覺과 인지認知, 가치와 행동이 문화의 개념에 함축되어 있다.

둘째, 문화는 일정 그룹 내의 사람들이 공통의 가치와 행태를 지니고 있음을 함축한다. 하나의 문화가 존재하기 위해서는 일반적인 세계관 및 행동규범에 관하여 구성원들 간의 동의가 이루어져야 한다. 그러나 모든 일에 있어서 동의할 필요는 없으며 공동의 구심점을 지니면 된다. 이러한 관점에서 '동의同意, consensus' 혹은 '의견일치意見一致'는 문화의 개념에서 중심적인 위치를 차지한다고 볼 수 있다.

셋째, 문화는 공유된 믿음, 가치, 행태 등이 다른 사람, 특히 어린이들에게 전달됨을 함축한다. 어린이, 즉 문화의 새로운 구성원에 대한 교육을 통하여 '동의同意'가 대대로 후손에게 이어지게 된다. 어린이들은 가족 혹은 사회에 적합한 식사태도, 일, 놀이, 성별性別에 따른 역할 혹은 금기 사항 등을 배움으로써 문화를 계승하며, 경우에 따라서는 약간의 변화를 시도하기도 한다.

넷째, 한 사회의 가치, 믿음, 행태 등은 정신적 및 행동적 과정만을 포함하는 것은 아니다. 문화는 사물 및 물리적 환경에도 나타난다. 즉 주택, 주거단지, 공공건물 등은 해당 문화가 지닌 가치價値와 믿음을 반영하고 있음을 종종 볼 수 있다.

문화의 형성

그렇다면 문화의 형성에 미치는 중요한 인자는 무엇인가? 기본적으로 문화는 물리적 환경과 인간의 상호작용으로 형성된다고 볼 수 있다. 환경적인 측면에서는 지형地形과 기후氣候가 중요한 역할을 한다. 평지, 산지, 바닷가 등과 같은 지형과 열대, 온대, 한대 등과 같은 기후조건이 해당 지역의 문화 형성에 결정적인 역할을 하는 인자임은 잘 알려진 사실이다. 그러나 라포포트Amos Rapoport의 연구에 의하면 에스키모인을 온대지방에 이주시켰을 때, 그들은 새로운 기후에 맞는 주택의 형상을 표현하지 않고 지금까지 그들이 만들어 온 둥근 형태의 집을 계속해서 구축하였다고 한다. 이러한 현상은 기후적인 요소보다 오랜 문화적 전통이 주거형태에 더 직접적으로 연관되어 있음을 보여 준다. 또한 유사한 환경하에서도 인종人種에 따라서 상이한 문화를 형성한다는 것을 우리는 잘 알고 있다. 동시에 문화는 시간성時間性을 지니고 있어서 시간의 흐름에 따라 계승, 발전 혹은 쇠퇴되어 간다. 따라서 문화는 동시대적同時代的인 측면과 역사적歷史的 측면에서 비교해 볼 수 있다. 즉 일정 시점에서의 여러 지역의 문화를 비교해 볼 수 있으며, 동시에 일정 문화의 역사적 변천 과정을 살펴볼 수 있다.

주거의 의미

주거에 대한 이해

주거에 대해 이해하려면 주거, 거주, 주택, 가정 등과 같이 주거와 관련되어 혼용되는 개념들에 대해 정의한 다음, 주거를 문화적 대상으로 접근하여 논의를 전개하는 것이 바람직할 것이다.

주거, 주택, 가정, 거주

주거가 내포하고 있는 포괄적인 개념을 이해하기 위해 주거와 관련된 주택과 가정, 거주의 개념을 살펴보기로 한다.

주택house은 경제적 · 기술적 제약 속에서 생산되고 거래되는 상품이며 물리적인 측면을 나타낸다. 가정home은 좀 다른 개념이다. 가정은 장소의 한 부분이지만 그 속에는 사회적인 의미가 있고 심리적인 의미가 함축되어 있기 때문이다. 가정은 거주하는 행위의 경험적인 측면을 포함한다. 우리는 거주경험의 중심을 우리의 가정이나 마을에 두거나, 교통망으로 연결되어 있는 여러 장소들에 둘 수도 있다. 물리적인 주택은 가정에서 이루어지는 다양한 경험들을 의미하지는 않는다.

일상적으로 '우리 집'이라고 말할 때 그것의 의미는 건축적 환경으로서의 '주택'과 심리적 · 정서적 장소로서의 '가정'을 동시에 의미한다고 할 수 있다. 이와 같이 주거는 주택의 개념과 가정의 개념을 포함하는 용어로서 물리적 · 사회적 · 심리적인 의미를 갖는다. 그리하여 주거의 개념에서는 자아와 물리적 세계와의 정신적이고 상징적인 관계를 포함한다. 사람들은 시간과 공간 속에서 자신들을 위한 장소를 지속적이며 적극적으로 가꾸어 간다. 또한 개인으로서의 정체성identity이나 사회적 정체성이 주거과정을 통해 형성되기 때문에 사람들에게는 주거의 의미가 매우 중요하다. 그리하여 장소로서의 주거는 거친 세상으로부터 피난처가 되는 장소, 나에게 친숙하고 익숙한 장소, 나를 안락하게 해 주는 장소, 그리고 나의 정체성을 표현해 주는 장소 등으로 설명되며(Appleyard, 1979a), 또한 나를 상징하는 장소(Cooper, 1974)를 의미하기도 한다. 하이데거는 주거를 '거주' 또는 '거주행위'라는 개념을 통해서 설명한다. 하이데거에 의하면 '거주한다'는 것은 인간실존의 근본적인 원리로서 인간이 지구상에 존재하는 기본적인 방법이다. 사람은 자기의 생활을 유지하고 타인과 접촉하며 새로운 삶과 사회생활을 창조해 가는데, 그러한 과정에 나름대로의 의미를 부여함으로써 세계 속에서 자신의 존재를 확인하고 거주하는 장소를 인식하게 된다. 태어나면서부터 사람은 물리적 · 사회적 환경에 의존함과 동시에 환경에 참여함으로써 환경을 변화시킨다. 즉, 거주는 환경과 가장 친밀한 관계를 맺는 것이다. 스토콜과 슈메이커(Stokols & Schumaker, 1982)는 '장소의존성place dependance'의 개념을 통해 특정 환경에 대한 사람들의 애착심을 강조한다. 이상과 같이 가정은 장소를 나타내며 그곳에서의 사회 · 심리적인 측면을 강조한다. 거주는 행위에 초점이 맞추어져 가정의 경험적인 면, 즉 과정을 강조한다. 주택은 가정을 담는 그릇으로서 물리적인 측면을 나타낸다.

여기서 가정home과 거주dwelling의 개념과 관련하여 좀 더 다양한 논의가 필요하다. 가정은 거주보다 좀 더 제한적이고 특정 장소에 근거를 두고 있다. 가정이라는 용어는 의미 있는 일상생활이 이루어지고 거주자에게 상징적인 의미를 갖는 하나의 장소를 뜻한다. 이와는 반대로 사람들은 주택이나 아파트에 세를 들어 살 수도 있고 대부분의 중요한 일상생활은 외부에서 수행할 수도 있다. 이와 같이 사람들이 거주하는 행위는 다양한 장소에서 이루어질 수 있다. 또한 사람들은 자신이 생활하는 주택이나 아파트를 '진정한 가정real home'과는 구분할 수가 있다. 그리하여 사람에 따라서는 자신의 사무실이나 어린 시절의 주거공간을 '자신의 진정한 가정'으로 언급하기도 한다.

가정의 개념이 장소를 지칭하는 데 사용되지만 다음과 같이 거주경험을 표현하는 데 사용되기도 한다. "나는 어느 곳에 가든지 가정에 있는 것처럼 느낀다" 또는 "그들은 외국인들을 자기 가정에 있는 것처럼 편안하게 대해 준다"와 같은 표현은 거주경험을 상징적으로 묘사하는 문구이다. 오늘날 현상학적인 연구방법을 통해 인간의 인식적 경험을 탐구하여 그것의 의미와 본질을 파악하려고 노력하고 있지만, 개인의 가정과 거주 장소의 차이점을 강요하는 것은 현상학적으로 정확하지 못하다. 오히려 거주공간이 가정으로 간주되는 정도를 탐구하는 것이 더 적절할 것이다. 마찬가지로 가정과 거주의 차이는 거주의 경험 속에서 어떠한 장소가 가정이 되고 있는지를 파악하려고 노력함으로써 이해될 수 있다. 가정은 장소이면서 동시에 인간과 환경과의 심리적 · 체험적 관계를 의미하여 흔히 '내 마음이 있는 곳'으로 지칭된다. 따라서 거주한다는 것은 인간이 존재하는 공간을 하나의 의미 있는 장소로 만드는 과정을 뜻한다.

결과적으로 주거는 만들어진 환경 그 자체를 의미하는 것이라기보다는 인간과 환경 사이의 상호교감적인 관계를 의미하며, 주거를 가진다는 것은 자신의 존재를 중심으로 하나의 환경을 끊임없이 만드는 과정으로 이해된다. 따라서 물리적 환경인 주택은 가정을 담는 껍질에 해당되며, 그것의 내용은 항상 그 속에 담기는 인간과 환경과의 유기적 관계에 있다고 볼 수 있다.

주거문화

주택을 문화적 관점에서 접근하여 논의를 전개하기 위해 문화를 주거와 같은 인공환경과 관련하여 정의하여 보자. 이에 대해서는 라포포트의 견해가 참고가 된다. 그는 문화를 (1) 한 집단을 전형화하는 삶의 방식, (2) 상징, 의미, 인지쉐마cognitive schemata의 체계, 그리고 (3) 자연환경과 관련된, 생존을 위한 일단의 적응전략 등 세 가지로 규정하였다. 그는 문화를 가치관, 신념, 그리고 세계관을 공유하는 사람들의 집단을 대상으로 성립되는 개념으로 보았다. 집단 내에서 공유되는 규범들이 바로 문화를 이루며, 그러한 규범들이 인공환경을 만들어 나가는 데 있어서 많은 대안들 중에서 체계적이고 일관된 선택을 하도록 하는 요인이 된다. 주택은 바로 그러한 선택의 결과이므로 그것을 문화를 반영하는 대상이라고 볼 수 있다. 이와 같이, 주택은 주거문화의 물리적 표현으로 이해될 수 있다.

강인호 · 한필원(2002)에 의하면 인간의 거주활동은 주택에 국한되어 일어나는 것이 아니므로 어떠한 주거의 양태를 이해하기 위해서는 논의의 범위를 주택에 한정하지 않고 주택들이 모여서 이루어진 마을, 도시 등으로 확장할 필요가 있다고 하였다. 이런 측면에서, 건축이론가인 크리스티앙 노베르크-슐츠 Christian Norberg-Schulz는 주거의 장소를 정주지settlement, 도시공간, 공공건물, 주택 등 네 가지로 분류하였다. 곧, 주택은 주거생활이 행해지는 장소들 중 가장 기본이 되는 것이라고 할 수 있으며, 사람의 집단, 문화, 물리적 환경이 서로 밀접히 관련되어 하나의 사회적 시스템을 이룬다고 하였다. 즉, 주택은 인간이 거주하는 물리적 환경을 이루는 주요한 요소이다. 따라서 하나의 물리적 대상인 주택에 문화라는 말을 붙인 주택문화라는 말은 성립되지 않는다(한필원).

다시 말해서, 주거란 인간의 생활을 담는 그릇이다. 주거는 인간생활의 3요소인 의식주 가운데서 가장 으뜸가는 기본요소인 만큼 정치, 경제, 사회, 문화적으로 매우 중요한 의미를 갖는다. 주거에서의 생활은 시대의 흐름에 따라 크게 변화되어 왔다. 주거의 기원은 공격적인 자연환경으로부터 보호받기 위한 장소라는 단순한 개념에서 비롯되었지만 점차로 그 의미가 복잡하고 다양해진 것을 볼 수 있다.

주거가 갖는 다양한 형태는 한 가지만으로는 충분히 설명할 수 없는 하나의 복합적인 현상이다. 그러므로 주거는 구조물이 아니고, 복합적인 일련의 목적을 위해 창조된 하나의 제도institution라고 할 수 있다. 왜냐하면 집을 짓는다는 것은 문화적 현상이기 때문에 그 형태의 조직은 그것이 속한 문화적 환경에 크게 영향을 받는다(최무현).

따라서 우리는 주택을 매개로 형성되는 주거의 방식을 문화현상으로 파악할 수 있으며 이를 주거문화라고 부를 수 있다. 곧, 주거문화란 '삶의 양식이 주택을 비롯해서 사람이 거주하는 여러 장소의 형태와 공간에 관련되는 방식'이라고 정의할 수 있으며, 또한 한 사회를 특징짓는 하나의 문화로서 성립되는 것이라 하겠다(한필원).

주거의 의미

자아의 상징으로서의 주거

쿠퍼(Cooper, 1974)는 가정을 정신의 확장으로 설명한다. 그녀는 거주행위를 물리적 세계와의 강렬하고 친밀한 관계를 통해서 성숙된 인간으로 완성되는 것으로 보고 있다. 인간이 정체성identity, 즉 본인이 도대체 어떤 사람인지에 대해 생각하는 것은 장소의 아이덴티티identity of place에 크게 영향을 받는다(Buttimer, 1980: 167). 환경심리학자인 프로쉔스키(Proshansky et al., 1976)는 인간의 아이덴티티 즉, 정체성 가운데에서 장소에 영향을 받은 부분을 장소-아이덴티티place-identity로 설명하며 장소가 인간의 인격형성에 매우 큰 비중을 차지함을 보여 준다. 따라서 인간이 장소와 깊은 관련을 가진다는 것은 안정된 자아 형성을 위해서 매우 중요한 사항으로 인식되고 있다. 오랫동안 살던 주거를 떠나게 되거나 애착을 가지는 장소를 잃어버리게 되면 인간은 아이덴티티를 상실한다. 많은 경우 인간은 주거를 통하여 자아를 표현하고, 그 결과 주거는 개인의 아이덴티티를 구현하는 중요한 수단이 된다.

주택이 자아의 상징이라는 개념에 대해서는 비판적인 견해도 있다. 만일 주택이 가족과 하숙하는 사람들, 하인들 또는 규칙적으로 방문하는 손님들을 수용하게 된다면 누구의 자아를 상징하는 것이 되는가? 대부분의 사람들은 자신들의 집을 직접 짓지 않고 주택시장에서 상품으로 구입하는 경우가 많은데, 이 경우 이전에 다른 가족이 사용해 온 주택이 어떻게 자아의 상징이 될 수 있는가?

쿠퍼는 그의 논문에서 개인의 정체성은 다양한 선택과 조치들을 통해서 인생의 어느 단계에 속하는 독특한 개인을 정의함으로써 상징될 뿐만 아니라, 사회적 규범에 따르거나 의식적으로 도전하는 것을 표현함으로써 상징된다고 하였다. 또한 그녀는 지면에 자리 잡고 있는 주택이 자아 상징의 기능을 가장 잘 수용하므로 사람들이 단독주택을 선호한다고 주장한다. 또한 호르위츠와 토그놀리(Horwitz & Tognoli, 1982)는 독신성인을 대상으로 연구한 결과를 바탕으로 개인의 성장 발달과 가정의 형성과의 관계를 설명하고 있다. 그들은 가정을 갖는 것이 배우자와 자녀를 갖는 것을 의미하는 사회에서는, 이들 독신자들이 어린 시절 가정을 떠난 후 처음으로 진정한 가정을 이룰 때까지 살았던 주택이나 아파트는 진정한 가정이 되지 못했다고 기술하고 있다.

그리고 주거환경을 통한 자아의 표현은 문화와 사회구조에 따라 상이한 양상을 보인다. 개인주의가 강한 사회에서는 주택이 자아와 개성 또는 사회적 성취도를 표현하지만, 집단적 이념이 강한 사회에서 주거환경은 집단이 가지는 공통적 가치를 상징하므로 주택은 자아구현과는 관계가 없는 단순한 은신처shelter 역할을 하는 경향이 강하다(Duncan, 1981: 2). 이러한 논리는 주택이 자아의 표현체라고 주장하는 쿠퍼의 논리와 상치된다. 또한 라포포트(Rapoport, 1981: 10-12)도 문화에 따라서 아이덴티티의 구현 수단으로서의 주거의 기능이 달라진다고 본다. 우리나라에서도 주거와 개인의 자아를 관련짓는 정도는 소득계층에 따라 차이가 있다. 고소득층, 특히 어느 날 갑자기 부자가 된 사람들은 외형적인 표현이 강하게 나타나고, 반면에 저소득층은 주거에서 개인의 독자적인 가치보다는 집단적 가치를 더 중요하게 표현하는 것으로 나타난다. 또한 도시사회보다 농촌사회에서는 집단적 가치의 표현이 더 중요시되고 있는 것으로 보인다. 이러한 현상은 오랫동안 함께 거주하여 안정된 사회구조를 형성하고 상호 교류가 많은 도시의 서민 주거지역이나 전통적인 시골마을 등에서 주거는 개인적인 가치표현보다 집단적인 가치표현이 우선시된다는 것을 의미한다. 이와 같이 주거와 자아의 관계는 사회적 구성원들에 따라 달리 해석되어야 하며, 도시경관과 근린생활에서 중요시되는 공동체 의식의 고취를 위해서도 개인의 아이덴티티의 구현체로서의 주거보다는 집단적 아이덴티티의 표현체로서 주거환경 전체의 질과 이미지 구현이 더 중요하다.

사적 세계로서의 주거

주거는 외부세계와 물리적 · 인식적으로 격리된 하나의 작은 세계로 이해할 수 있다. 이것은 주거 내에서 개인이 자유롭게 거주할 수 있고 사회적인 구속에서 벗어나며 누구의 간섭에서도 해방될 수 있기 때문이다. 이러한 의미에서 주거는 하나의 영역 또는 넓은 공간적 영역의 중심으로 이해할 수 있다. 하나의 공간적 영역은 소극적으로는 배타적이며 방어적인 의미를 갖지만 적극적 의미에서는 심리적으로 소유하고 애착심을 가지는 환경을 뜻한다. 환경을 소유하고 애착심을 가진다는 것은 그곳에 상당한 의미와 중요성을 부여하고 심리적 애착에 상응하는 행위를 수행하는 상태를 의미한다. 인간이 환경을 소유한다는 것은 그것과 친숙하게 되거나, 중요한 의미를 부여하고, 애정을 가지고 돌보며 그곳에 심리적으로 속하게 되는 상태를 말한다. 대부분의 사회에서 주거는 먹고, 자고, 음식을 요리하고, 저장하고, 성적 관계를 하고, 어린이와 환자를 돌보고, 옷을 입는 등의 행위를 위한 일차적 장소이다. 이러한 활동들은 생물학적로도 필요하며 문화적 혹은 개인적으로 상당한 의미를 갖는 방식으로 수행된다. 따라서 주거가 지니는 영역적 성향은 그것이 지니는 방어성과 배타성이 앞서기보다는 그 속에서 편안하고 자유롭게 거주할 수 있는 감정과 그것에 소속되는 감정에 더욱 가까운 것이라고 할 수 있다. 시몬(Seamon, 1979: 78-85)은 주거의 영역적 성향을 다섯 가지의 고유한 성향으로 설명한다. 즉, 주거가 부여하는 심리적 정착성rootness, 공간을 소유하고 관리하는 사유성appropriation, 주거가 주는 정신적 · 육체적인 재생력regeneration, 주거 내에서의 심신의 편안함easiness, 그리고 주거가 부여하는 정신적 · 육체적 따뜻함warmth 등이 그것이다.

도시 내의 다양한 사람들이나 집단은 사회적 · 경제적 구조뿐만 아니라 지리적 위치나 환경에 대처하는 기술에 따라 주택과 가정의 위치를 서로 달리하게 된다. 주택의 질이나 위치를 결정하는 인구 통계적 특성들도 가정에 대한 경험에 영향을 미친다. 일반적으로 어린이, 노인, 신체적 · 정신적 장애로 인해 거동이 어려운 사람들은 가정에서 더 많은 시간을 보내게 되고 보다 장소-의존적place-dependent이 된다. 쇼어(Schorr, 1964)에 따르면 개인의 경제적 · 사회적 자원이 제한되어 적절한 생활수준을 유지하기 곤란할 때 가정과 근린환경은 개인생활의 기회와 정체성에 중요한 역할을 하게 된다. 주부의 경우는 가사에 대한 부담과 인식, 외부세계의 범죄와 폭력에 대한 두려움이 남성보다 더 크기 때문에 가정을 삶의 정착지로서 더 강하게 받아들인다. 문화적으로 남성의 사회활동과 남성으로서의 정체성에 대한 기대 때문에 신체적으로나 정서적으로 남성을 가정 밖으로 내몰게 된다.

주택이 갖는 사적인 특성으로 인하여 주택은 거주자들에게 개인화의 대상으로 받아들여진다. 개인화는 어린 시절 책상에 이름을 새기는 것과 마찬가지로 익명의 대상에 무언가 표시를 함으로써 친숙함을 얻는 것이다. 이와 관련하여 베커(Becker, 1977)는 "개인화는 장소에 대한 표시행위나 그곳에 사물을 부착하여 그들에 대한 권리를 주장하는 것"으로 정의하고 있다. 또한 자이젤(Zeisel, 1981)에 의하면 개인화는 사람들이 그들의 인격, 취향, 그리고 아이덴티티를 환경 속에 반영하기 위해 물리적 환경을 변화시키는 방식들 — 물건을 놓고, 칠하고, 가구를 이동하는 행동 등 — 을 의미하는 것으로 설명된다. 주택에서 개인화가 이루어지는 중요한 요인들 중의 하나는 거주자 자신의 권력 및 사회적 지위를 나타내려는 상징적 동기에 기인하며, 그와 같은 조치가 거주자의 아이덴티티나 사회적 지위를 반영하고 확대 또는 축소시킬 수 있다고 보는 것이다.

대부분의 경우 개인의 방이나 주택이 이러한 감정적 관계의 중심이 되지만 경우에 따라서는 주택의 영역을 벗어나는 장소에서도 이러한 감정적 관계가 형성될 수 있다. 그러므로 건축적 환경으로서의 주택이 개인의 사적인 세계일 수도 있고 또 그렇게 되는 것이 일반적인 것이나 반드시 그렇게 되어야 한다고는 할 수 없다. 우리가 거주하는 주택이 아니더라도 특정한 장소들과 오랫동안 관계를 가져서 친밀감이나 애착심을 가질 수 있으며 이들은 넓은 의미에서 주거의 일부분으로 볼 수 있기 때문이다.

소규모 사회로서의 주거

주거의 물리적 측면이 주택이라는 가시적인 환경으로 나타나지만 그것의 비가시적인 측면, 즉 가정은 가족 또는 가족관계라는 사회적 구조로 표현된다. 가정에서 우리가 생활하는 방식은 가족 구성원들, 친척, 이웃들, 심지어는 직장 동료들 사이의 사회적 관계를 반영하고 표현하며, 이를 형성한다. 이러한 의미에서 주거는 하나의 사회적 단위로 해석되는데 이는 동네 또는 마을 등 다소 큰 사회적 단위에 결합된다.

주거 또는 주거환경은 '만남의 장소'라는 의미를 가지며, 인간이 서로의 사고방식과 감정 그리고 물질을 교환하는 장소를 의미한다. 이러한 의미에서 장소로서의 주거는 인간의 사회적 교류를 통해서 형성되는 '사회적 장소'로 해석되며 그 속에서 어른과 어린이, 남자와 여자, 주인과 하인 등의 사회적 관계가 성립되고 이러한 사회적 관계는 공간적으로 반영되어 주거 내부의 방의 배열, 각실의 기능 및 관계로 나타난다(손세관, 1990). 나아가서 사회적 장소로서의 주거의 의미와 공간구조는 집합적 주거환경에서도 표출되어 주택의 배열방식과 도시의 공간구조 등에 반영되어 나타나게 된다.

인류학자들은 이러한 사회적 관계를 가장 명료하게 분석하고 있는데 주거배치와 사용에 있어서 남녀 간의 전통적 관계가 어떻게 반영되고 지속되며, 그것이 남녀의 사회적 역할에 맞게 어떻게 적용되어 가는지에 대한 많은 연구가 이루어졌다. 딸 한 명에 편모인 경우는 침실이 하나면 되고, 아들이 있으면 침실이 두 개 필요하다. 자녀가 한 명인 부부의 경우도 침실이 두 개 필요하다. 또한 도시생태학자들은 도시 속에서 소득계층별 주거지가 어떠한 양상으로 나타나는지를 연구하여 동심원상의 패턴이나 부채꼴 모양으로 도시공간구조를 개념화한다.

개별적인 주거가 모여서 형성되는 주거환경 속에서 그 구성원들은 서로의 생각을 교환하고 의견을 수렴하는 과정에서 공동체 의식을 갖게 되고 주거환경과 관련된 제반 문제점들에 대해 집단적으로 대처함으로써 환경에 대한 소속감을 갖게 된다. 전통사회에서 마을은 하나의 집단적 주거라고 할 수 있는데 여기서 그 구성원들은 그들의 집단적 · 전통적 생활방식과 규범을 통하여 공동체 의식과 강한 소속감을 갖게 된다. 이러한 집단적 소속감은 도시의 주거지역에서도 마찬가지로 형성되는데 주민들이 자신들의 마을을 집의 확장으로 생각하여 마을의 여러 일들에 적극적으로 참여하고 그로 인해 마을에 대한 애착심을 갖게 된다.

지각세계의 중심으로서의 주거

인간의 지각세계에는 중심이 있어 그 중심으로부터 외부세계를 지각하게 된다. 어린이의 세계는 주체를 축으로 중심화되어 있다. 피아제Piaget는 유아의 공간이 각각 전혀 다른 하나의 활동을 중심으로 한 독립된 여러 '공간'의 집합으로 기술될 수 있음을 증명하였다(김광헌 역, pp. 32-33). 지각이 사발적이라는 점에서 본다면 인간의 주변 공간은 주체를 축으로 하여 중심화되어 있다.

세계의 중심이 인간지각에서 중요한 의미를 갖는 것이라면 '집 또는 가정'이라는 말도 이와 비슷한 구체적인 의미를 갖게 된다. '집'이라는 말은 어떠한 삶이라도 그 삶의 개인적인 세계에는 중심이 있다는 것을 간명하게 나타내 준다. 자기세계의 중심으로서 집이라는 생각은 어린 시절로까지 거슬러 올라간다. 인간이 제일 먼저 획득하는 참조점은 가정이나 주택과 결부되어 있는데 그 경계를 넘어서는 것은 훨씬 더 성장한 이후에야 이루어진다. 개인의 행위는 성장하는 과정에서 분화하고 다양화된다. 그 결과 새로운 중심이 형성되고 본래의 중심, 즉 집을 보완하게 된다. 모든 중심은 '행위의 장소', 즉 특별한 활동이 수행되는 장소이며 사회적 상호작용이 일어나는 장소인 것이다.

그러므로 주거는 '일상생활의 축'으로서 생활의 시작점이며 동시에 종착점이라고 할 수 있다. 따라서 주거는 항상 '그곳으로 돌아오는 곳'으로 인식되며 그곳을 중심으로 일상적 행동의 공간적 범위가 형성된다. 즉, 쉼과 움직임의 반복, 개인적 영역과 사회적 영역의 형성, 안주와 미지의 세계로의 여행 등이 주거를 중심으로 형성된다. 이렇게 주거가 지니는 중심적 성질은 우리 존재가 우주공간 내부에서 인식되고 확립될 수 있는 가장 기본적인 원리로 파악된다(손세관, 1990). 또한 인간이 인지하는 공간체계는 이원적 현상의 대립으로 흔히 설명된다. 즉, 모든 공간은 성스러운 곳과 속된 곳, 안전한 곳과 위험한 곳, 친숙한 곳과 미지의 세계 등과 같이 두 가지의 대립된 실체로 구분하여 설명할 수 있는데 주거가 가지는 중심적 속성은 이러한 양극성의 측면에서 설명될 수 있다.

가정에서 개인의 신체적 기능, 물리적 환경, 그리고 상징적 의미의 상호의존성을 강조하기 위해서는 보다 복잡한 문제제기가 필요하다. 한 거주지에서 다른 곳으로의 이사가 노인들의 건강을 위협할 수 있다고 한다. 스토콜과 슈메이커(Stokols & Schumaker, 1982)는 이사가 건강에 미치는 부정적인 연구들을 검토하여 건강에 대한 나쁜 효과는 이사에 따른 스트레스 때문이라는 단순한 패러다임을 비판한다. 그러한 연구들은 새로운 주택에서 개인-환경의 일치나 선택의 중요성에 관심을 두고 있으나, 주거환경의 변화를 통해서 개선되거나 나빠진 친숙한 가사활동들이 갖는 문화적 · 심리적으로 깊이 스며 있는, 그리고

그림 1-2
주거를 중심으로 한 공간적 이중구조

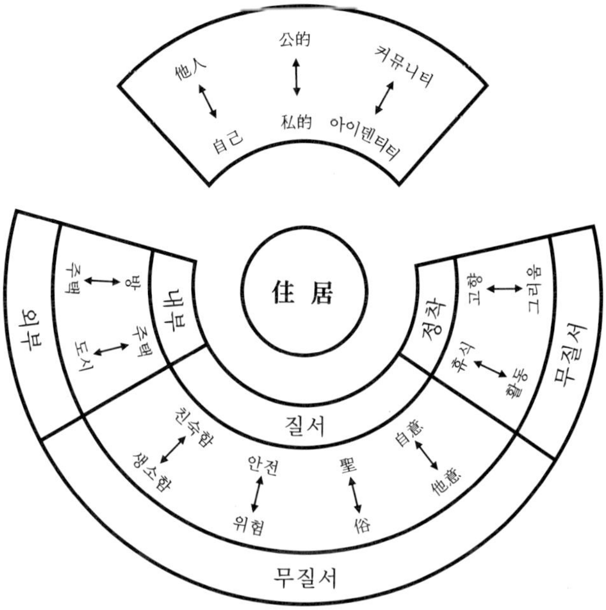

무의식적인 측면을 제시하지 않고 있기 때문이다.

주거의 중심적 속성은 주거환경이 지니는 내부로의 방향성을 시사한다. 이 방향성은 주거내부로의 심리적 회귀성을 의미하는 것인데, 주로 개인의 가장 사적인 공간을 향하여 방향성을 가진다. 전통적으로 많은 문화에 있어서 불이 있는 장소가 주거의 상징적 · 정신적 중심으로 인식되어 왔으며 현대 서구의 주택에서도 벽난로가 주거의 공간적 · 인식적 중심으로 인지되고 있다.

주거의 중심성은 개인의 주택이라는 공간적 범위를 넘어서 동네, 도시 등으로 주거의 공간적 범주가 확장될 때도 마찬가지로 성립된다. 이것은 외국에 거주하거나 오랜 여행 이후에 고향과 고국을 그리워하거나 자기가 사는 도시나 마을에 도착하면 비로소 안정감을 갖게 되는 인간 심리를 통하여 파악할 수 있는 속성이며 이 경우 고향, 거주 도시, 고국 등은 넓은 의미에서 주거의 확대된 개념이라 할 수 있다.

주거의 중심적 속성은 '항상 내 마음이 있는 곳'을 의미하며 주거가 상실된다는 것은 마음을 둘 곳이 없다는 심리적 불안정을 초래한다. 그리하여 도시재개발 또는 신도시 개발과 같은 물리적인 힘에 의해서 오래 거주하던 주거를 강제로 박탈당했을 때 인간이 경험하는 상실감은 매우 심각하여 흔히 가족을 잃은 아픔과 비교되기도 한다(Fried, 1963). 특히 우리나라 사람들과 같이 땅에 대한 애착심이 강한 민족의 경우는 다목적 댐의 개발이나 새로운 공업단지 조성사업으로 마을이나 집을 잃을 경우 상실감이 더욱 심각하게 나타난다.

이러한 현상은 계획가나 개발자의 입장, 즉 실제 거주하는 사람이 아닌 외부인의 입장에서 나온 의사결정에서 비롯된 것이며, 실제 거주자, 즉 내부인의 입장을 고려하지 않은 편협한 의사 결정으로 볼 수 있다. 내부인의 눈에 주거는 존재의 중심이며 마음의 고향으로 인식되는 정신적인 실체인 반면, 외부인의 눈에는 얼마든지 돈으로 배상할 수 있는 물질적인 것이다.

제2장

기후와 주거문화

기후요소

기후에 따른 토속주거

주거에서의 환경조절 전략

2

기후요소

인간은 과거의 토속건축에서부터 지역의 기후조건에 순응하는 건물을 디자인하는 데 많은 관심을 가져 왔다. 인간과 건물은 미시기후micro-climate의 수준에서 모든 기후현상을 경험하기 때문에 기후에 적합한 건물을 디자인하기 위해 건축가는 대상 지역의 미시기후를 이해할 필요가 있다. 건물과 건물의 미시기후 사이의 적합한 연관성을 형성하고, 더 나아가 긍정적인 미시기후를 형성하기 위하여 우선 기후를 근간으로 하는 기본접근the basics of climate이 요구된다. 이를 위해 기후의 의미와 기후요소에 관한 고려가 우선되어야 할 것이다.

기후의 정의

기후와 기상

기후는 특정 지역에서 일정기간에 걸친 기상의 평균상태를 의미하는 것으로, 장소에 따라 달라지지만 같은 장소에서는 일정한 것이 보통이다. 그러나 기후도 자세히 살펴보면 일정한 것이 아니고 수십 년 또는 수백 년이라는 긴 주기를 가지고 변화해 간다. 이와 같은 기후변동의 원인으로는 태양에너지 자체의 변동, 태양 거리에 관련된 변동, 행성에 의한 것, 지구상의 조석현상으로서의 변동, 위성衛星 간 공간의 변화, 지구자전의 변화, 인위적인 변화 등 7가지가 있다.

기상이란 대기 중에서 일어나는 각종 물리 현상으로서 바람 · 비 · 구름 · 눈 · 무지개 등 여러 가지 대기 현상을 말한다. 대기는 위로 올라갈수록 희박해지고 1,000km 이상까지 넓게 퍼져 있어 어디까지를 대기로 보느냐에 따라 기상의 범위도 달라진다. 전리층의 상태나 극광 및 유성 등을 기상으로 보는 경우도 있다. 기상업무법에서는 대기의 정적 및 동적 상태를 가리키는 말로, 기상이란 대기의 여러 가지 현상을 말한다고 정의하고 있다. 또한 기상의 구체적인 범위는 기상업무법시행령에 다음과 같이 명시되어 있다. 즉, 기압 · 기온 · 습구온도 · 증기압 · 이슬점온도 · 상대습도 · 바람 · 강수량 · 구름 · 증발량 · 일조시간 · 일사량 및 기타 현상 등으로 명시되어 있으며 때로는 대기의 상태를 포함한 일기 또는 날씨의 뜻으로 쓰이기도 한다.

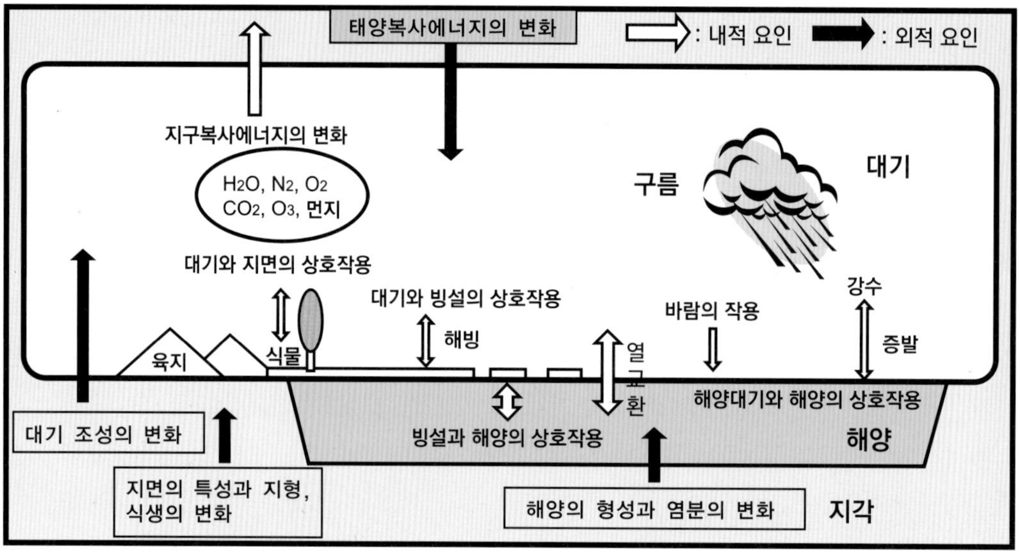

그림 2-1
기후와 기상의
변화요소

지역기후와 미시기후

기후는 크게 지역기후macro-climate와 미시기후micro-climate로 분류할 수 있으며, 지역기후와 미시기후에 관한 분석은 건축환경디자인을 시작하는 첫 단계로서 건축설계초기단계에서 매우 중요하다. 우리나라에서 지역기후는 서울지역기후, 대전지역기후, 부산지역기후 등과 같이 건물이 위치한 지역의 기후로 종합적인 기상데이터를 측정하여 동일한 기후특성을 가진 지역의 기후를 의미한다. 미시기후란 대지 및 주변의 기후로 실제 건물을 설계하는 데 반드시 고려하여야 할 사항이다. 미시기후의 특성을 이해하고, 이에 대처하는 것이 환경설계의 기본적인 접근방법이 된다.

건축에 영향을 미치는 기후요소

건축에 영향을 미치는 기후요소로는 기온, 습도, 일조 및 일사, 강수, 바람 등이 있으며, 이러한 기후요소는 위도, 지형, 해류와 같은 천문지리학적 요인과 대기환류, 고/저기압, 기단과 같은 기상학적 요인, 그리고 식재, 인공구조물, 지표면의 상태 등 물리적 환경요인에 의해 영향을 받는다. 이 중에서도 물리적 환경요인을 가지고 기후요소를 분석하는 것을 미시기후 분석이라 한다.

기후요소 분석

기후는 근본적으로 태양의 함수이며, 기후라는 단어는 태양을 기준으로 한 지구의 기울기를 의미하는 고대 그리스어인 'klima'에서 유래되었다. 대기는 태양에 의해 작동되는 거대한 열기구로 태양에너지를 대부분 투과시키며, 대기의 가열은 지표면에서 일어난다. 지표면의 공기가 가열됨에 따라 지표면의 공기는 상승하고 기압이 낮아지며, 지표면은 동일하게 가열되지 않기 때문에 결과적으로 지역에 따라 상대적으로 기압이 높고 낮으며, 이로 인해 바람이 발생한다.

지구 전체적으로 볼 때, 적도 부근의 온도가 극지방에 비해 높기 때문에 대기는 북에서 남쪽 방향으로 흐르게 되는데, 이러한 대기의 흐름은 계절의 변화와 지구자전에 의해서 영향을 받는다. 바람과 기후에 영향을 미치는 또 다른 중요한 요소는 지형의 불균형한 분포이다. 바다, 호수, 강을 구성하는 물은 열용량이 높기 때문에 육지에 비해 늦게 가열·냉각됨으로써 상대적으로 온도변화가 안정적이다. 산맥은 바람을 막으며 바람의 방향을 전환시킬 뿐 아니라 공기의 습도에도 중요한 영향을 미친다.

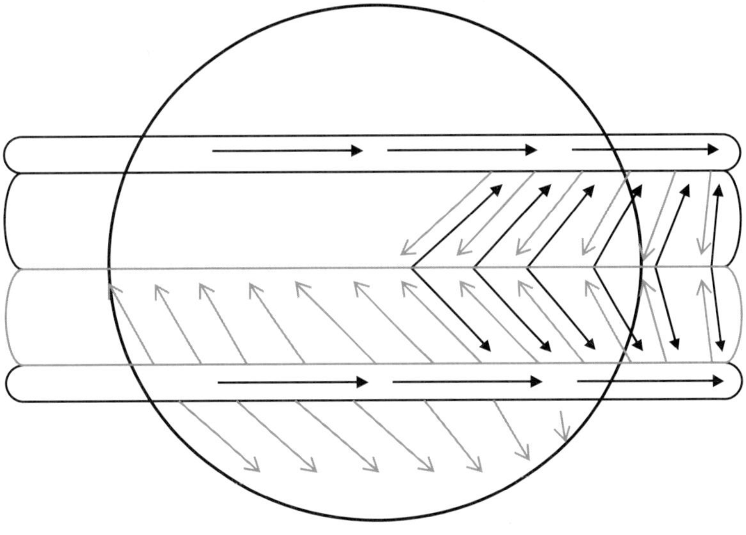

그림 2-2
지구의 공전과 자전에 의한 바람의 발생

기온

기온은 대기의 온도를 의미하며 태양과 지구의 관계에 따른 일사에 의해 대기권 기후가 형성된다. 일사는 태양의 위치를 결정짓는 지구의 공전과 자전현상에 의해 좌우된다. 즉, 지구의 공전에 의해 계절적 변화가 생기며, 지구의 자전에 의해 밤과 낮의 변화가 생긴다. 일사가 지표면에 도달하여 지면의 온도가 상승하고, 따뜻해진 지표면의 열이 공기로 전해져 기온이 상승하며, 야간에는 지표면이 냉각되어 기온은 하강하게 된다.

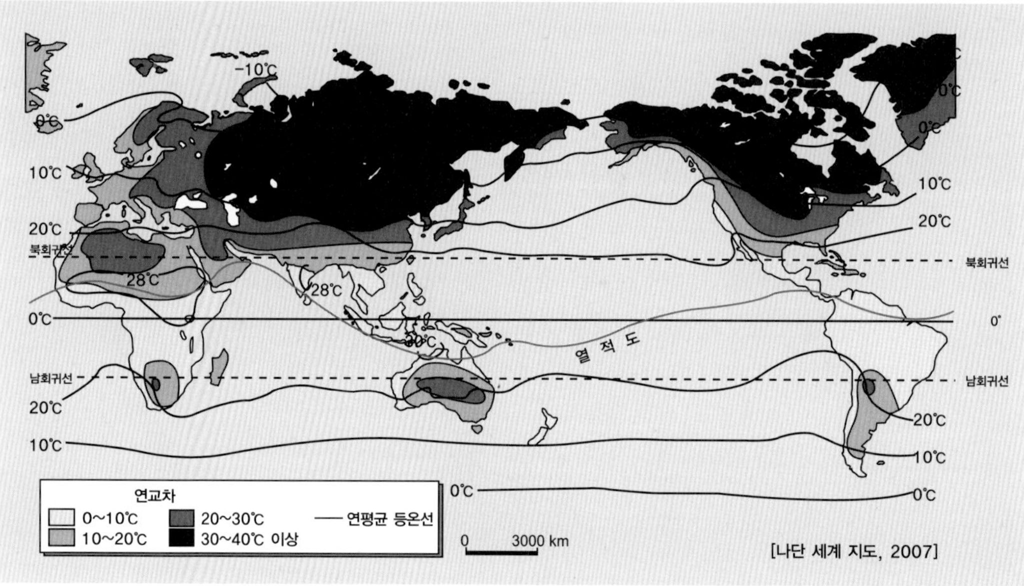

그림 2-3
세계의 기온분포도

습도

습도는 대기 중에 포함된 수증기의 양을 의미하며, 건구온도와 습구온도의 차이, 즉 습구강하를 이용하여 측정한다. 습도는 절대습도와 상대습도로 나누어 표시한다. 절대습도는 공기 중에 함유된 수증기의 양으로 공기온도와 무관하며, 이를 통해서 그 대기가 가지는 잠재적인 에너지를 알 수 있다. 상대습도는 일정한 온도조건에서 포화수증기량에 대한 현재 함유하고 있는 수증기량의 상대적인 비율을 나타낸 것으로, 증발 가능성을 제시하고 건축적으로 유용하게 사용한다.

일사

일사는 태양으로부터의 복사에너지를 의미하며 자외선, 가시광선, 적외선으로 구성되어 있다. 태양으로부터 대기권 표면에 도달하는 평균일사량은 1,373W/m^{2}이며 이를 태양상수라 부른다. 지표면에 도달하는 일사량은 태양과 지표면의 상관관계에 의해 결정되며, 위도, 계절, 하루 중 시간에 따라 직달일사량이 변화한다. 따라서 겨울철 난방에 자연채광의 도입을 위해 태양에너지를 적극적으로 수용하거나 또는 여름철 냉방을 위해 적극적으로 배제할 수 있도록 설계에 응용해야 할 것이다. 가령, 창호시스템 설계에서는 차양과 루버, 블라인드, 커튼과 같은 일사조절시스템이나 유리 자체의 투과성질을 조절할 수 있는 다양한 형태의 유리가 개발되어 사용되고 있다. 근대건축까지는 일사조절을 위한 외부차양이 건물의 입면을 결정하는 디자인 요소로 사용되었으나 현대건축에서는 대부분의 일사조절이 내부에서 이루어지고 있다.

강수량

강수량은 비, 눈, 우박, 이슬, 서리 등과 같이 대기 중에 있는 수증기의 응축현상으로 지면에 생성된 수분을 총칭한다. 과거의 토속건축에서 강수량은 지붕의 형태 및 경사를 결정짓는 주요한 기후요소로 사용되어 왔고, 현대건축에서는 수자원의 중요성이 부각되면서 디자인 요소가 아닌 설비적 요소와 관련하여 사용되고 있다. 물의 순환적 요소를 환경생태적 요소에 적용한 중 · 우수시스템이 바로 그러한 예이다.

바람

바람의 분포와 특성을 풍향, 풍속, 풍압으로 표시한다. 바람을 건축적으로 이용하기 위해서는 건물부변의 압력분포에 영향을 미치는 요소들을 고려하여 자연환기와 통풍이 가능하도록 디자인하는 것이 중요하다.

기후의 특성

지역의 기후특성을 나타내는 기후도의 하나로 클라이모그래프를 들 수 있다.

클라이모그래프는 가로축에 월평균습도, 세로축에 월평균기온을 표시하고, 1월부터 12월의 값을 차례로 연결하여 그린다. 각 지방의 클라이모그래프를 비교하면 그 지역의 기후특성을 서로 비교할 수 있다.

열대기후

연평균 기온이 25℃이고 연교차가 3℃ 이하이며, 매우 덥고 비가 많이 내리는 특성을 보이는 기후로, 열대우림기후와 사바나기후, 열대몬순기후로 나뉜다. 열대우림기후는 아마존 강 유역이나 콩고 분지처럼 1년 내내 비가 많이 내리고 매일 오후에 스콜 현상이 일어난다. 고무나 카카오 같은 플랜테이션 농업이 이루어진다. 사바나기후 지역은 건기와 우기의 구분이 뚜렷하고 초원지대가 많아 야생동물의 낙원이다. 열대몬순기후는 열대몬순이 불며 사바나 기후보다 강수량이 많다.

건조기후

강수량이 적고 증발량이 많아 식물이 거의 자랄 수 없는 기후로, 건조 정도에 따라 사막기후와 스텝초원기후로 나뉜다. 연강수량 500mm 이하가 건조기후이다. 사막기후는 연강수량 250mm 이하이며, 스텝기후는 연강수량 250mm에서 500mm 사이이다. 게다가 기온도 높아서 식생이 불가능하지만, 관개(물을 인위적으로 공급하는 것)를 통해서 대추야자 등을 재배하기도 한다.

온대기후

온대지방에 나타나는 기후. 봄, 여름, 가을, 겨울이 뚜렷하게 구분되며 기후가 온난하고 강수량도 적당하다. 예로부터 사람이 살기에 적당하여 문화의 중심지가 되어 왔다. 온대기후는 온대습윤기후, 온대건조기후, 지중해성기후로 나뉜다.

냉대기후

북반구의 온대와 한대기후 사이에 발달하는 기후로, 겨울이 춥고 길며 여름은 짧고 비교적 기온이 높다. 가장 추운 달은 영하 3℃ 아래로 기온이 내려가고

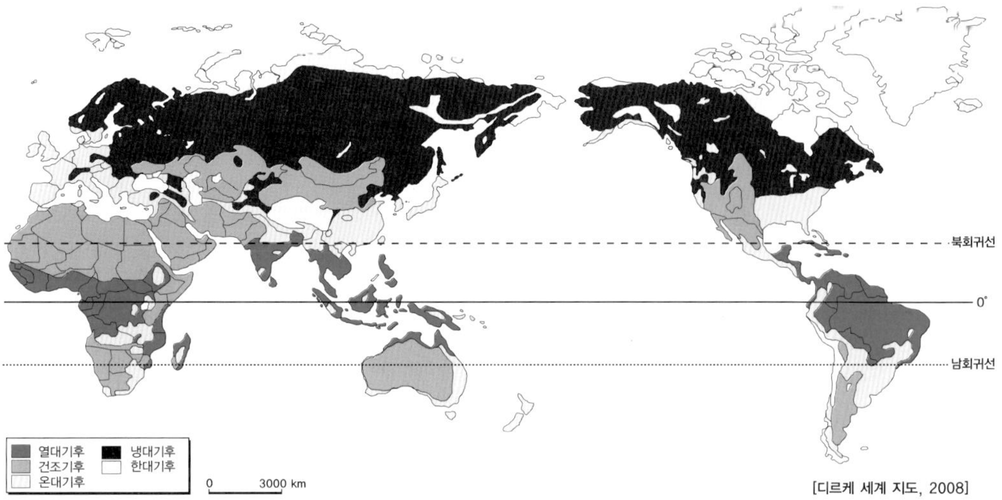

그림 2-4
세계 기후의 구분

가장 따뜻한 달은 영상 10℃ 이상 올라간다. 강수량에 따라 냉대습윤기후와 냉대건조기후로 구분된다.

한대기후

사람이 생활하기 어렵고 식물도 자랄 수 없는 매우 추운 기후로, 여름에는 백야 현상이 나타나고 긴 겨울에는 태양도 볼 수 없다. 3개월 남짓한 여름 동안에 눈이 녹아 이끼가 자랄 수 있는 툰드라기후와 항상 눈과 얼음으로 덮여 있는 빙하기후로 구분된다.

미시기후 분석

미시기후 분석을 통해 완화된 환경조건을 형성하고, 건물의 열적 스트레스를 최소화하여 쾌적한 환경을 제공하는 것이 건축환경설계의 궁극적인 목표이다. 환경적 부담을 최소화하기 위해 주변환경을 분석, 조절하여 미시기후를 형성토록 하고 이에 부합하는 구체적인 외피설계를 하는 것이다.

미시기후는 건물의 대지 및 주변의 기후로 미시기후에 영향을 주는 요소로는 고도, 식생, 지형, 건물과 도로 같은 각종 인공물이 있다. 이러한 것들은 대개 주변의 온도, 습도, 일사량, 바람의 속도 및 방향 등에 영향을 미친다.

온도 및 습도에 영향을 미치는 요소

| 지표면

지표면 상에서의 온도는 지표면 온도의 영향을 받으며, 지표면 온도는 지표의 열을 보유할 수 있는 용량에 달려 있다. 지표면은 전도율, 열용량, 표면반사율의 세 가지 특성 중 어느 것이 강하냐에 따라 주변의 온도변화에 영향을 미친다. 밝은색의 모래는 태양 일사의 상당 부분을 반사시켜 흙의 온도상승을 감소시키고 결과적으로 공기의 온도를 낮출 수 있으나, 그와 동시에 반사된 일사가 건물 내부로 유입되면서 건물의 부하를 증가시킨다. 바위는 높은 열용량을 가지고 있기 때문에 낮 동안 태양으로부터 열을 흡수하며 밤에 흡수된 열을 다시 방출한다. 지표면의 유형에 따라 지역의 기온변화는 달라지며 또한 그 지역의 주거형태 및 주거의 재료가 달라질 수 있다.

| 물

물은 열용량이 크기 때문에 오랫동안 많은 열을 저장할 수 있다. 즉, 주위의 열을 흡수하여 보유하고 있다가 주변의 온도가 떨어지면 저장된 열을 방출하는 속성을 지닌다. 따라서 기온변화를 완화시켜 온도변화의 폭을 줄임으로써 여름철의 경우 주변 공기의 온도를 1.8~3℃가량 낮추고, 겨울철의 경우 주변 공기의 온도를 1.8~3℃가량 높이는 역할을 한다.

| 식생

나무나 잔디와 같은 식생은 열 손실과 열 획득을 안정시키는 역할을 담당하여 안정적인 온도를 유지하도록 한다. 식생은 일사량을 분산시켜 여름철 온도상승을 방지한다. 태양 일사를 부분적으로 투과 · 흡수 · 반사함으로써 일사효과를 저하시키고, 지표면 및 건물표면에 직달 일사가 닿지 않도록 그늘을 드리워 안정적인 미시기후를 형성할 수 있도록 유도한다.

식생의 지면은 수분을 함유하고 있기 때문에 열을 흡수 · 저장하여 대기의 온도를 안정시킬 수 있을 뿐만 아니라 식생의 증산작용으로 습도를 유지하고 대지의 온도를 낮출 수 있다. 또한 식생은 공기의 흐름을 변화시킬 뿐 아니라 나무 사이의 정체된 공기층을 형성하여 단열효과를 가진다.

일조 및 일사에 영향을 미치는 요소

| 지형

일사량은 지형의 방향 및 경사도에 따라 좌우된다. 남향의 경우 여름에는 높은 태양고도로 인해 일사량이 최저가 되며, 겨울에는 낮은 태양고도로 인해 일사량이 최대가 된다. 또한 지역별 지형은 주거형태 및 주거문화의 영향을 받는다.

그림 2-5 지형을 이용한 주거와 개미집
a. 터키의 카파도시아
b. 흰개미 집

| 식재

식재는 태양 일사를 부분적으로 투과 · 흡수 · 반사함으로써 일사효과를 약화시킨다. 나무의 위치에 따른 그림자 형태의 변화는 하루 중 시간 및 건물과의 거리에 따라 효과를 판단해야 하므로 설계 시 의도적인 판단 및 결정이 요구된다. 나무의 종류도 계절변화를 고려하여 그 용도에 맞게 낙엽수와 상록수 중에서 선택해야 한다.

그림 2-6 식재를 이용한 주거와 까치집
a. 미국 테네시 주의 The Minister's Tree house
b. 까치집

바람에 영향을 미치는 요소

| 지형

지형은 바람의 방향과 속도에 영향을 미친다. 산맥은 바람의 방향을 바꿀 뿐 아니라, 계곡풍과 같은 다양한 형태의 바람을 만들어 낸다. 주간에 산 표면의 기온은 빠르게 상승하기 때문에 따뜻한 공기는 산의 경사를 따라 상승하는 반면, 야간에는 역으로 산 표면의 주변공기가 빨리 식기 때문에 공기는 다시 경사를 따라 계곡으로 하강한다. 좁은 계곡의 경우 이와 같은 현상은 주간에 계곡의 바닥을 따라 상승하는 강한 바람을 만들며, 야간에는 계곡으로 내려오는 바람을 일으킨다.

그림 2-7
지형과 지물을 이용한 주거 및 산양의 서식
a. 미국 콜로라도 계곡의 지형을 이용한 주거
b. 바위계곡의 산양

| 물

지표면과 수면 사이의 온도 차가 공기의 이동을 야기한다. 물은 열용량이 매우 크기 때문에 바다는 육지보다 천천히 가열되고 냉각되어 결과적으로 주간에 공기는 바다에서보다 육지에서 더 뜨거우며, 이로 인해 기압차이가 발생하여 바다에서 내륙으로 부는 해풍이 생긴다.

그림 2-8
바다와 지형을 이용한 주거
a. 지중해
b. 베네치아
c. 미얀마

기후에 따른 토속주거

기후에 따른 주거의 형태

고온다습한 기후의 주거형태

열대 또는 아열대에 위치하는 무더운 지방은 일사가 강하고 기온이 높아 창이 크고 마루가 높은 개방적인 가옥구조를 보이며, 더위와 풍토병, 맹수를 막기 위하여 나무 위나 물 위에다 집을 짓기도 한다. 일반적으로 마루를 높게 하고 마루 밑의 통풍이 잘되도록 하는 동시에 가옥 주위로 마루가 넓게 형성되어 지면에서의 복사를 막도록 되어 있다. 강한 일사를 막기 위해 창은 그다지 크게 뚫지 않고 바람은 통하면서 일사를 막도록 되어 있다.

태국의 수상주거와 항상식 주거는 강수량이 많고 고온다습한 것을 보완하기 위해 땅 위의 집은 바닥을 6~8피트가량 높게 하여 밑으로부터 공기를 통하게 하고 여기에서 가축을 기르는 등의 형태를 취하는 항상식 주거가 발달하였다. 이는 방어적 차원의 주거형태였는데, 물 위에 말뚝을 박고 집을 지으면 뱀이나 해충, 동물로부터 안전하였다. 또한, 수상주거는 물 위에 집을 지어 시원할 뿐만 아니라 미풍에 더 많이 접하고 가옥의 벽은 수피를 사용하여 통풍이 잘되게 만들었으며, 지붕은 비를 막도록 급하게 경사지며 지붕의 재료로는 나무 또는 나무껍질을 사용하였다.

그림 2-9
고온다습한 기후의 주거
a. 수상주거
b. 항상식 주거

고온건조한 기후의 주거형태

고온건조기후의 대표적인 나라는 이집트이며 전 국토의 2/3가 사막으로 이루어져 있다. 이집트 농촌의 기후 및 시형을 보면 일교차가 대단히 심한 고온

건조한 기후로 인해 안락한 주생활을 영위하기 위해서는 두 가지 요인에 대한 대책이 필요하다.

첫째 요인은 태양열이다. 모든 지역이 구름에 차단되는 일 없이 낮에는 뜨거운 태양열을 받으며 밤에는 기온이 낮아지면서 대부분의 열을 빼앗긴다. 따라서 건물 내부에서 생활하는 사람들의 쾌적감은 대부분 벽과 지붕의 열적 특성에 의존하게 된다. 그러므로 열전도성이 낮은 재료로 집을 지어야 하는데 옛날부터 농부들은 진흙이나 흙벽돌을 건축자재로 써 왔다. 또 다른 방법은 안마당으로 둘러싸인 집을 짓는 것이었다. 안마당은 우물 같은 구실을 하여 지붕의 시원한 공기가 내려와서 밤에는 아래층이 더욱 빨리 식도록 해 준다. 또한 직접적으로 쪼이는 햇빛을 차단하는 것 못지않게 중요한 것이 태양의 반사광선을 피하는 것이다.

둘째 요인은 공기의 순환이다. 공기가 극히 건조하여 조금만 바람이 불어도 땀을 증발시켜 몸을 시원하게 하므로 집 안 환기에 특히 신경을 써야 했다.

그림 2-10
고온건조기후의 주거
a. 흙 또는 흙벽돌 주거
b. 투룰리 주거

온대기후의 주거형태

4계절의 변화가 뚜렷할 뿐만 아니라, 기온이 온난하며 강수량도 비교적 적당하여 인류가 생활하기에 가장 알맞아 다른 기후 지역에 비해 문화가 발달하였다. 가장 더운 달의 월평균 기온은 18℃ 정도이며, 가장 추운 달의 월평균 기온은 -3℃이다. 온난한 기후조건과 농경생활에 의한 정착형을 기본으로 하며 다양한 지형 및 주거지 건축에 필요한 여러 가지 종류에 따라 다양한 주거지가 형성되었다.

온대기후의 주거에서 초가집은 주로 볏짚을 이용했으며, 일부에서는 억새나 새풀 등을 사용하기도 하였다. 그러나 새를 얹은 집을 샛집이라고 하여 초가와

그림 2-11
온대기후 주거인
초가집, 볏짚 · 억새
지붕 집

그림 2-12
온대기후 주거인
기와집

는 구분하기도 한다. 신석기시대 움집에서부터 초가의 기원을 살펴볼 수 있는데 초가는 대체로 부엌 1칸, 방 2칸의 3칸으로 이루어져 있으며 일자형이었다. 그러나 지방에 따라 ㄱ자형, 홑집, 겹집형 등이 있었다. 농업을 주업으로 하는 우리나라의 대표적인 주거형태로, 단열성이 뛰어나 여름에는 시원하고 겨울에는 따뜻하며 구조가 간단하여 쉽게 지을 수 있었다.

풀을 이용한 지붕은 내구성이 좋지 못하고 불에 잘 타기 때문에 기와집이 탄생하였다. 기와는 진흙을 빚어 가마에 구운 것으로 내구성을 증가시키고 건물 자체 경관을 아름답게 한다. 기와의 사용은 부와 권력의 상징으로 인식되기도 하였다.

대륙성기후의 주거형태

대륙성기후의 대표적인 나라는 몽고라고 할 수 있다. 대륙성 건조기후와 유목생활에 적합한 텐트의 일종인 게르에서 산다. 몽고는 북서쪽으로 갈수록 높고, 남동부는 고비사막이며 그 중간에 국토의 대부분을 차지하는 초원지대가 펼쳐져 유목민족의 활약무대가 되었다. 겨울의 추위는 혹독하고 여름에는 일교차가 크다. 주민의 대부분이 할하족을 중심으로 하는 몽골족이고 오랜 유목생

그림 2-13
대륙성기후의 주거
a. 몽골의 이동식 주거촌
b. 몽골의 이동식 주거

활 양식이 남아 있어 이동식 텐트 모양의 집인 게르에서 산다. 게르는 버드나무나 느릅나무의 가지로 원통형의 측벽과 돔형의 지붕 골조를 만든 후, 펠트로 덮고 다시 짐승털로 만든 밧줄을 친다. 조립이 쉽고 이동하기에 편리하며 방 안은 여름에는 시원하고 겨울에는 따뜻하다.

한랭기후의 주거형태

일반적으로 추위에 대비한 보온이나 난방설비 구조를 갖고 있다. 시베리아 및 중국 북동부 지방의 페치카, 우리나라의 전통 난방 방식인 온돌 등을 들 수 있다. 한랭지의 가옥은 목조에 토벽을 쌓고 방의 규모나 창문을 작게 만드는데, 이것은 모두 기후의 영향이라 할 수 있다. 한랭한 지방의 주거는 실내의 보온능력이 크도록 고안되어 있다. 어떤 가옥이든 가옥 내외의 온도차에 의하여 자연환기가 되도록 되어 있어 자연환기가 적은 집일수록 가옥의 보온능력이 높다. 따라서 기후가 한랭한 지방의 주거는 흙, 벽돌, 콘크리트 등으로 만들어지고 벽, 지붕, 천장, 바닥이 두껍게 되어 있다. 그리고 창이나 출입구를 많이 내지 않는다든가 그 크기를 작게 하는 것은 실내의 열 손실을 없애기 위함이다.

그림 2-14
한랭기후의 주거
a. 얼음을 이용한 주거
b. 통나무를 이용한 주거

아시아 지역의 주거형태

중국

| 사합원

겨울에는 춥고 건조하고 여름에는 덥고 비가 많이 오며 봄에는 바람이 많이 부는 중국 북부 지방의 대표적인 주거형태이다. 정방, 상방, 도좌방이 중정을 중심으로 구성되며 동북 지역과 화북 지역 산서, 성서 지방에 넓게 분포한다. 사합원의 공간구성은 매우 폐쇄적인 구조로 각 건물을 기단 위에 짓고 중정을 둘러싸고 정방, 도좌방, 동상방, 서상방으로 구성되어 있으며 전체적으로 벽으로 둘러져 있다. 사합원의 주거는 외부로는 폐쇄적이지만 내부로는 개방적이다. 출입구는 남동쪽이나 북동쪽 오른편에 두었으며 주거 크기의 기본단위는 1진이라 하는데 최대 9진까지 이어질 수 있다.

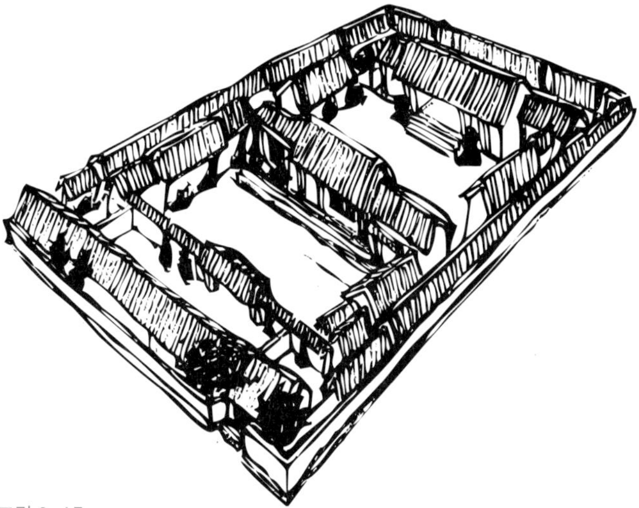

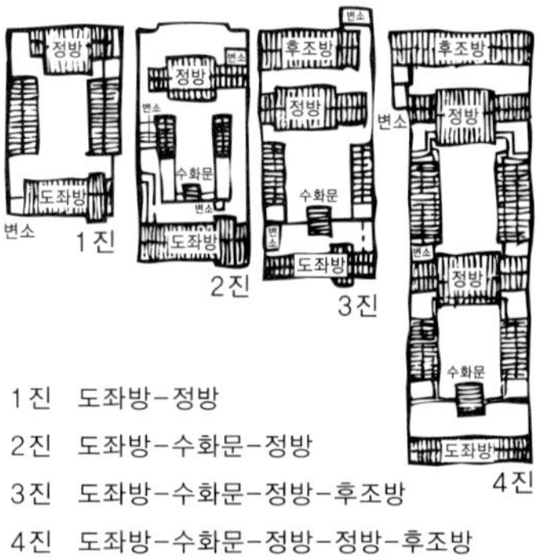

그림 2-15
중국 북경 지방의
사합원 주거형태

| 동굴주거

중국 요동 지역의 황토고원에 형성된 주거로서, 고원의 벽을 사각형 또는 장방형으로 파고 횡혈을 만들어 생활하는 것으로 2~3개의 방이 서로 연결되어 있다. 동굴주거는 겨울철 난방이 아주 잘되며, 여름철에는 시원하다.

그림 2-16
중국 요동 지역의
황토고원 동굴주거

| 토루

12~20세기 동안 푸젠 지방 남서쪽 융딩永定 난징南靖 지역에 지어진 46채의 집이다. 다층 구조의 원형 토루土樓: 흙으로 만든 집단주택이며, 한 토루당 800명까지 수용할 수 있다. 외부에서 볼 때는 흙으로만 만들어진 건물 같지만 내부는 나무를 사용했으며 토루 내에는 우물, 욕실, 학당 등이 있다. 방위를 목적으로 외벽이 견고하게 구축되어 성채와 같은 모습이다. 중심을 이루는 안뜰은 위로 개방되어 있으며, 벽에는 바깥쪽으로 몇 개의 창이 나 있고 외부로 통하는 출입문은 하나뿐이다. 외관은 단순해 보이지만 내부는 편안한 생활을 할 수 있도록 고안되었으며 매우 공을 들여 지었다. 토루는 중국의 5대 민가 건축양식 중 하나로, 송宋 · 원元 나라 때 생겨나기 시작해 명明 왕조 초 · 중기에 가장 널리 지어졌다. 특히 산이 높고 고개가 험한 푸젠성 서부와 남부에서 지형적 특성을 살려 오랜

그림 2-17
중국 푸젠성의
집합주거 토루

세월 동안 이어져 왔으며, 외부 벽 형태에 따라 원형, 방형, 반원형, 5각형, 의자형, 삼태기형 등 여러 종류가 있다.

몽골

| 게르

몽골은 전통적인 유목사회에서, 오늘날 대도시를 중심으로 고정 가옥에 거주하는 사회로 변화하였다. 하지만 지금도 수도인 울란바토르Ulan Bator 이외의 초원지대에 살고 있는 주민들 대부분이 게르Ger에서 생활한다. 게르는 나무로 엮은 벽에 양털로 만든 펠트와 하얀색 천을 씌워 만든 둥근 천막집 형태의 이동식 텐트 가옥이다.

그림 2-18
몽골의 유목민 주거

일본

일본 열도는 남부와 북부의 기후 차가 크므로 일본의 주거는 지역의 풍토와 밀접하다. 남부 지역의 기후는 고온다습하여 주택의 난방방식이 그리 발달하지 않았다. 이에 반해 북부 지방의 주택에서는 고다쯔나 이로리 등의 난방기기가 발달하였으며 방바닥에는 보온이 되는 다다미를 깔았다.

그림 2-19
일본의 난방방식
a. 다다미
b. 이로리
c. 고다쯔

| 침전조寢殿造, 신덴즈쿠리

신덴즈쿠리는 일본 주택 양식의 하나로서 처음 인정된 것으로, 고대 말기(10세기)인 헤이안시대의 상류주택이다. 이 시기 귀족들은 방대한 장원의 수입으로 안주하였고 호화로운 향락생활로 세월을 보냈다. 한편으로 귀족들은 대륙으로부터 문화를 받아들이는 단계에서 발전하여 문화적 독립을 성취하면서 질적으로 매우 우아한 정취를 지닌 일본의 독특한 문화를 창조하였다. 신덴즈쿠리 주택은 주로 남쪽을 향하며 넓은 정원을 조성하여 각종 의식과 연회를 즐기도록 하였다. 정원의 남쪽에 연못을 파고 그 흙으로 중앙에 나카지마中島를 만든 후 연못 주변에 쯔기야마라고 하는 언덕을 쌓았다. 나카지마에는 다리를 설치하여 연못에 배를 띄울 수 있도록 하였다. 정전인 신덴을 중심으로 침전의 동 · 서와 북측에 다이노야를 배치하고 이것들을 와타도노로 연결시켰다.

| 주전조主殿造, 슈덴즈쿠리

슈덴즈쿠리는 슈덴을 중심으로 부엌, 마구간, 도오자무라이(신변을 호위하는 무사들이 머무는 곳) 등을 배치한 중세의 무사주택으로 보이는 주택 양식이다. 당시 무사들 사이에는 쇼군將軍이 무장武將의 주택을 방문하고 무장들은 다시 휘하의 무사들 주택을 방문하는 의례가 있었다. 그래서 이들을 접객하기 위한 의례적 공간이 마련되지 않으면 안 되었다. 따라서 고대의 신덴은 그 용도를 상실하고 신덴의 남반부가 의례를 위한 공간으로 사용되면서 이곳을 슈덴이라 부르게 되었으며 건물의 중심이 되었다.

| 서원조書院造, 쇼인즈쿠리

무인武人체계가 확고해지면서 무인들의 상하계급에 따라 위계를 강조하기 위해 방 안에 주인이 앉는 상단을 높이고 약간 낮은 두세 개의 방을 두어 신분계급에 따라 좌석의 위치를 달리하였다. 쇼인즈쿠리에서는 방을 구획하는 칸막이가 크게 발달하였고 다다미를 방 전체에 깔았다. 칸막이는 고정벽이 아니라 두꺼운 종이를 양면에 붙여 만든 미닫이문이었다. 기둥은 전부 각기둥이었으며 창문에 반투명 한지를 사용했다. 쇼인즈쿠리 건축양식은 전통 일본식 주택으로서 현재의 일본주택으로 계승되고 있다.

| 서민주거

일본의 전통적인 서민주거는 근세의 피지배계층, 농민, 상민, 장인 등의 주택을 말한다. 대표적으로는 농촌의 주거인 농가農家와 도시의 점포 병용 주거인 마치야町家로 나누어 생각할 수 있다. 농촌은 전통적으로 부부와 아이들로 구성된 핵가족이 하나의 지붕 밑에서 살고 핵가족이 모인 대가족은 하나의 울타리 속에서 살아왔다고 한다. 농촌주택은 대개 목조와 초가로 구성되었고 실내는 처음의 흙바닥에서 마룻바닥으로 발전하였다. 또한 침실은 마룻바닥에 짚을 깔고 생활했던 것이 다다미로 발전하였다. 주거공간도 1실 1주거에서 2실 1주거로 분화해 가면서 점차 확대되었다.

그림 2-20
일본의 서민주거

| 도시주거(마찌야, 나가야)

일본의 도시주거는 마찌야와 나가야로 대별된다. 공공의 도로에 면하여 미세みせ, 店, 곧 상점 기능과 주거기능을 가진 도시주택을 말한다.

그림 2-21
일본의 도시형 주거
a. 일본의 도시주거
b. 일본의 상가주거

동남아시아(태국, 미얀마, 말레이시아, 라오스, 베트남, 캄보디아)

| 항상식 주거

동남아시아의 가장 일반적인 민가는 항상식 가옥이다. 물론 근대화되면서 아파트와 같은 고층 건물이 자리 잡아 현대적인 일반 민가modern vernacular를 형성하고 있지만 아직까지 대부분의 주거형태는 태국의 전통적인 주거양식인 항상식 가옥이라 할 수 있다. 항상식 주거의 특징은 다음과 같다. 첫째, 1층 바닥이 지면에서 한 단 올라가 있는 형태이며 조립식 주택이고 집을 짓는 데 못을 사용하지 않는다. 집은 전문 기술자들에 의해 지어지는데, 주요 자재는 티크와 대나무 같은 나무이며, 대부분 집 지을 대지 위에 조립식 패널을 부착하여 집을 짓는다. 둘째, 어느 지역이든지 대부분의 주택은 1층이며 기둥이 받쳐져 있다. 주택의 주요 실들은 베란다로 서로 연결되어 있다. 셋째, 공간들은 자유로운 흐름으로 개방감이 있지만 지역마다 약간씩 차이는 있다. 이러한 특징은 프라이버시 측면에서 보면 단점이다. 넷째, 북부형 주택은 박공지붕을 장식한 우아한 칼레kalae 형태로서 주택 소유자의 사회적 지위를 나타낸다. 일반적으로 집의 입구는 문이나 가리개 같은 것이 없고 구멍만 나 있는 형태가 대부분이다.

| 수상주거

수로 중심의 생활방식은 태국인의 가치관과 주거형태에 많은 영향을 미쳤다. 동남아시아의 일부 나라에서는 자식에게 배를 물려줄 만큼 배가 무엇보다 필수적인 교통기관이다. 수상시장과 수상주거는 사람과의 만남을 위해, 그리고 물 위에서 장사하는 사람들을 위해 탄생된 것이다.

그림 2-22 동남아시아의 전통가옥
a. 항상식 가옥
b. 수상가옥

유럽 지역의 주거형태

영국

영국은 대륙 서해안의 전형적인 해양성기후 지역으로 여름에 선선하고 겨울에 따뜻한 특성을 보이지만 기압의 변화에 따라 기상변화가 매우 심하게 일어나며 대체로 한랭한 편이다. 이러한 기후조건 때문에 영국인들은 집 안의 냉기와 습기를 제거하기 위해 예로부터 벽난로를 중요시했으며, 안개가 자주 끼는 탓에 햇볕을 몹시 아껴 잔디가 곱게 깔린 중정을 중심으로 한 고풍의 저택을 즐겨 지었다. 또 빛과 신선한 공기를 많이 받아들일 수 있도록 창을 많이 사용하였다. 또한 기후 외에 영국의 지형적 특성 역시 이들의 주거형태에 영향을 미쳤다. 바다로 둘러싸여 대륙으로부터 고립된 섬나라의 아름다운 자연환경을 느낄 수 있도록 하기 위해 전원주택을 짓고, 자연스러우면서도 기술적으로 잘 계획된 아름다운 정원을 만든 것은 이러한 지형적 특성에 기인한 것이기도 하다.

| Thatched 하우스(초가집)

전통주거의 하나로 영국의 산업혁명 이전의 서민주택이라 할 수 있다. Thatched 하우스는 볏짚을 이용하여 지붕을 만들고 벽체는 흙과 짚을 섞어 흙벽을 형성하고 내외벽은 석회미장으로 마감하는 주거로, 우리나라의 초가집과 동일하며 생태적 주거라고도 한다.

그림 2-23
영국의 Thatched 하우스(초가집)

| 테라스 하우스

테라스 하우스는 17세기 후반부터 지어지기 시작하였다. 2세대가 측벽을 맞대고 한 지붕으로 연결된 세미 하우스Semi-detached와 달리, 같은 평면 레이아웃Mirror Image으로 된 3세대 이상의 주택이 측벽을 서로 맞댄 형태다. 즉 하나의 통일된 디자인을 가진 각 세대가 그 길이의 길고 짧음에 상관없이 연속되어 있는 주택을 말한다. 측벽을 외부와 면한 첫 번째와 마지막 세대는 'End Terrace'라고 부른다.

그림 2-24
영국의 테라스 하우스(연립주거)
a. 17세기 테라스 하우스
b. 현대의 테라스 하우스

그리스

| 인술라

그림 2-25
그리스 · 로마의 집합주거 인술라

고대 로마의 집합주택이다. 6, 7층 혹은 그 이상의 고층건축으로 1층은 대체로 점포tabernae가 되고 상층은 아파트가 겹쳐 있다. 초기에는 목조건물이 많아 화재와 붕괴가 자주 일어났으므로 아우구스투스(재위 B.C. 27~A.D. 14) 시대에, 하부는 벽돌로 짓고 전체의 높이도 20m 이하로 할 것을 법령으로 규정하였다. 로마 외항의 오스티아에 다수의 인술라 구조가 남아 있어 당시의 집합주택 형태의 대강을 알 수 있다.

러시아

| 이즈바

그림 2-26
러시아의 토속주거
이즈바

러시아는 나무가 많은 자연환경의 영향으로 그들만의 독특하고 화려한 목조 건축문화를 이루었다. 통나무를 다듬지 않고 사용하는 것이 이즈바의 특징이다. 추위를 막기 위해 통나무 틈새를 건조한 이끼로 채웠으며 벽 전체의 내 · 외부를 판자로 마감하고 안쪽은 석고를 발라 겨울철 찬바람을 막는 러시아의 주거이다.

아메리카 지역의 주거형태

미국

미국의 기후는 열대사바나기후, 몬순기후, 서안해양성기후, 냉대습윤기후, 지중해성기후, 스텝기후, 사막기후, 고산기후 등 다양하게 나타난다.

| 티피

티피tepee는 예전에 아메리카 인디언이 사용한 거주용 텐트로서, 나무막대를 원뿔형으로 배열한 다음 물소 가죽을 덮어 만든 이동식 주거를 말한다.

그림 2-27
아메리카 인디언의
이동식 주거 티피

| 이글루

이누이트Innuit의 주거에는 빙설氷雪을 이용한 집 외에도 목재나 석재 · 잔디를 사용한 집이나 짐승가죽으로 만든 천막이 있다. 이글루라는 말은 본래 이러한

주거의 총칭이었으나 눈으로 만든 집이 외래자外來者의 주의를 끌어 널리 알려지게 되었다. 빙설로 집을 지으려면 고래의 뼈로 만든 긴 칼로 단단한 눈덩이를 블록 모양으로 잘라 내 이것을 쌓아 올려 벽체로 하고, 그 위에 돔 형태의 지붕을 만든다. 이음새와 틈은 눈을 밀어 넣어 막는다. 눈덩이를 잘라 낸 우묵한 자리가 그대로 집의 바닥이 된다. 형태는 반구상半球狀으로 남쪽에 출입구를 내고 그 전방에 작은 빙설 집을 더 만들어 저장고나 개집으로 사용하며 외기外氣의 침입을 막기도 한다. 내부는 벽을 따라 빙설의 대臺를 설치하고 그 위에 작은 가지로 엮은 깔개를 깔고, 그 위에 다시 몇 장의 수피獸皮를 까는데, 이곳이 가족의 단란의 장場이 되기도 하고 침대가 되기도 한다.

그림 2-28
알래스카의 빙설 주거

| 푸에블로 어도비

1800년대 말에 산타페를 중심으로 뉴멕시코 지역에서 시작된 건축양식으로, 1920년에서 1930년경에 이르러 이 지역의 고유한 건축양식이 되었다. 스페인 사람들이 가지고 온 건축 스타일과 원주민인 푸에블로 인디언의 어도비 건축 스타일을 합쳐서 새로운 미를 표현하는 건축 양식의 주거이다. 주로 흙을 이용하여 벽돌을 만들어 벽체를 형성하는 주거이며 미국의 남서부와 멕시코에 많은 토속주거이다.

그림 2-29
미국 남서부 지역과 멕시코 지역의 토속주거
a. 푸에블로 어도비 유적지
b. 푸에블로 어도비 주거

아프리카의 주거형태

마사이족의 주거-둥근 오두막 Enkang

그림 2-30
아프리카 마사이족의 주거

마사이족은 반원형의 낮고 작은 진흙집을 지어 우기에는 모피를 지붕에 덮고 생활하는데, 주로 가시나무가 많은 초원에 집을 짓고 반영구적인 부락을 이루며 살아간다. 집을 지을 때는 가시나무 가지를 얽은 다음 그 위에 진 소똥을 이겨 발라 벽체를 형성함으로써 곤충으로부터 보호를 받는다.

도곤족의 주거-반디아가라 절벽 지대의 주거

도곤족은 외부로부터 침입을 막기 위해 반디아가라 절벽 지대에서 생활하는 부족으로, 절벽의 동굴과 흙을 이용해 집을 짓는데, 계곡에서 불어오는 강한 바람과 심한 굴곡으로 주거의 크기가 매우 작다.

그림 2-31
도곤족의 절벽 주거
a. 반디아가라 절벽의 도곤족 주거
b. 진흙으로 만든 공간

주거에서의 환경조절 전략

한대기후 및 냉대기후의 환경조절 전략

실내의 열을 보존하고 찬 외기의 차단

추운 북쪽 경사면은 피하고 언덕 밑에 고인 차고 습한 공기 및 언덕 꼭대기에서 부는 바람을 피하기 위해 경사지의 중간에 건물을 배치하는 것이 바람직하다. 건물의 크기에 비해 최소한의 표면적을 갖도록 밀집된 공간구성이 필요하며, 노출면을 최소화하기 위해 건물은 군집하여 계획한다. 내부공간은 북쪽에 계단, 창고와 같은 완충공간을 두며, 남쪽에는 태양열 난방을 할 수 있는 온실을 계획한다. 공간의 용도에 따라 열적 조닝zoning을 하며 남쪽을 제외한 모든 창의 면적을 최소화하고 외피의 단열을 충분히 고려한다.

그림 2-32 밀집된 공간구성 및 주거의 계획

찬바람으로부터의 보호

언덕의 측면과 같이 바람을 막을 수 있는 지형에 건물을 배치하고 수목이나 장애물을 적절히 배치하여 바람에 저항할 수 있도록 한다.

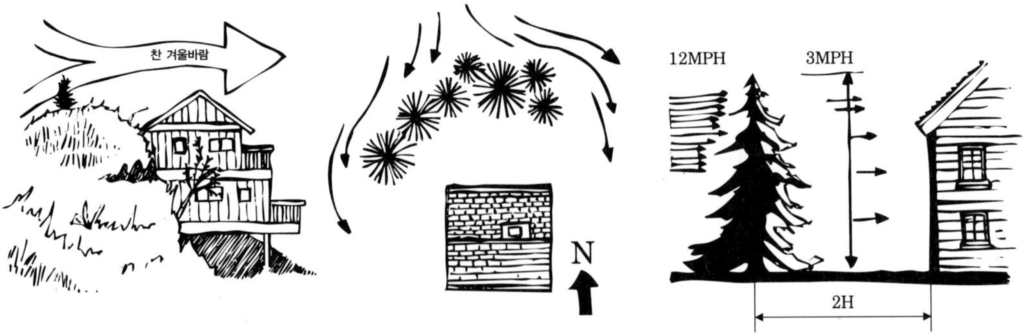

그림 2-33 바람으로부터의 보호

태양복사의 유입

건물은 동서 방향으로 길게 배치하고 남쪽에는 햇빛을 막는 수목이나 기타 구조물을 설치하지 않는다. 대부분의 창은 남쪽면에 설치하며 주로 수직창을 계획하여 태양복사를 실내 깊이 유입토록 한다.

그림 2-34
일사의 유입

온대기후 및 열대기후의 환경조절 전략

태양복사의 차단

건물을 동서 방향으로 길게 배치하며, 동서 방향에 창문 설치를 피하고 가능한 한 창의 면적은 최소화한다. 창문과 벽체에 그늘이 드리우도록 수평차양을 설치하거나 지붕의 처마를 길게 설치한다.

그림 2-35
수평차양 및 처마의 디자인

자연환기를 통한 냉각효과 이용

환기를 위해 큰 창을 설치하고 일사를 차단하기 위해 차양을 설치한다. 지붕에는 천장을 설치하여 환기를 원활히 하도록 계획한다.

그림 2-36
통풍냉각효과를 이용한 디자인

자연환기를 통한 실내 습기의 제거

습기가 많은 지면으로부터 건물을 띄워 건물 구조체의 하부에서는 통풍이 가능하도록 계획한다. 습기가 많이 발생하는 부엌, 욕실, 세탁실에는 습기가 축적되지 않도록 환기에 주의를 요하며, 건물 가까이에 낮은 수목을 심지 않고 키가 큰 수목을 심어 그늘을 제공하고 환기가 원활히 이루어지도록 계획한다.

그림 2-37
원활한 환기를 유도하는 계획

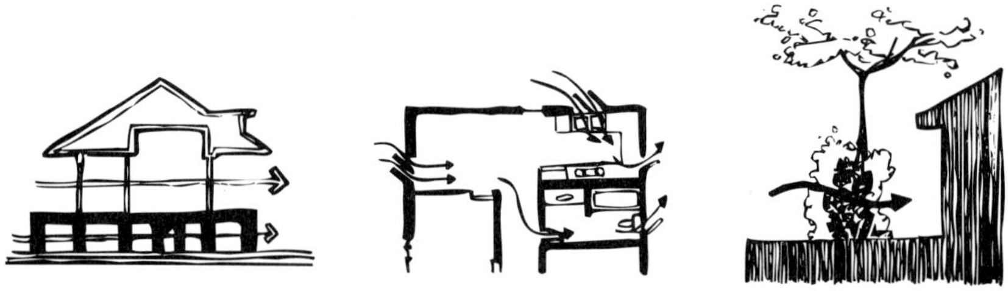

고온건조기후의 환경조절 전략

축열구조체를 이용한 실내의 열적 안정

높은 기온으로부터의 영향을 최소화하기 위하여 흙을 재료로 하는 축열구조체를 이용하거나 경사지와 같은 주변지형을 최대한 이용한다.

그림 2-38
축열구조체의 계획

더운 외기 및 일사유입의 차단

건물의 표면적을 줄이기 위해 밀집된 공간구성으로 계획한다. 단열성능을 높이며 건물은 밝은색으로 마감한다. 노출면을 최소화하기 위하여 건물을 근접시켜 배치하되 태양이 반사되어 창문으로 유입되는 것을 막는다.

그림 2-39
일사유입을 막기 위한 계획

증발냉각 효과를 이용한 실의 열적 안정

증발냉각을 위하여 분수, 수영장, 수목을 이용하며, 차가운 공기가 외부로 배출되는 것을 막기 위해 중정을 계획한다.

그림 2-40
증발냉각 효과를 이용한 계획

제3장

우리나라의 주거문화

우리나라의 시대별 주거문화

지역별 · 재료별로 살펴본 우리의 주거문화

3 우리나라의 시대별 주거문화

원시시대의 주거

구석기시대의 생활과 주거

구석기시대는 지금부터 약 500만 년 전부터 약 1만 년 전까지의 기간을 의미하며, 뗀석기를 도구로 사용하여 주로 수렵, 채집을 생업으로 하는 인류문화상의 한 단계로 정의된다. 구석기시대는 일반적으로 전기, 중기, 후기로 세분되는데, 각각은 특색 있는 문화상을 나타내고 있으며 그 특징들은 다음과 같다.

구석기시대 전기는 20~30명가량의 사람들이 하나의 집단을 형성하면서 거동이 느린 동물을 포획하여 식량으로 삼고, 나무나 풀, 열매를 따 먹는 아주 단조로운 생활을 하였으며 더운 계절에는 거의 의복을 입지 않은 것으로 추정하고 있다. 구석기시대 중기는 좀 더 문화가 발달하여 활을 사용할 수 있게 되면서 달리는 동물이나 날아다니는 조류도 포획하게 되었고, 수렵을 할 때에는 개인이 아닌 집단으로 작업을 하였으며, 사람이 죽으면 매장하는 풍습도 일부에서는 나타난 것으로 보인다. 구석기시대 후기에 들어와서는 생활양식에 많은 변화가 나타나 의식儀式, 매장埋葬 등의 풍습과 신체에 장식을 가하는 방법이 나타났으며, 또한 예술적인 감각이 발생하여 상아조각이나 동굴 벽에 그림을 그렸던 것으로 보인다.

우리나라는 구석기시대부터 사람들이 생활해 왔던 것으로 알려져 있는데, 구석기시대의 주거는 엄밀한 의미에서 주거라고 하기보다는 자연의 위협으로부터 보호받을 수 있는 은신처shelter로서의 의미가 더 큰 것으로 보인다.

구석기인들은 주로 자연동굴에서 생활하였으며, 비교적 깊지 않은 동굴에서 거주하였고, 동굴이 깊을 경우에는 입구 쪽을 주거용으로 사용하고, 안쪽 동굴 깊은 곳은 의식의 장소로 사용한 것으로 보인다. 동굴주거 이외에도 암음주거岩陰住居라고 해서 바위 그늘의 아늑한 곳을 주거로 삼기도 하였는데, 지역에 따라서는 큰 나무 위에서 취침 및 휴식을 취했을 것으로 추정된다. 우리나라에도 구석기시대의 유적인 동굴유적과 암음유적이 발견되고 있는데, 평양의 상원 검은모루동굴, 충청북도의 점말동굴, 제주도의 빌레못동굴, 충청남도 공주 석장리 유적 등이 그 예이다. 공주 석장리 유적의 경우 크기가 동서 방향으로 7.5m, 남북 방향으로 7m로 8~10명 정도의 사람이 생활하였다고 추정되며 기둥자리와 불탄 흔적으로 보아 불을 사용한 것으로도 보인다. 또한 이런 유적지를 보면 구석기시대 전기부터 한반도에도 북경원인과 같은 직립원인들이 살았던 것을 알 수 있으며, 이들은 처음에는 석회암 동굴 속에서 살다가 점차 강변 대지로 진출, 거주하면서 수렵과 어로생활을 하였던 것으로 추측된다.

이러한 유적들을 통해서 구석기인들의 주거 내 생활을 추정할 수 있는데, 구석기인들의 주거 내 생활은 매우 단순해서 야간의 취침과 주간의 휴식 정도만이 이루어졌던 것으로 보이며, 동굴벽화를 보면 종교적 또는 취미활동의 일부도 주거 내에서 행해졌을 가능성이 있다.

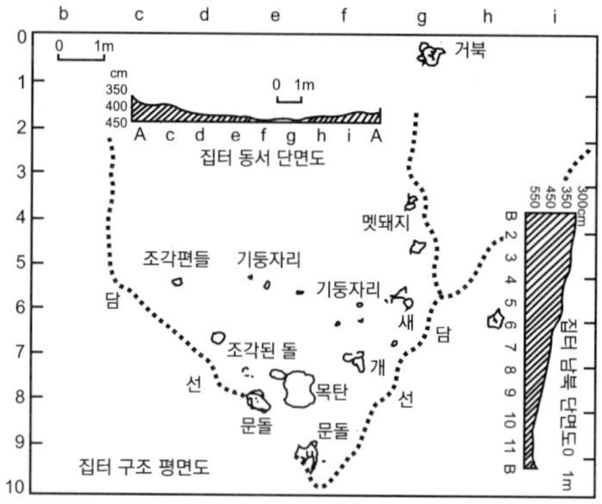

(좌)그림 3-1 구석기시대의 동굴 생활(상상도)

(우)그림 3-2 충남 공주 석장리 집터 구조도

신석기시대의 생활과 주거

신석기시대는 기원전 5000년~기원전 1000년경까지의 기간으로, 구석기시대의 채집경제가 농경과 목축의 재배경제 단계로 옮겨 가 정착생활이 시작된 시기이다. 이 시대의 사람들은 주로 야외에서 생활한 것으로 보이는데, 신석기인들은 어망을 사용하거나 낚시질을 해서 바다나 하천에서 물고기를 잡았고, 활을 쏘거나 작살 혹은 몽둥이를 사용하여 짐승을 잡기도 하고, 때로는 함정을 파서 짐승을 잡기도 하였던 것으로 보인다. 또한 산이나 들에 자생하는 과실이나 곡물 등을 따 먹기도 하였고 짐승가죽으로 간단한 옷을 만들고 어망을 짜는 법도 알고 있었으며, 이 시대의 말기에는 간단한 농경農耕이 시작된 것으로 알려지고 있다. 신석기시대의 대표적인 유물로는 간석기(마제석기磨製石器)를 들 수 있으며, 이 외에 흙을 빚어서 만든 그릇, 즉 토기土器를 만들어 내는 방법을 발명하는 등 혁명적인 변화를 나타내었다. 그리고 직물 제작, 건축적인 주거의 건립, 취락의 발생 등 새로운 문화적 현상도 보여 주었다.

우리나라에서 발견된 가장 오래된 신석기시대 주거지는 신석기 초기에 해당되는 기원전 2000년~기원전 3000년경의 것으로 추정되는데, 작은 구릉의 경사면에 몇몇 호의 작은 취락을 형성했던 원형 평면에 가까운 수혈주거竪穴住居였다.

(좌)그림 3-3
신석기시대 수혈주거

(우)그림 3-4
암사동 선사유적지

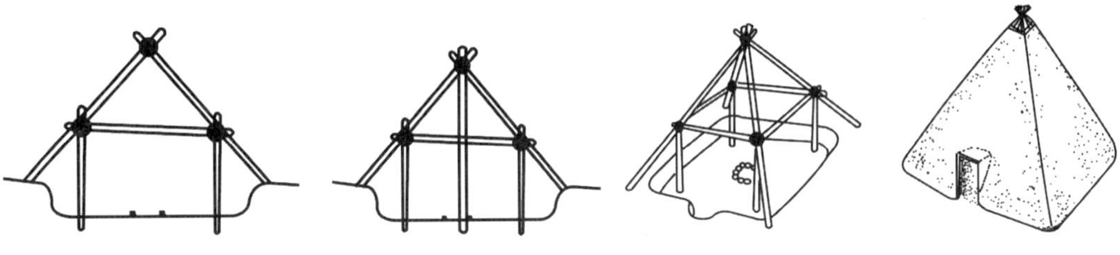

그림 3-5
암사동 4호 주거형태 복원도

신석기시대 말기(기원전 7세기경)에는 만주에서 유입된 사람들이 하천 연안의 평지에 좀 더 큰 취락을 형성하였으며, 주거의 평면 형태도 크게 원형과 정방형 그리고 장방형으로 변화하게 된다. 원형 또는 정방형에서 장방형으로 변화하면서 노爐도 중앙에서 벗어나 한쪽으로 치우쳐서 자리하며, 화덕 근처에 큰 돌로 된 작업대가 나타나기 시작하고 또한 석촉, 석창, 석서石鋤: 호미, 석초가래 등의 석기도구들이 놓여 있었을 것으로 추정된다. 이와 같은 주거 내부 시설의 변화는 주거공간의 분화를 의미하며 주거 내의 생활모습이 크게 달라진 것을 의미한다. 주거면적은 $20m^2$ 정도의 것이 압도적으로 많았으며, 수혈의 깊이는 40~60cm의 것이 가장 많았다고 한다.

이와 같은 변화는 주거 내 · 외 공간의 모습을 변화시키면서, 필연적으로 주거의 규모에도 영향을 미치고, 주거 면적도 조금씩 넓혔다. 특히 노 주변의 작업대 높이가 높아지게 되는데 이는 옥내에서 석기나 골각기의 제작활동이 많아졌음을 의미한다고 추정된다. 그리고 노를 중심으로 그 안쪽은 역시 여성들의 활동공간이었을 것이며, 노에서 먼 부분은 남성들의 거주공간, 노를 중심으로 한 바깥쪽은 옥내 작업공간으로 사용되었던 것으로 보인다. 이 시기 주거지가 발견된 대표적인 유적으로는 서포항 유적과 무산茂山 호곡동虎谷洞, 평양의 금탕리金湯里 및 남경南京 유적이 있다.

청동기 및 철기시대의 생활과 주거

기원전 1000년~기원전 300년경까지를 청동기시대라 하고, 그 이후 서기 300년경까지를 철기시대라고 하는데, 이 시기의 주거지가 전국적으로 100개가 넘게 발견되고 있다. 이 시기에는 본격적인 농경생활이 이루어졌으며, 주택은 구릉지의 비스듬한 경사지에 적게는 3~4호에서 많게는 100호에 이르는 취락을 형성하였다.

주거의 형태는 신석기시대와 마찬가지로 움집이었으나, 지상으로 상당히 올라온 반 움집의 형태를 취하고 있으며 평면은 직사각형에 가까운 형태를 나타내고 있다. 집의 규모는 대체로 $20{\sim}70m^2$의 크기로 신석기시대의 집보다 두 배 정도 큰 컸으며, 신석기시대의 일반적인 공간구조인 한가운데의 화덕자리가 조금씩 사라지면서 본격적으로 공간 내 칸막이와 작업대가 생겨나는 것으로 미루어 보아 주거공간 기능의 분화가 본격화되고 있음을 추측할 수 있다. 또한 본격적인 농사로 인하여 수확량이 많아짐에 따라 주거 내부에 있던 저장공貯藏孔이 주거부분에서 분리되어 별도의 저장공간이 생겨난 것으로 보인다. 그 대표적인 유적지로 울산 검단리 유적에서 발견된 환호環濠의 흔적을 들 수 있는데, 이곳은 앞에서 언급되었듯이 100호 정도의 주거지가 만들어져 마을 단위의 계획이 이루어졌음을 보여 주는 중요한 증거이다. 검단리 마을 유적은 우리나라에서 발견된 최초의 본격적인 환호 유적이다. 환호는 마을의 방어를 위해 만들어졌을 것으로 추측되고 거주영역을 구분하는 기능도 가졌을 것이다. 수십 기의 청동기시대 주거지와 함께 그 외곽에서 환호가 발견된 것이다. 환호의 남쪽과 북쪽에서는 출입구 흔적까지 나타나고 입구에는 출입을 제한하는 문을 만들고 그 부근에 망루로 추정되는 고상건물의 흔적도 발견되었다.

철기시대는 기원전 300년경에서 기원전후까지로 추정되는 초기 철기시대에 들어서도 일반형의 수혈주거에는 큰 변화가 없었다. 그러나 김해 부원동付院洞 유적에서는 고상高床건물로 보이는 유구와 평면이 원형인 수혈의 한쪽 벽에 붙여서 화덕을 설치한 주거지가 발견되었다. 그리고 귀틀집(累木式 주거에 속함), 고상주거高床住居 등도 있었는데, 귀틀집은 전라북도 무주 구천동, 강원도 함경도의 산간 지방, 지리산의 화전민들이 짓고 살던 집으로서 통나무를 우물 정井자 형으로 쌓고 통나무와 통나무 사이는 흙과 돌로 막아 벽체를 이룬 형태이며, 고상주거는 집의 바닥이 높게 된 누樓나 원두막과 같은 형태를 말한다.

(좌)그림 3-6 울산 검단리 마을 유적 복원모형
(우)그림 3-7 검단리 복원모형에 표현된 마을 경계부의 환호와 방책

(좌)그림 3-8 김해 봉황동 청동기 유적인 망루를 복원한 모습
(우)그림 3-9 김해 봉황동 청동기 유적인 고상주거를 복원한 모습

〈그림 3-6〉~〈그림 3-9〉 출처: 황용운, 『주거건축의 이해』, 서우출판사, 2012

삼국시대의 주거

삼국시대의 주거는 기원전의 초기 단계에서 움집, 귀틀집, 고상주거와 같은 비교적 단순한 목조의 형태로 파악된다. 이후 중앙집권이 강화된 국가의 모습

이 나타나는 시기와 맞물려 민도리집 양식의 짜맞추어진 목구조로 발전된 형태의 주택을 찾아볼 수 있으며, 이 시기는 대략 서기 300년경으로 추정된다. 삼국시대의 주거자료는 극히 빈약하여, 고구려 고분벽화의 주거도住居圖와 신라의 문헌자료, 약간의 가형家形토기로 당시의 주거형태를 추측할 뿐이다.

고구려의 주거

고구려 주택에 관한 문헌으로는 『후한서後漢書』, 『삼국지三國志』, 『양서梁書』, 『위서魏書』, 『주서周書』, 『구당서舊唐書』, 『신당서新唐書』 등이 있다. 위 기록들에서 미루어 짐작해 보면 일반 민가들은 대부분 초가집이었고, 상류층의 주택이나 궁궐, 사찰, 관공서 정도가 기와집이었을 것으로 보인다.

『삼국지』 위지 동이전에 기록된 내용을 살펴보면, 고구려에는 "큰 창고가 없고 집집마다 작은 창고를 두었는데 이를 부경桴京이라고 불렀다. … 또한 혼인을 하게 되면 여자 집에서는 집 뒤에 작은 집을 지었는데 이를 서옥壻屋이라고 하였다."라는 기록이 있다. 여기서 부경을 곡식을 넣어 두는 창고로 해석할 때 살림채와는 독립된 별동의 창고시설이 있었음을 알 수 있다. 서옥이란 문자 그대로 '사위가 사는 집'(오늘날 장인 장모가 '누구 서방'이라고 부르는 것이 여기에서 유래되었다고 생각된다.)을 뜻하는데 이는 세대별로 생활공간을 분리하여 독립된 건물에서 생활했음을 시사한다.

이 외에 무용총舞踊塚의 당시 실내생활을 그린 그림을 보면 단실공간이며 가족들은 각기 자기 주 공간을 독립된 건물로 갖고 있었던 것으로 보이고, 그 기거 양식은 이지식移之式임을 알 수 있다.

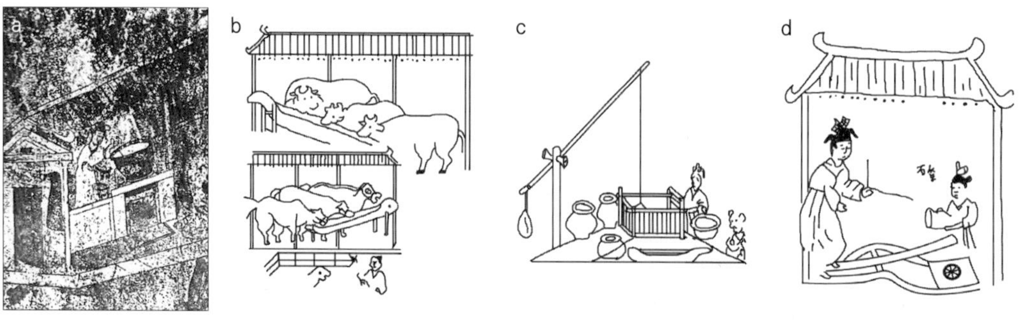

그림 3-10
안악 제3호분 벽화
a. 부엌
b. 외양간
c. 우물
d. 작업공간(방앗간)

한편 황해도 안악군의 안악 제3호분의 벽화에서는 부엌과 외양간, 방앗간 등이 각각의 건물로 따로 그려져 있는데, 이는 기능에 따라 분리된 여러 채가 하나의 주거공간을 이루고 있는 모습을 보여 준다. 일반적인 한옥 내부가 안채, 사랑채, 문간채 등의 개별 건물로 공간이 나누어지고 그에 따라 안마당, 사랑마당으로 외부공간 또한 서로 다른 성격을 갖게 되는 한국의 전통적 주거공간 특성이 엿보이는 부분이다.

그 외 생활양식에 대해서는 평상이나 방에 앉아 있는 모습, 탁자와 함께 의자를 놓고 앉은 모습, 개구부에 휘장이 쳐진 모습 등으로 미루어 볼 때 좌식 생활공간과 입식 생활공간이 혼재하였음을 알 수 있다.

(좌)그림 3-11
쌍영총 전각도

(우)그림 3-12
무용총 옥내생활도

고구려의 지리적 위치는 한반도 북부 지역과 중국 만주 지역이었으므로 한랭한 겨울철 기후에 대응하는 주거환경을 갖추었을 것이라 짐작할 수 있다. 따라서 주택에서는 겨울철 난방을 위하여 온돌이 설치되었던 것으로 파악되며, 주거지 내부공간 또한 칸막이와 같은 공간 분리가 이루어졌을 것으로 보인다. 민가 집터에서 발견되는 ㄱ자 형태의 구들을 장갱長坑이라 하는데, 초기 철기시대의 수원 서둔동 주거지 유적에서 그 형태를 찾을 수 있고, 집안集安 동대자東臺子 주거지 유적에서도 ㄱ자형 구들이 발견되었다. 아궁이를 집 안에 두어 실내의 난방 효과를 높이고 외부로 굴뚝을 내 겨울철 추위에 대비하는 전형적인 방법으로 볼 수 있다.

그림 3-13
집안 동대자 유적의 ㄱ자 구들의 흔적
출처: 김도경 · 주남철, 『집안 동대자 유적의 건축적 특성에 관한 연구』, 대한건축학회 학회지 19권 9호, p. 120, 2003. 9. 재인용

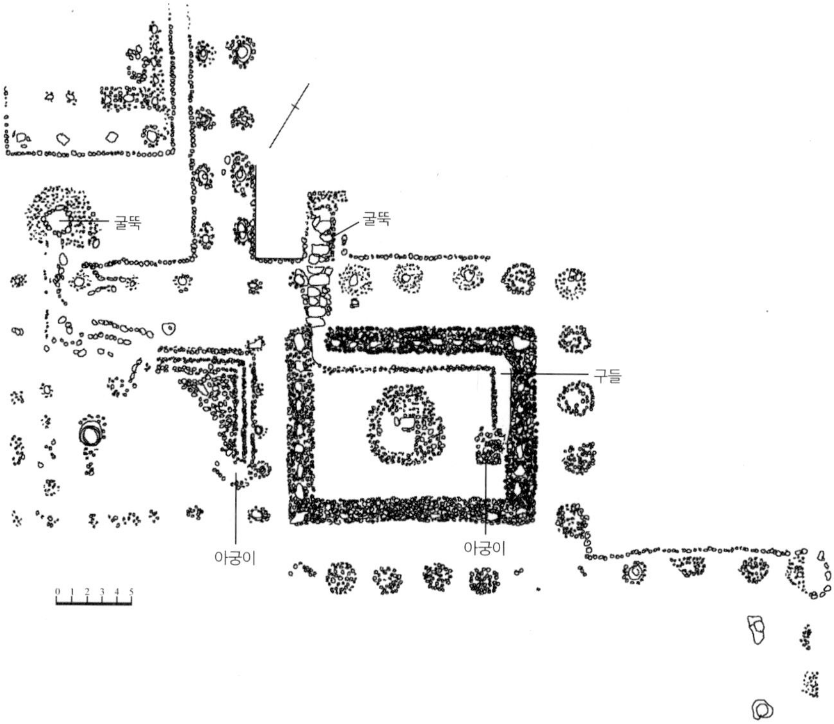

백제의 주거

백제의 주택에 관한 자료는 약간의 참고서적인 문헌기록밖에 없다. 중국 문헌에 의하면 신라, 백제의 주거는 고구려와 유사하다고 기록되어 있다. 또한 백제가 고구려계의 한 부족에 의해 건국된 사실로 미루어 지배계급이나 귀족들의 주택도 고구려와 별 다를 바 없었던 것으로 추측된다. 따라서 백제의 주거에 대해서는 선주민이라 볼 수 있는 마한馬韓의 주거와 건국 세력인 고구려의 주거를 함께 살펴보아야 할 것이다. 초기의 형태는 철기시대의 움집으로 보이며 내부에 원형으로 바닥을 판 형태가 나타나는 것이 특징이라 할 수 있다. 백제의 주거지에서도 구들의 흔적을 찾을 수 있는데 고구려와 같은 ㄱ자 구들도 있고, 보다 단순한 형태의 일자형 구들도 볼 수 있다. 경기도 안양시 평촌 귀인부락 유적에서는 3줄의 구들이 발견되었는데, 이는 온돌바닥의 면적이 그만큼 넓었다는 것을 의미한다. 일자형 구들을 횡으로 배치하여 ㄱ자 구들보다 바닥 난방 면적을 확대시켜 비교적 넓은 온돌바닥을 만든 것으로, 고려시대 이후에 나타나는 형태처럼 구들을 넓게 한 온돌방을 찾아볼 수 있다.

그리고 서울시 송파구 가락동 일대에 있는 백제 초기의 고분군과 주거지 유적, 가락동, 석촌동, 방이동 고분군은 토광묘土壙墓 · 옹관묘甕棺墓 · 석실분石室墳 · 적석총積石塚 등 백제 초기 고분을 연구하는 데 더없이 중요한 유적이다. 특히 경기도 하남시 미사리에 있는 주거지 유적(사적 제269호로 흔히 '미사리유적'이라고도 한다.)은 신석기시대에서 청동기시대 및 원삼국시대를 거쳐 초기 백제시대에 이르는 여러 시기의 유구遺構가 층위를 이루고 있는 취락유적이다.

신라의 주거

신라초기의 주택은 움집이나 지상주거의 초가집과 같은 주택이라 판단된다. 건축자재가 발달하고 계급의 분화가 뚜렷해지면서 계급 간에 경제적 여건의 차이가 생김에 따라 진골계급이나 육두품과 같은 상위계급은 목조가구식 민도리집 구조의 기와집을 짓고, 서민계급들은 여전히 초가집을 지었을 것이다. 이러한 신라 주택의 계급별 제한에 관한 자료로는 『삼국사기』 권 33 잡지 「옥사屋舍조」의 기록이 있는데, 흥덕왕 9년(834)에 신분을 4등급으로 나눈 다음, 사회계급에 따라 주택을 규제한 내용이 실려 있다. 여기에서는 신라의 신분제도인 골품骨品제도에 따라 진골眞骨에서 사두품 이하의 백성에 이르기까지 각 계급별 주택의 규모, 형태, 재료, 장식 등을 제한하고 있다. 그 밖에 약간의 문헌자료와 주로 가야伽倻 지방에서 출토된 가형토기가 있다.

그림 3-14
옥사조에 실린 참고 내용의 사진
a. 양동의 모습(기와 및 둥근 목재)
b. 아름답게 단청된 부연과 서까래
c. 현어(일본 큐슈의 고쿠라성)
d. 5량집 구조
e. 우물 반자
f. 창덕궁의 삼중계(계단의 경우)
출처: 황용운, 『주거건축의 이해』, 서우출판사, 2012

옥사조의 가사제한 내용

<table>
<tr><th>분 류</th><th>진 골</th><th>육두품</th><th>오두품</th><th>사두품</th></tr>
<tr><td>실의 폭과 너비</td><td>24척 이내</td><td>21척 이내</td><td>18척 이내</td><td>15척 이내</td></tr>
<tr><td>기와</td><td colspan="4">막새기와 금지</td></tr>
<tr><td>지붕구조</td><td>부연 금지</td><td colspan="2">오량구조 및 공포(공아) 금지</td><td>우물반지(藻井) 금지</td></tr>
<tr><td>지붕장식</td><td colspan="2">현어 금지</td><td colspan="2">수두 금지</td></tr>
<tr><td>건축재료</td><td>금, 은, 유석 금지</td><td>백랍 금지</td><td>동랍 금지</td><td>산느릅나무 금지</td></tr>
<tr><td>채색</td><td colspan="4">단청 금지</td></tr>
<tr><td>기단과 계단</td><td>삼중계 금지</td><td colspan="3">건계 및 이중계 금지</td></tr>
<tr><td>석재</td><td colspan="3">다듬은 돌 금지</td><td>산석 금지</td></tr>
<tr><td>담장구조, 높이</td><td>양동, 석회칠 금지</td><td>높이 8척 이내</td><td>높이 7척 이내</td><td>높이 6척 이내</td></tr>
<tr><td>대문</td><td>–</td><td>중문, 사방문 금지</td><td colspan="2">대문, 사방문 금지</td></tr>
<tr><td>발과 병풍장식</td><td colspan="4">비단자수 금지</td></tr>
<tr><td>침상 재료</td><td>대모, 침향 금지</td><td colspan="3">회양목 금지</td></tr>
<tr><td>말의 수</td><td>–</td><td>5필 이내</td><td>3필 이내</td><td>2필 이내</td></tr>
</table>

자료: 옥사조 내용(주거론, 대한건축학회, 1997, p. 73 참조)

* 삼중계(三重階), 이중계(二重階): 계단을 셋 또는 둘을 나란히 두는 것 또는 기단으로 해석된다.
* 중문(中門, 重門): 공간과 공간 사이에 담장이 있고 중심축 선상에 위치한 문을 가리킨다.
* 협문(夾門): 중심축 선상이 아닌 측면 부속 건물로 이동하기 위해 샛담에 달린 문을 가리킨다.

진골귀족은 자기 소유의 집터 안에 몸채, 부엌채 등 여러 채를 건립할 수 있는데 집채 하나의 크기가 정면과 측면 중 큰 면이 24척 정도 되는 것이었다. 지붕의 기와 장식이나 부연附椽, 겹처마, 합각 장식 및 금속 장식재를 사용하고, 5색 단청丹青 등으로 꾸며 화려함을 추구했다. 귀족계급의 주택은 상당히 크고 화려했을 것으로 추측되며 일반 백성의 주거 또한 상당한 수준의 건축적 발전이 있었다고 판단된다.

주택의 바닥은 마루와 전돌, 흙으로 만들었다고 보며, 직물로 된 깔개를 깔아 이용했다. 일본 동대사 정창원正倉院에는 신라에서 수입한 융단이 있는 것으로 보아 귀족들은 마룻바닥에 융단과 같은 깔개를 깔고 생활하였음을 알 수 있다. 마루에 대한 기록은 『삼국유사』 권3 탑상塔像 제4에 "박박朴朴이는 북쪽 마루 사자암에 이르러 크기가 8척 사방인 판옥板屋을 지었는데, 때문에 판방板房이라 불렀고…"라고 기록되어 있다. 이 기록은 불교가 국교로 공인된 진흥왕 이후의 기록이라 판단되는데, 마루를 깐 판자집을 의미하는 것으로 보인다.

그림 3-15
신라시대의 가형토기
(家形土器)

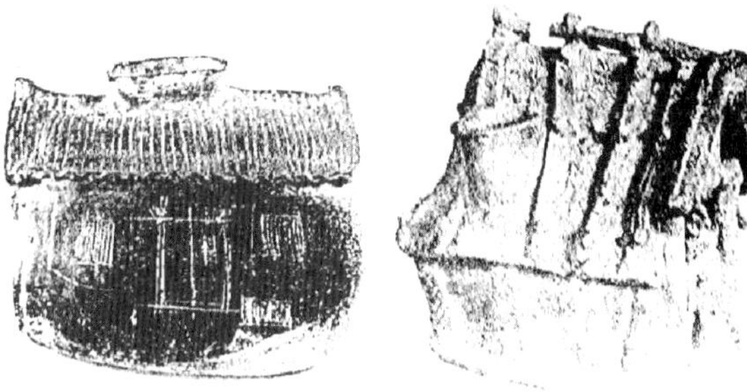

고려시대의 주거

고려시대의 주택건축은 모두 목조가구식 건축으로, 삼국시대와 남북국시대의 주택양식을 계승하여 발달한 것이다. 서민들의 주택이나 공경대부의 주택은 모두 고구려의 주택처럼 여러 채로 건축되고, 각 채들은 다시 간間으로 분화된다. 다만 민가에서는 하나의 주택으로 구성되는 건물의 수가 1~2채 정도였고 제택第宅은 여러 채가 모여 하나의 주택을 이루었다. 주거용 건물은 흙바닥, 온돌바닥, 마룻바닥으로 이루어지는데, 부엌이나 광은 흙바닥이고 방은 온돌이며 대청은 마룻바닥이었다.

온돌바닥은 고구려의 장갱長坑이 발달한 것으로, 본래 방 안의 한 벽면과 ㄱ자로 꺾인 벽면을 따라 구들고래가 만들어지고 아궁이는 방 안에, 굴뚝은 방 밖에 만들어졌던 ㄱ자형 구들이 13세기 무렵에는 이미 구들이 방 안 바닥 모두에 만들어지고 아궁이와 굴뚝이 방 밖에 만들어지는 온돌구조로 발달하게 된 것이다. 그리고 13세기 이후에는 온돌이 널리 퍼져서 전국 어디서나 보편적인 바닥구조로 추운 겨울을 따뜻하게 지낼 수 있게 되었다. 마룻바닥은 여름철 무더운 계절에 보다 쾌적하게 지낼 수 있는 바닥구조이다. 이 구조 또한 삼국시대의 주

(좌)그림 3-16
고려시대의 귀족주택

(우)그림 3-17
고려시대의 서민주택

택건축이나, 고루高樓 등에서 만들어지던 바닥구조가 계승되어 보편화된 것이다. 이 마루를 깐 바닥을 일반적으로 청廳이라고 한다. 이인로李仁老, 1152-1220의 『파한집破閑集』에서 온돌바닥으로 된 방을 욱실燠室이라 하고 마룻바닥으로 된 방을 양청凉廳이라 한 것을 볼 수 있으니, 13세기 초에는 전국적으로 온돌바닥과 마룻바닥이 만들어졌음을 알 수 있다.

고려시대의 특징적인 주택 규제 제도로 가사제도家舍制度가 있다. 이는 주택의 크기 등을 규제하려는 목적이 있으나, 이미 많은 제택들이 규모를 크게 잡고 또 화려하게 집을 짓고 있었다. 『고려사高麗史』의 기록에 따르면, 왕이 제택에 나가 쉬기도 하였고 또 제택을 빼앗아 궁으로 삼기도 하였으며 사사로이 제택을 짓기도 하였다고 나오니, 가사제도가 목적에 맞는 실효를 거두었다고 보기는 어렵다. 가사제도는 후에 조선의 가사제한령으로 이어진다. 고려 말에 들어와 주택에 새롭게 생긴 공간으로는 가묘家廟가 있다. 가묘는 선조를 모시고 제사를 지내는 사당으로 『주자가례朱子家禮』에 따라 조상을 섬기는 예를 갖추는 공간이었다. 당시의 건물배치는 고려 태조 때 도선의 음양오행설에 따라, 산악이 많은 한반도에서 고층건물을 세우면 지기地氣가 쇠퇴한다고 믿어 불사나 궁전 건축을 제외하고는 중층 이상의 높은 건물을 세우지 않았기 때문에, 특히 주택은 대부분 평옥平屋이었다.

고려시대의 주택 중 현존하는 주택으로는 여말선초麗末鮮初에 건립된 것으로 추정되는 충청남도 아산시 배방면 중리에 위치한 맹씨행단孟氏杏亶, 사적 제109호밖에 없다. 조선 전기 청백리로 유명한 고불 맹사성(1360~1438) 가족이 살던 집으로, 원래 고려후기에 최영 장군이 지은 집이라고도 전한다. '행단杏壇'은 선비가 학문을 닦는 곳이라는 뜻인데, 본래 공자가 은행나무 단 위에서 제자를 가르

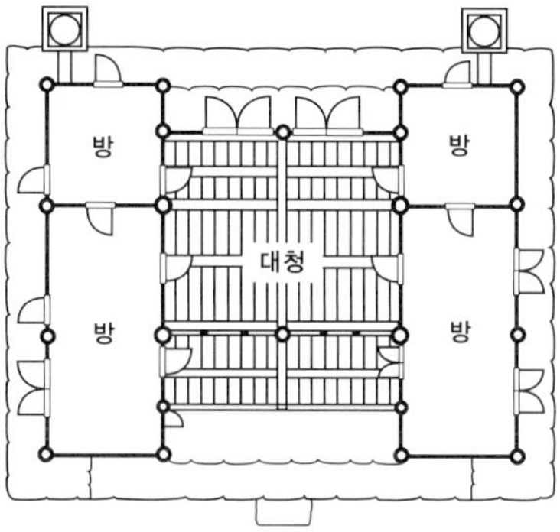

(좌)그림 3-18 맹씨행단 평면

(우)그림 3-19 맹씨행단 전경

쳤다는 것에서 유래한다. 높은 관직을 지낸 인물의 집이지만 크고 화려하지 않고 오히려 아담하면서 소박한데, 우리나라에 현존하는 살림집 가운데 가장 오래된 집으로 역사적 가치가 매우 높은 건축물이다. 본채는 H형으로 정면 4칸, 측면 3칸의 팔작지붕 건물이다. 중앙 2칸은 대청이고 양측칸은 온돌방으로 이루어져 있는 민가로 고려말~조선초의 목조건물 특징을 잘 보존하고 있다.

조선시대의 주거

조선시대 주택의 크기는 사회적 계층이나 부의 정도에 따라 달라지며, 옥내공간의 연결방법도 지역에 따라서 달라지는데, 상류주택보다는 서민주택에서 그 차이가 뚜렷하게 나타나고 있다. 한성을 비롯한 읍성 내의 서민주택들은 대지의 형태나 넓이가 제한되었기 때문에 대지 내 공간을 효과적으로 이용하기 위하여 대지경계선에 따라 건물을 짓고 대지의 중앙에 안뜰을 갖는 경우가 많았던 것 같다.

중류층 주택의 건축은 각 부분의 양식이나 기법이 비교적 규모가 큰 서민주택과 별 차이가 없었으나, 다만 대문의 형식이 솟을대문이고, 주택 내부의 각종 실의 수가 많았으며, 부재部材의 규격이 커져 공간규모가 컸던 것으로 보인다. 또, 대지 내의 옥외공간도 다양해지고 안채에 출입하기 위해서는 반드시 대문 이외에 중문을 거쳐야 했으며, 사당이나 별당 등이 부가된 경우도 많았다.

상류주택의 가장 큰 특징은 광이 중류주택의 것보다 높게 만들어졌다는 것

그림 3-20 창덕궁 연경당의 차양

을 들 수 있으며, 일반적으로는 건물의 규모가 크고 좋은 재목을 사용하며 가공수법이 좀 더 고급화되었다는 것을 알 수 있다. 다만 상류주택 가운데서도 그 격식에 차이가 있기도 했는데, 그것은 주로 사랑채 건물 앞에 별도로 만든 차양遮陽의 유무였다고 한다. 이 차양의 설치는 반드시 지위의 높고 낮음에 따라 좌우되었던 것은 아닌 것으로 보이나, 아마도 중앙관청王의 허가를 얻어야 설치가 가능했던 것 같다.

조선시대에는 대지나 건축물의 규모, 건축물의 높이와 좌향坐向 등에 대한 규제가 있었고, 당시에는 토지의 사유를 일체 인정하지 않았기 때문에 모든 토지는 국유로 되어 있었다. 따라서 수도의 건설 시에는 궁궐, 종묘, 사직, 관아, 도로, 구거, 시전 등의 위치를 결정한 다음, 나머지를 왕족 이하 서민에 이르기까지 각 신분에 따라 일정한 기준을 정하여 토지의 사용권만을 주어 택지를 조성하였다고 한다. 그리고 주민의 가옥 대지는 한성부에서 희망자의 신청을 받아 공지를 분양, 대여하였다.

원래 조선초기에는 건물의 규모에 대해서 아무런 제한을 가하지 않았으나, 천도 후 36년이 지난 세종 12년(1430) 12월에 처음으로 건축 규모의 제한이 거론되기 시작하여 세종 13년 정월에 가사제한령家舍制限令이 제정되었다. 가사제한령에는 "지금부터는 왕자와 왕의 형제 및 공주는 50칸, 대군은 여기에 10칸을 가하도록 하고, 2품 이상은 40칸, 3품 이하는 30칸, 서인은 10칸을 넘지 말고, 기둥 초석 외에는 인공으로 다듬은 돌을 쓰지 말 것이며…"라고 기록되어 있다.

음양오행설에 따르면 우리나라는 산이 많아 국토 자체가 양陽이기 때문에 모든 건축물을 낮게 지음으로써 양(산)과 음(저층건물)의 조화를 이루어야 한다고 하여 왕실에는 고가高家 건축금지령이 내려졌다. 이 고가高家 건축금지령에 따르면, 대군의 주택은 처마 높이를 9척尺, 평민의 주택은 7척尺으로 규정하고

(좌)그림 3-21 조선시대 대표적인 상류 주택의 모습을 볼 수 있는 창덕궁의 연경당 사랑채

(우)그림 3-22 정면 5칸 초가의 모습 - 초가삼간은 방, 마루, 부엌 각 1칸으로 이루어진 서민들의 초가를 의미한다.

있는데, 이는 부정적인 면에서는 왕실과 관아에 대해 평민의 격을 낮추고자 한 것으로 풀이될 수도 있지만, 긍정적인 면에서는 건축비 절감 및 난방비용 절약을 통한 근검한 생활 장려라는 의미가 있다고 할 수 있다.

또한 조선시대의 사상적 배경을 이룬 유교적 가르침은 조선시대 주택공간을 남성과 여성의 공간으로 구분하였는데, 대표적으로 주택의 안방을 중심으로 한 내부공간은 여성들의 공간이라면 대문에 진입하여 마주치는 사랑방 등은 남성을 위한 공간이었다.

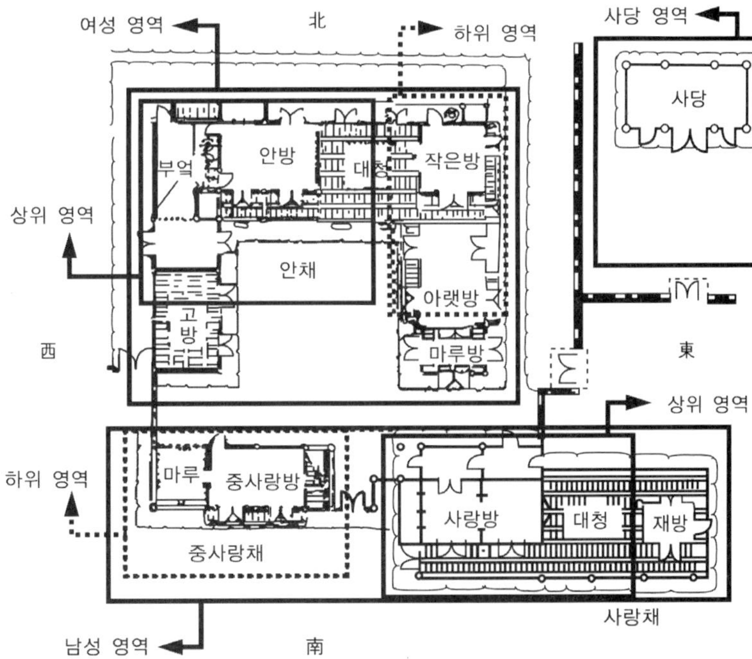

그림 3-23 반가에 있어서 영역의 분리(영천 만취당) 출처: 강영환, 『한국 주거문화의 역사』, 기문당, p. 170

지역별 · 재료별로 살펴본 우리의 주거문화

기후에 따른 주거형태

우리나라의 전통가옥구조는 지역의 기후에 따라 지역별로 그 차이가 뚜렷하게 나타난다. 비가 많이 내리는 지역에서는 지붕의 경사가 급한 반면, 건조한 지역에서는 경사가 완만하다. 그리고 추운 지방에서는 보온과 방풍을 위해 벽을 두껍게 하고 지붕을 낮게 하여 온돌과 같은 난방시설을 갖춘 폐쇄적인 가옥구조가 나타난다. 이에 비해 따뜻하고 비가 많은 지역에서는 통풍을 위해 개방적인 가옥구조가 나타난다. 전통가옥의 내부구조에 따라 크게 겹집과 홑집으로 나눌 수 있다.

겹집형태

대들보 아래에 방을 2열로 배치한 형태의 가옥으로, 함경남북도, 평안도의 압록강 연안의 산지, 태백산맥의 양 사면 산지 등에 분포한다. 겹집은 중국의 만주 지방과 일본에도 분포한다. 우리나라의 겹집은 일본의 그것과 유사한 특징을 보이는 반면 중국의 그것과는 매우 다르다. 우선 평면의 공간 배치에서 중국은 주방을 중심으로 대칭적인 공간 배치를 이루는데, 우리나라와 일본에서는 비대칭 구조를 보인다. 둘째 외양간의 위치가 다르다. 중국에서는 외양간이 별개의 건물로 이루어지는 데 반해 우리나라와 일본에서는 외양간이 부엌 내에 있거나 인접하여 위치한다.

우리나라의 겹집은 내부의 공간 배치 및 구조에 의해 오실형, 사실형, 삼실형, 측입형 등으로 구분할 수 있다. 오실형은 관북 지방에 주로 분포하며 가장 큰 특징은 정지(부엌)와 방 사이에 정주간이 위치하는 것이다. 사실형은 대체로 강원도 동부에서부터 경상북도 북동부 지역에 분포한다. 내부 구조는 정지(부엌)와 방(온돌)이 균등하게 양분되며, 방은 전田자 모양으로 4개로 분할되어 일본의 전자형田字型과 매우 유사하다. 오실형에서 정주간을 뺀 형태이다. 삼실형은 제주도에 분포한다. 3칸이 가장 일반적인 형태이며 정지, 상방, 온돌, 고팡으로 구성되어 있다. 정지의 기능은 오실형, 사실형의 경우와 비슷하나 취사 시의 열을 난방에 이용하지 않는다는 점이 다르다. 즉 우리나라 대부분 지역의 부엌은 아궁이가 방을 향해 온돌과 연결되어 있어 취사열을 이용해 난방을 하도록 되어 있으나 제주도의 정지는 방과 반대쪽으로 아궁이가 놓여 있다. 측입형은 일반적인 가옥 형태에서는 측면이 되는 부분이 전면이 된 형태의 가옥이다. 일반적으로는 가옥의 전면과 지붕의 용마루가 평행하게 된다. 그러나 측입형 가옥은 가옥의 전면과 지붕의 용마루가 직각이 되어 지붕의 측면 쪽에 가옥의 전면이 위치한다.

홑집형태

홑집은 대들보 아래에 방을 1열로 배치한 형태의 가옥이다. 홑집은 우리나라의 서부와 남부에 널리 분포되어 있다. 우리나라의 서남부는 북동부에 비해 산지가 적고 평야가 많으며 곡창에 해당된다. 홑집은 중국에도 넓게 분포한다. 그러나 중국의 민가는 부엌을 중심으로 대칭적 구조를 이루는 반면 우리나라의 민가는 대부분 비대칭적 구조를 이룬다. 홑집은 본채의 외곽 형태에 의해 일자형과 ㄱ자형으로 크게 분류할 수 있다. 일자형은 부엌과 방이 일직선으로 배열된 형태로, 평면의 모양은 장방형이다. 주로 관서 지방과 남부 지방에 분포한다. 건물이 본채만 있는 경우는 일자형이나, 부속 건물이 별동으로 본채와 나란하게 배치된 이자형二字形이 일반적이다. 중부 지방에는 본채가 ㄱ자형으로 구부러진 가옥이 많다. ㄱ자형의 본채에 부속 건물이 부가되면 ㄷ, ㅁ자형을 이루게 된다. 중부 지방의 ㄱ자형 가옥은 안방, 대청(마루), 건넌방을 일자로 배열한 후 안방의 전면 쪽으로 부엌을 돌출시킨 형태이다. 따라서 안방과 건넌방이 개별적인 난방 장치를 갖추고 있다.

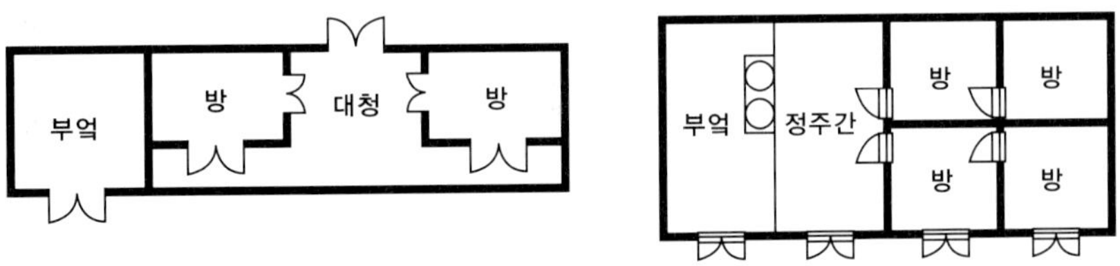

그림 3-24
우리나라의 주거형태
a. 홑집
b. 겹집

지역별 주거형태와 특징

우리나라 기후는 대륙성기후와 해양성기후, 두 개의 기후요소를 가지고 있어 함경도 지방은 한대기후에 가깝고, 제주도는 아열대기후에 가까운 특성을 보이며, 사계절이 뚜렷한 편이다. 이러한 기후적 특성으로 인해, 주택의 평면 형태는 지역마다 또는 소유자의 신분 계급에 따라 다소 차이를 나타내는데, 특히 토착적인 서민주택에서는 그 지역적인 차이가 뚜렷하게 나타난다.

관북(함경도) 지방

함경도는 한반도의 가장 북쪽에 위치하고 있어 매운 추운 곳이다. 따라서 추위에 대처하기 위해서 온돌방들이 서로 벽을 공유하여 앞뒤로 붙은 겹집이 발생하게 되었으며, 이러한 겹집 형태의 평면 유형은 함경남북도와 강원도에 주로 분포하고 있다. 평면 형태는 전田자형을 이루는데, 부엌 쪽에 개방된 정주간

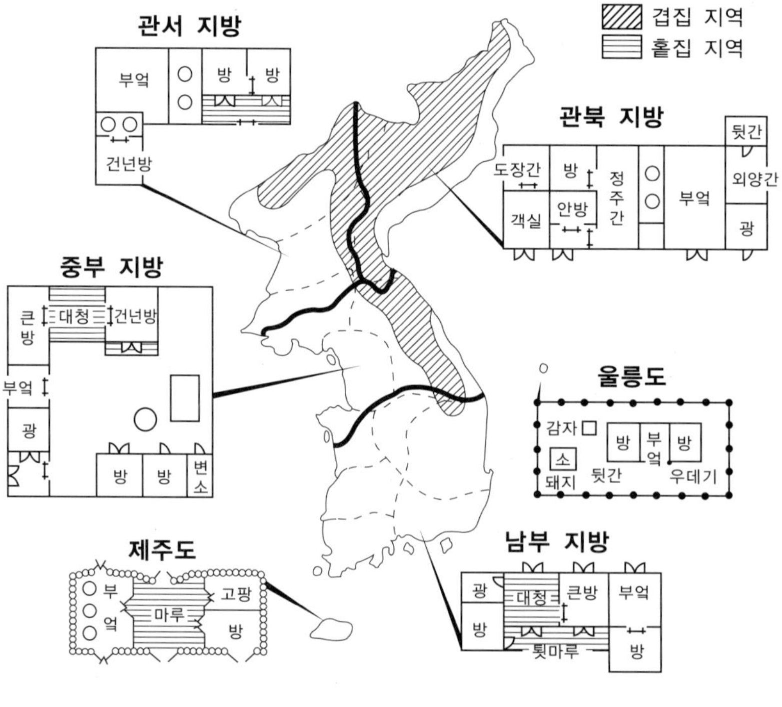

그림 3-25 지역별 주거의 평면 형태

이 있는 것이 특징이다. 이곳은 식사나 거실의 역할을 하거나 식사 또는 간단한 실내 작업이 행해지는 곳이다. 그리고 함경도 지방형은 마루가 없고 방 앞에 좁은 툇마루가 있는 정도로 폐쇄적인 형태이다.

관서(평안도) 지방

평안남북도, 황해도 북부 지방에 주로 나타나는 형태로 부엌과 방이 일자형一字形인 홑집으로 되어 있다. 평안도 지방형은 마루방이 없는 것이 일반적이며, 방 앞에 좁은 툇마루가 설치되어 있다. 그리고 사랑방은 사랑채로 독립시켜 설치하는 경우가 많다.

(좌)그림 3-26 함경도 지방형

(우)그림 3-27 평안도 지방형

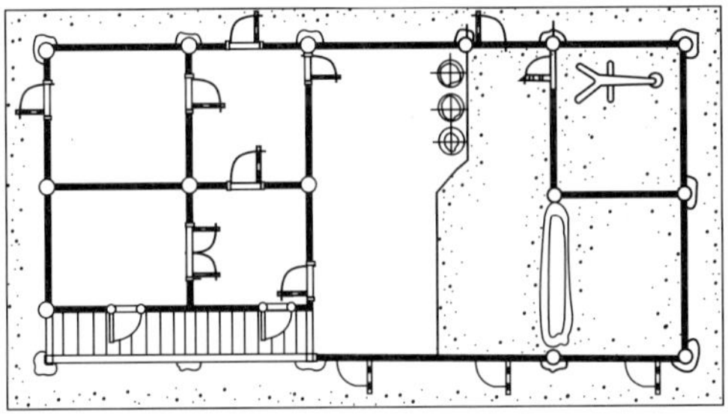

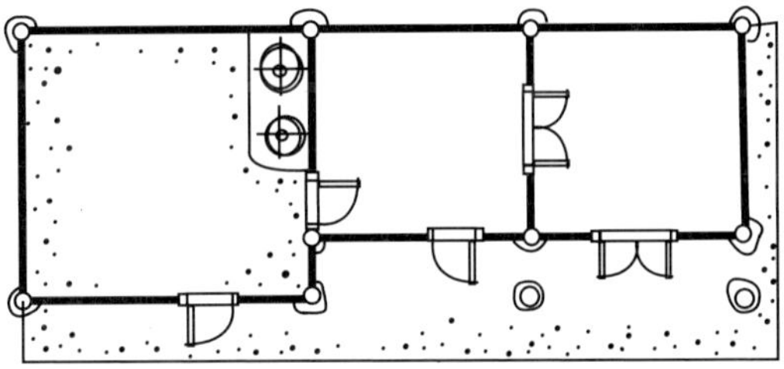

중부 지방

경기도를 중심으로 황해도, 충청도 일부의 중부 지방에 분포된 형태로 서울 지방형과 비슷한 ㄱ자 형태를 취하나 대청과 부엌의 위치에서 차이가 난다. 그리고 사랑채는 안채와 독립된 건물로 설치되며, 대문채와 연결하여 설치하는 경우가 많다.

서울 지방

조선시대 말기에 접어들면서 전국의 여러 도시에 영향을 준 형태로 대지 주변을 따라 안채와 대문채를 연결한 하나의 건물로 만드는 것이 일반적이며, 건물 전체 평면 형태는 그 규모에 따라 ㄱ, ㄴ, ㅁ자 형태를 이룬다.

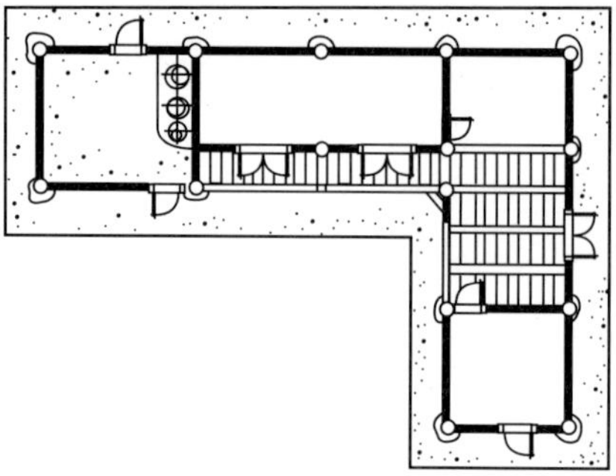

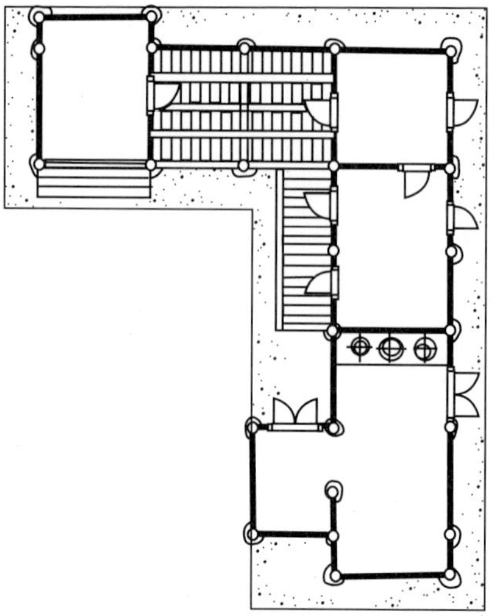

(좌)그림 3-28
중부 지방형

(우)그림 3-29
서울 지방형

남부 지방

전라도와 경상도 지방에 주로 나타나는 형태로 부엌, 안방, 마루방, 건넌방이 일렬로 배치된 일자형一字形이 일반적이며, 방 앞에는 툇마루가, 방과 방 사이에는 대청이 설치되어 있다.

제주도

남부형과 비슷하지만 제주도만의 특색 있는 평면 형태를 취하고 있어 겹집 형태인 전田자형으로 이루어져 있다. 방 뒤에 폭이 좁은 광을 설치하는 것이 특징이며, 중앙에 대청인 상방을 두고 좌우에 자녀들 방인 작은구들과 부모의 방인 큰구들을 둔다.

(좌)그림 3-30
남부 지방형

(우)그림 3-31
제주도형

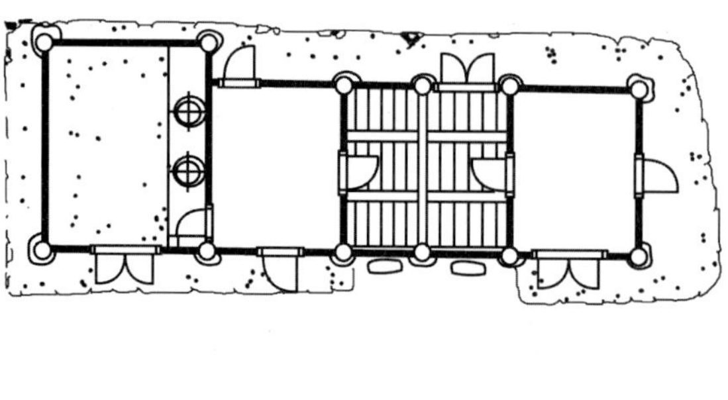

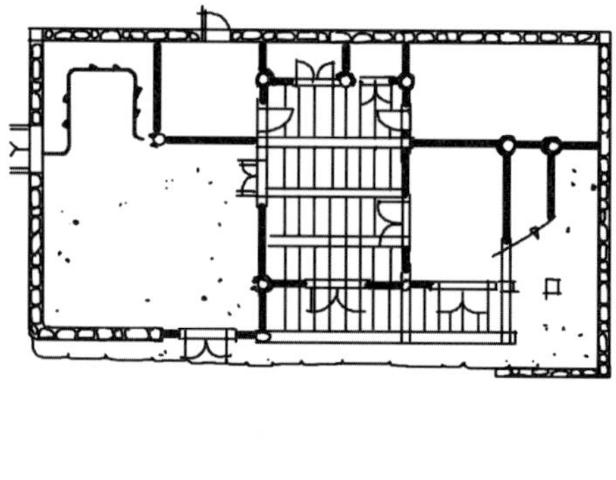

다양한 재료가 사용된 전통주거의 유형

우리나라 전통주거는 소나무를 주로 사용한 목조가구식木造架構式 구조로 되어 있는데 그 이유는 우리나라에 주로 분포하는 화강암이 건축 재료로 부적합하여 조적식組積式 석조건축이 발달하지 못하였기 때문이다. 서민들의 주택의 경우 그 지역에서 구하기 쉬운 재료들을 사용하여 집을 지었으며, 지붕의 구조와 재료에 따라 초가집, 너와집, 굴피집, 띠집, 까치구멍집 등으로, 벽체의 구조와 재료에 따라 귀틀집, 투막집, 토담집 등으로 분류할 수 있다.

너와집

너와집은 너와로 지붕을 인 집으로 주로 함경도, 평안도, 강원도, 울릉도 등지의 볏짚을 구하기 어려운 화전민들이 사는 마을에 주로 분포하고 있다. 너와란 나무널로 만든 기와란 뜻으로 원래는 '널와'라고 하였다가 너와로 부르게 되었다고 한다. 너와는 소나무와 참나무 송판을 기와 크기 정도로 적당히 잘라서 기와 대신 이용하는 것인데, 때에 따라서는 청석판을 이용하기도 하였다. 강원도 지방에서는 청석판으로 지붕을 인 집을 느에집 또는 능에집이라고 한다. 너와의 크기는 보통 가로 20~30cm, 세로 40~60cm, 두께 4~5cm 정도로 이루어져 있다.

굴피집

지붕을 너와 대신 참나무(떡갈나무)의 두꺼운 껍질인 굴피로 인 집을 말하는 것으로, 이 굴피집은 나라에서 너와를 뜨는 소나무의 벌목을 금하면서 생겨난

(좌)그림 3-32 너와집

(우)그림 3-33 굴피집

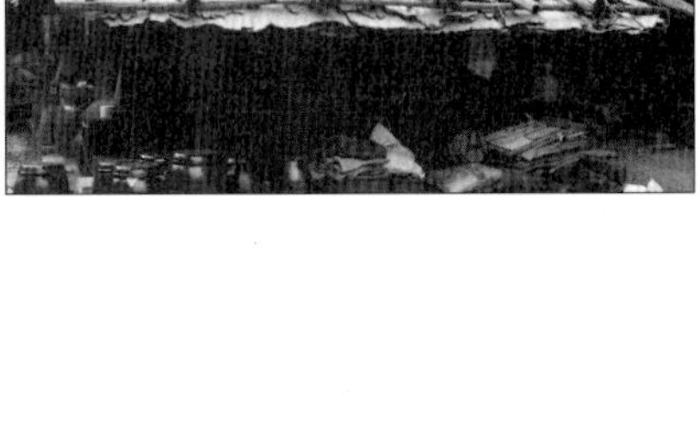

것이다. 너와집과 마찬가지로 강원도 지역 등지의 화전민들이 사는 마을에 주로 분포되어 있다. 굴피집은 20년 이상 된 도토리나무의 수간에서 나무껍질을 3~4척 높이로 떠낸 후 차곡차곡 포개어 쌓고 무거운 돌을 눌러 1개월 이상 지나면 적당한 크기로 잘라서 지붕을 이는 형태로, 보통 지붕을 일 때 바람에 날리는 것을 막기 위해 큰 돌을 올려놓거나 처마에 평행으로 너시래라는 통나무를 얹어 두기도 한다.

샛집

주로 들이나 산에서 나는 억새풀의 한 종류인 새풀을 베어서 썼는데, 수명이 20~30년 정도 되므로 볏짚으로 엮은 초가집보다 내구성이 뛰어나다고 볼 수 있다. 새풀 이름은 각 지방에 따라 조금씩 다르지만 보통 왕골, 왕새, 세골, 갈대 등으로 불린다. 샛집 지붕은 볏집 지붕보다 경사가 더 급하고, 지붕이 무겁고 그늘져 습기 찬 곳은 쉽게 썩기 때문에 부분적으로 갈아 끼워 사용하기도 했다. 낙동강 주변에는 갈대로 지붕을 인 갈집이 많이 있었는데 창녕 하병수 고택에서 갈대로 만든 샛집의 원형을 확인할 수 있다.

귀틀집

귀틀집은 뿌리와 가지를 제거한 통나무를 정자형井字形으로 쌓은 후, 나무 사이에 생긴 틈새를 진흙으로 바른 집을 말한다. 이 귀틀집은 개마고원에서 지리산에 이르기까지 주로 산간부락에 분포되어 있으며, 방틀집 또는 말집이라고도 일컫는다.

투막집(투망집)

(좌)그림 3-34 샛집

(우)그림 3-35 귀틀집

울릉도 특유의 주택으로 태백산맥 일대에 살던 사람들이 울릉도로 이주하면서 귀틀집을 변형시켜 지은 집으로 추정되는데, 초창기에는 울릉도 전역에 분포해 있던 것이 현재는 나리동에 몇 채만 남아 있다. 투막집은 귀틀집의 주변에 축담이라는 공간을 두고 그 둘레에 우데기를 두른 집인데, 이것은 겨울철에 추위를 막기 위한 이중벽의 효과와 눈이 많이 내렸을 경우 집 안에서의 활동을 원활히 하기 위한 것이다. 지붕은 강한 바람에 대비하여 너와를 얹는 것이 보통이나 이엉이나 새를 이기도 한다.

까치구멍집

까치구멍집은 안방, 사랑방, 부엌, 마루, 봉당 등이 한 채에 딸려있으면서 앞뒤 양쪽으로 통하는 양통집의 속칭이다. 지붕 용마루의 양쪽에 공기의 유통을 위하여 구멍을 낸 모양이 까치둥지와 비슷하다 하여 붙은 이름이다. 한국 전역에 흩어져 있는 주택을 평면 구성으로 볼 때 외통집 · 양통집 · 곱은자집 · 겹집으로 나눌 수 있다. 양통집은 처음에는 대개 6칸 집인 것이 8칸 · 10칸 또는 그 이상으로 발전하였다. 양통형 집은 안동 지방뿐 아니라 태백산맥을 중심으로 동해안 산간 지방에서 아직도 많이 볼 수 있는데, 그 구조가 한국집의 고대양식이라는 점에서 특별한 의미를 가진다.

양통집은 낙동강 유역에서 출토된 가야伽倻시대의 가형토기家形土器가 6칸 양통집과 외형이 같다는 점과, 근래에 발굴된 대부분의 선사시대 주거지가 모두 통간이기는 하지만 평면 구성이 양통형이라는 점에서 그 존재를 확인할 수 있다.

(좌)그림 3-36 투막집

(우)그림 3-37 까치구멍집

제4장

한옥의 멋과 풍수지리

4 한옥의 공간과 멋

한옥의 공간구성

한옥 공간의 멋

우리 선조들이 생각하던 이상적인 주거조건으로서의 한옥은 인간이 살기 위한 단순한 주거공간이라는 개념보다는 자연 속의 선경에 어우러진 자연 그대로의 모습이었다. 이는 농본문화적인 특성을 가진 선조들이 자연과의 조화를 최고의 이상으로 삼았기 때문이다. 따라서 이러한 의식을 가지고 지은 한옥은 조상들의 생각을 그대로 반영하고 있다고 할 수 있다.

한옥의 중심은 비어 있는 마당이다

공간질서의 체계를 이루는 중심을 비건축적인, 비어 있는 공간으로 삼았다는 것이 한옥의 가장 큰 특징인데, 그 중심이 바로 마당이다. 마당은 항상 비어 있는 상태로 존재하며, 그러한 까닭에 그 가능성이 무한하다. 즉, 한옥은 마당이 중심이 되는 구조이기도 하다. 한옥의 경우 방으로의 진입은 마당을 통하고 방들도 마당을 중심으로 배치되어 있어 거의 모든 방에서 마당이 보인다. 마당이 있기 때문에 각 방은 방문이 열려 있어도 외부로부터의 프라이버시privacy를 유지할 수 있다. 한옥의 마당은 대가족의 경우, 그 수가 증가한다. 안뜰, 뒤뜰 또는 사랑마당, 안마당, 뒷마당의 구분이 좋은 보기라 할 수 있다.

(좌)그림 4-1 마당을 중심으로 한 한옥의 배치(경남 남사리 최씨 고가)

(우)그림 4-2 경남 김해의 한옥 체험시설 - 비어 있는 마당공간의 모습

| 한옥은 개방적이며 유기적인 공간 구성으로 이루어져 있다

한옥의 구성요소는 방房이지 실室이 아니다. 방은 기능이 정해져 있지 않고 (한옥) 실은 기능이 정해져 있기(양옥) 때문이다. 한옥의 방은 그 기능과 용도가 정해져 있는 것이 아니라 이용자가 그것을 정한다. 즉 계절, 시간, 사용자의 필요에 따라 여러 가지 용도로 사용될 수 있게 공간적 · 기능적으로 열려 있다. 고정벽이 아닌 여닫이 문, 고정식 벽장이 아닌 이동식 장롱이 있다. 각 방 사이에 상호개방이 용이하여 공간의 확대가 가능하고 모듈에 따른 기본질서가 있어 공간 호환도 좋다.

한옥에는 침실, 거실, 욕실의 개념보다 안방, 마루, 건넌방, 사랑방의 개념이 있다. 오늘날 도시주택에서 거실이 가장 큰 방이 되고 안방의 규모가 작아질 경우에 기능적인 측면에서는 합리적이나 상징적인 측면에서는 가장의 입지를 약화시키는 것과 대조적이다.

(좌)그림 4-3
외부공간(마당)→매개공간(마루)→내부공간(방)으로 연결되는 동선

(우)그림 4-4
가변성 있는 벽으로 인해 각 방의 공간이 유기적으로 연결되는 한옥

| 한옥은 외부공간과 자연을 수용한다

초가삼간草家三間이라는 말은 인간의 최소 주거단위를 나타내는 말로서, 우리나라 주거건축의 모듈module 개념을 가진 것이라 하겠다. 한옥을 구성하는 3개의 공간은 다음과 같다. 하나는 집 안, 즉 내부공간이고, 다른 하나는 울타리(담)로 둘러싸여 있는 외부공간이며, 마지막 하나는 울타리(담) 밖의 자연공간이다. 주택 내의 내부공간은 유기적으로 결합되어 하나의 공간 개념을 가지면서 그 경계가 분명치 않은 대청마루 등 외부공간인 마당을 자연스럽게 내부공간으로 흡수하여 내 · 외 공간을 하나의 공간으로 만든다. 그리고 마당을 경계

그림 4-5
웅장하지 않고 나지막한 담장은 자연을 그대로 받아들인다.(제천)

짓는 담장은 웅장하지도 거대하지도 않은 인간적 척도로 만들어져 주택을 둘러싸고 있는 자연경관을 해치지 않으면서 마당과 자연을 하나의 공간으로 수용하는 주택으로 조영하였다.

| 한옥은 계절을 모두 수용한다

한옥은 구들이 있는 방과 마루가 있는 방이 함께 있어 수렵, 유목민, 추운 지방의 저석식低席式 주거와 농경민, 고온다습 지역의 고석식高席式 주거가 복합되어 있다. 이는 한반도의 한랭寒冷한 겨울, 고온다습한 여름의 기후조건과도 연결된다. 한옥은 창호로 열리는 개방적인 구조를 갖는다. 즉 한옥은 북방적 · 대륙적인 폐쇄성과 남방적 · 해양적인 개방성이 공존하는 반도국가의 절충적 가옥이다.

(좌)그림 4-6
여름날 선선한 바람을 그대로 받아들이는 대청마루(창덕궁 연경당)

(우)그림 4-7
대청의 들개문을 완전히 개방하면 외부와 대청마루는 하나의 공간이 된다.

| 공간의 통합과 분할을 담당하는 담장과 여러 종류의 문이 있다

한옥은 건물과 담장에 의해 공간의 분할, 연결이 복잡하면서도 교묘하게 이루어진다. 이질의 생활공간을 한 부지 내에서 분리도 하고 통합도 하는 것이 담장이다. 한옥에는 현관이 없다. 신을 벗는 곳은 각 방 앞에 있는 툇마루이다. 옆으로 긴 이 마루는 어느 곳에서나 오르고 내리기 좋아 자연히 밖으로의 연결이 자연스럽게 된다. 현관이 없는 한옥에서는 대문이 집의 얼굴이고 안과 밖의 울타리가 된다. 또한 그 밖의 둘러싸인 공간에는 문을 만들어 출입을 가능하게 한다. 담장에는 일반적으로 문이 달려 있다. 대문, 중문, 협문, 정문, 후문, 측문 등 많은 종류의 문이 있다. 이 문들은 신라 및 통일신라시대 때부터 신분에 따라 제한되어 조선시대까지도 계속 담장의 재료, 의장, 그 위에 놓인 지붕의 마무리까지 엄격하게 제한되었다.

(좌)그림 4-8 산청군 남사마을 가옥의 솟을대문

(우)그림 4-9 사랑채와 안채를 연결하는 협문(연경당)

| 한옥은 남성과 여성(陽과 陰, 天과 地)의 공간구조로 이루어져 있다

주택이 여성공간이라 함은 주택에 있어 여성적 자연과 정원의 중요성을 의미한다. 남성에게 거실이 중요하듯이 여성에게는 주방과 작업실이 중요하다. 우리나라의 큰 살림집 앞마당에는 나무와 꽃을 심어 정원을 가꾸지 않는 경우가 많다고 한다(예: 연경당). 이는 이곳이 여성의 공간이 아니기 때문인 것으로 보인다. 이는 마당이 작업, 생활공간이란 점과 또 외부에 노출된, 남성의 출입 공간, 즉 사랑마당이란 점을 반영하는 것이다. 즉 도가道家의 무無의 사상의 표현보다는, 다목적이고 비어 있는 공간의 필요성과 농촌의 경제적 제한, 그리고 남녀유별한 전통표현이라고도 볼 수 있겠다. 따라서 여성의 공간인 뒤뜰에 꽃을 심

는다고 한다. 대표적으로 궁궐의 여성공간인 중궁전에는 계단식 화단을 꾸며 계절과 자연의 변화를 느낄 수 있게 만들었다.

한옥의 평면 구성

한옥에서는 '칸살잡기'라는 용어를 사용하여 평면을 계획한다. 이 단계에서 구조계획과 입면 계획이 종합적으로 이루어지게 된다. 그동안의 학술적 연구에 의해 지역에 따라 건물 평면이 일자, ㄱ자, ㄷ자, ㅁ자 등으로 구분되는 것을 알 수 있다. 평면 형태가 다르게 분화되는 배경에는 신분계급의 차이, 산간 지방과 평야 지방처럼 지역환경의 차이, 사회경제적 활동의 내용과 범위에 따른 문화적 환경의 차이 등이 작용하는 것으로 해석된다. 이러한 한옥의 평면 구성은 일

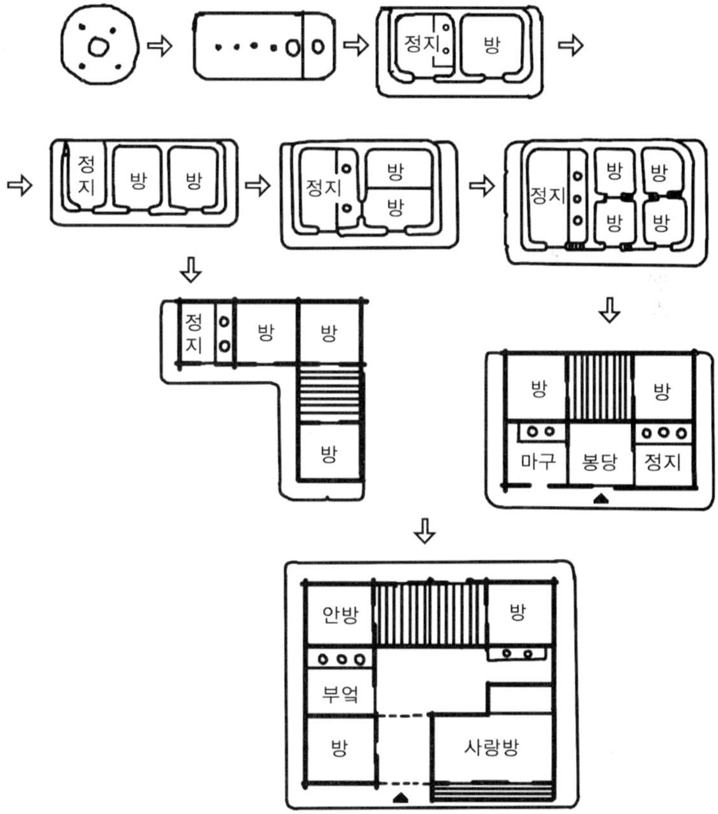

그림 4-10
한옥 주거의 평면 발전

자형의 기본형을 확장 · 조합한 데에서 비롯된 것으로 중심적 요소는 취사와 난방시설에 있었다. 이러한 조합형에 조선시대의 유교적 교시인 남녀 차별을 적용하여 안채와 사랑채를 구분하였는데, 이들 공간은 서로 분리되어 출입문도 달랐다. 또 온돌과 마루를 적정하게 배치함으로써 계절에 따라 유용하게 사용하였는데, 이 점이 바로 전통건축의 우수성이라 할 수 있다.

그리고 한옥에서는 주택 평면의 넓이를 나타낼 때 현재 주택의 규모를 나타내는 평坪을 사용하지 않고(최근에 도량형의 통일로 평수가 아닌 m^2(1평≒3.3058m^2)로 통일되었다.) '칸間'이라는 단위로 주택의 규모를 설정한다. 물론 같은 칸수라도 면적이 다를 수 있지만 목수들이 재료를 마련하는 방법에는 면적보다 칸수가 효용성이 크기 때문이다. 간단한 예를 들자면, 정면 6칸에 측면 2칸 반이면(6.5×2) 15칸 집이 되는 것이다.

한옥의 평면은 형식과 형태로 구분할 수 있는데, 평면 형식에 따라 분류하면, 크게 홑집과 겹집으로 나눌 수 있고, 평면 형태로는 일자집, 이자집, ㄱ자집, ㄷ자집, ㅁ자집 등으로 나누어진다. 이러한 평면 형식과 평면 형태는 그 지역의 자연적 조건과 풍습에 따라 이루어지는 지방의 특성을 나타내는데, 그중 평면 형태에 따른 특성들을 살펴보면 다음과 같다.

| 일자집

가장 기본적인 평면으로, 민무늬토기를 사용하던 시기의 움집평면에 이미 일자一字형이 나타나고 있다. 단실주거에서 불을 이용하는 취사공간과 휴식을 위한 침실의 기능구분을 가져와 1차적으로 부엌과 방으로 형성되었다. 이런 형태의 평면 구성은 우리나라 농촌민가의 가장 일반적인 배치형식으로인데 한국민

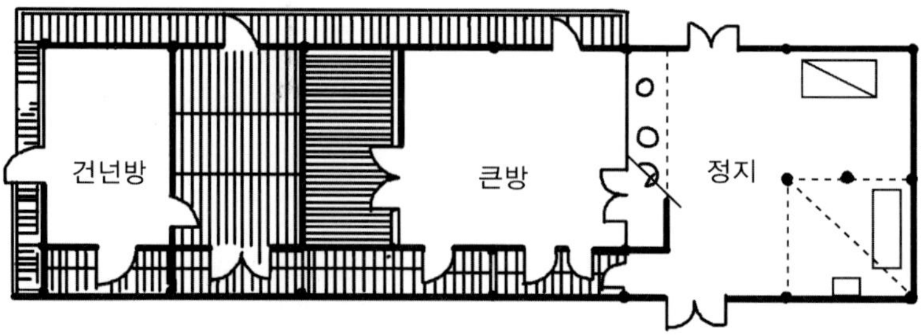

그림 4-11
일자집 평면

가의 기본형이다. 한반도에서는 비교적 따뜻한 기후로 방 앞에 툇마루를 달거나 한 칸의 마루를 마련하는 경우도 있는데 지역적으로 구분한다면 중부 이남인 전라남북도와 경상북도에 많은 실례를 볼 수 있다. 그림과 같이 정면이 4칸일 때는 건넌방, 마루, 안방, 부엌으로 하고 각 방 앞에는 툇마루를 두어서 3칸형과 같이 개방적인 공간 성격을 가진다.

| ㄱ자집

이 평면 형식은 기본형인 일자一字형 평면에서 발전된 것으로, 서울을 중심으로 중부 지방과 안동, 기타 지방에서도 널리 볼 수 있는 형태이다. ㄱ자 형식에는 두 가지 평면 배치가 있다. 하나는 아래 그림과 같이 부엌, 안방, 웃방으로 일렬 배치하고 웃방에서 직각 방향에 대청을 두고 건넌방을 연결하는 형식과 다른 하나는 안방을 지각으로 꺾은 부분에 자리하고 부엌, 안방, 대청, 건넌방으로 배치하는 형식이다.

이런 형식은 용마루가 지각으로 꺾이는 부분에 웃방과 대청을 배치하는 형식은 비교적 각 방이 남면을 유지할 수 있어서 일조와 일사에 유리하나 웃방과 안방의 독립성에는 불편한 점도 있다. 반면에 남성공간인 사랑방은 일조와 독립성에는 유리하다고 할 수 있다.

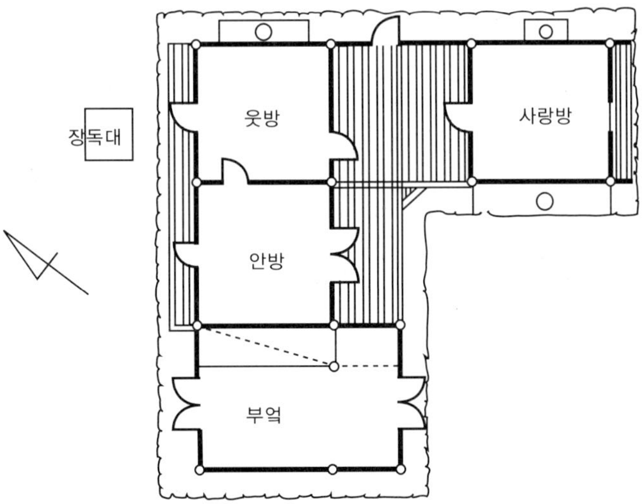

그림 4-12
ㄱ자집 평면

| ㄷ자집

ㄱ자 평면과 일자一字형 평면이 합쳐진 형태로 조선시대에는 많이 보이지 않았던 형태이다. 이는 조선시대 계급사회가 붕괴하면서 이전에 하인들의 공간과 하인들이 하던 일이 자연스럽게 가족들에게 전가되면서 주택공간에 변화가 생기면서 나타나는 형태라고 할 수 있다. 특히 근대로 넘어오면서 비교적 단출한 가족 구성으로, 분가한 주인 내외에 미성년 자녀들이 있는 경우가 대부분이었던 도시 서민주택이 발전하면서 도시 서민주택의 평면 형태로 자리 잡게 되었다.

그림 4-13
ㄷ자집 평면

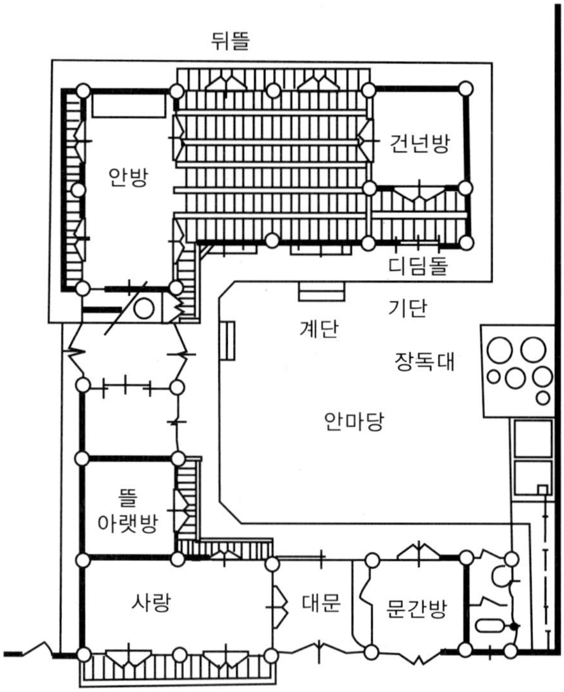

| ㅁ자집

ㄱ자형의 안채 평면에다 ㄴ자형의 사랑채와 대문을 연결시킨 평면으로 사랑채의 기능이 건넌방에서 완전히 떨어져 나와 사랑채 전용의 공간을 형성한 평면 형태이다. 또한 불을 가까이에서 취급할 수 있는 부엌은 물론 각 방들도 부

그림 4-14
ㅁ자집 평면

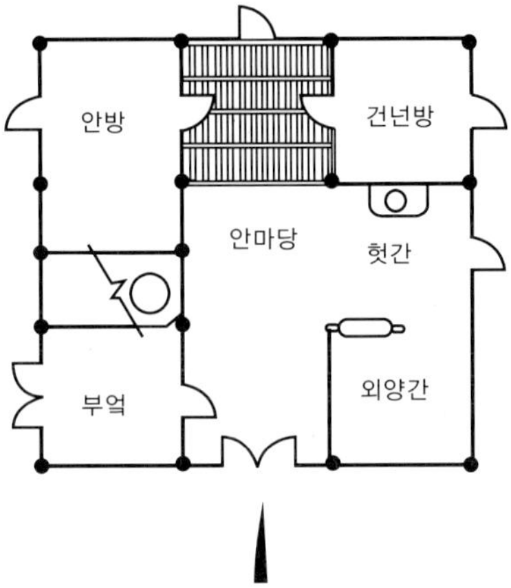

엌의 아궁이에서 연결되는 온돌구조를 하고 있으며, 방으로 출입하기에 편리하도록 구성된 형식이다. 이 형식은 한랭한 북부 지방의 전田자의 겹집에서 발단된 평면 형식이라 할 수 있다. ㄷ자 주택형식과 달리 사방으로 공간이 형성되고 지붕이 설치되는 경우 주거 내에 일조 등에는 불리한 단점도 있을 수 있다.

| 그 외 제주도형

도서 지방인 제주도의 주택은 육지의 주택과는 다른 명칭과 다른 형태를 가지고 있을 뿐 아니라 양택론이나 성리학 등으로 설명하기 힘들다. 이는 제주 전통주택이 시대와 지역적으로 유리된 이유도 있고 제주도만이 가지고 있는 의례 등이 건축의 토대를 이루기 때문이다. 제주도 전통가옥은 육지부와 달리 하나의 건물로 이루어져 있지 않고 안거리, 밖거리, 목거리로 나뉘어 있는 것이 일반적이다(고평오 가옥의 평면도 참조). 그리고 안거리를 중심으로 문형행 가옥과 고평오 가옥의 평면 형식을 살펴보면 중앙에 대청마루인 상방을 두고 그 서쪽에 부엌과 작은구들, 동쪽에 큰구들과 고팡(물건을 보관하는 수장고)을 배치한다. 상방은 전통주택 전체의 중심이며 이 상방을 통하여 큰구들, 고팡, 정지, 안뒤를 출입한다. 큰구들은 부모, 작은구들은 자녀들의 공간이고, 부엌의 부뚜막은 작은구들쪽과 반대되는 위치에 두어 취사 시의 열이 방에 들어오지 않도록 하며, 큰구들과 작은구들의 고래들은 방 전체의 3분의 2 정도만 깔리는 것이 특징이다.

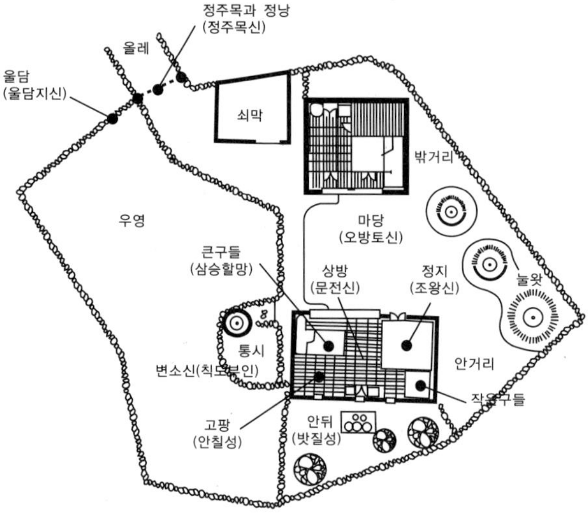

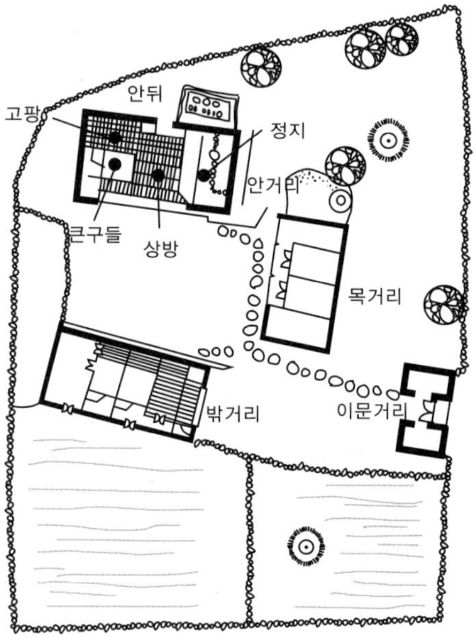

(좌)그림 4-15
문형행 가옥-제주도 애월읍 하가리 소재, 제주도 지정 민속자료 제3-8호(「문전본풀이를 통해 본 제주전통주택의 경계공간연구」, 김형준, 대한건축학회, 2007. 3.)

(우)그림 4-16
고평오 가옥의 평면도(「문전본풀이를 통해 본 제주전통주택의 경계공간연구」, 김형준, 대한건축학회, 2007. 3.)

- 올레: 진입로에서 주택에 출입하는 긴 골목
- 밖거리: 바깥채로서 안거리와 마주 앉음
- 상방: 마루방
- 정지: 부엌 ※ 정지거리: 순수하게 정지만 설치된 건물
- 챗방: 정지에 면하여 식사를 하는 공간
- 고팡: 곡류를 보관하는 창고 공간
- 우영: 텃밭
- 쇠막: 마구간
- 물팡: 물허벅을 올려 놓는 시설
- 안거리: 안채 또는 본채
- 이문거리: 한 울타리 안에 세 채의 집이 있는 경우, 창고나 행랑채를 겸한 문간채
- 목거리: 안채, 바깥채에 대하여 모로 배치된 건물
- 통시: 변소
- 큰구들: 안방
- 안뒤: 안거리의 후원 또는 뒤뜰
- 굴묵: 큰구들의 불을 때는 공간
- 생깃문(호령창): 상방 옆벽 대문 곁에 설치된 창

한옥의 배치 구성

한옥은 대문채, 사랑채, 안채, 행랑채, 사당 등으로 구성되는데, 이 중 대문채와 사당 등은 별동으로 세워지나 사랑채와 안채로 이루어진 몸채는 구자형口字形의 배치를 이루고 있다. 지역에 따라 사랑채와 안채가 한 몸을 이룬 완전한 구자형과 튼구자형으로 구분되며, 일반적으로 기후가 추운 지역에서는 폐쇄적인 구자형이 주로 나타나고, 남쪽으로 내려올수록 튼구자형의 개방적인 형태를 취한다.

| 대문채

상류주택의 대문은 대부분 솟을대문으로 되어 있는데, 그것은 말을 탄 채로 드나들거나 초헌이 드나들 수 있게 하기 위한 것이며, 대문의 좌우에는 노비들의 거주공간과 마구간, 외양간 등이 마련되어 있다. 대문을 들어서면 나오는 마당은 사랑마당이 되기도 하고 행랑마당이 되기도 하는데, 이곳은 반 내부적인 성격을 지닌다.

| 사랑채

대문을 들어서면 가장 먼저 나타나는 건물이 사랑채로, 이 사랑채는 가부장적 사회였던 조선시대에 주택 내에서 매우 중요한 위치를 차지하였다. 그래서 건물을 지을 때도 다른 건물들보다 정성을 많이 들여 꾸몄으며, 지붕은 팔작지붕, 기둥은 원기둥을 사용하여 가문의 위용을 과시하기도 하였다.

(좌)그림 4-17
솟을대문

(우)그림 4-18
사랑채(논산 윤증고택)

사랑방은 기거와 침식 등 주인의 일상적인 행위 외에도 내객來客의 접대와 독서, 사색, 휴식 등의 기능을 수행하였다. 사랑방에는 기품 있는 문방가구와 소품들이 주로 놓여 있었는데, 이러한 기물들은 금욕적인 유교생활에 젖은 선비의식으로 인해 실내장식을 중요하게 여기지 않았기 때문으로 보여진다. 사랑방도 안채와 마찬가지로 아랫목에 보료를 깔았으며 뒤에는 안석案席을 기대어 놓아 편안하게 앉도록 하였다. 보료 앞에는 담배함, 재떨이, 담뱃대꽂이 등을 늘어놓고 그 한쪽에 벼루함을 놓았으며, 필가筆架나 필통筆筒은 문갑 위에 놓는 것이 통례이다.

사랑방에 출입하는 전실前室로서 대청은 여름에는 시원한 거처실이 된다. 바닥은 우물마루이고 벽은 거의가 창호窓戶로 구성되어 있으며 천장은 서까래가 노출된 연등천장으로 이루어져 있다. 여름에는 바닥에 화문석을 깔고 창호는 모두 접어 들쇠로 매달아 발을 드리워 생활한다. 사랑방 옆에 붙은 침방은 주인의 일상 취침 공간으로 주인은 부인과 동침同寢할 때를 제외하고는 이 방에서 주로 취침을 한다.

| 안채

안채는 여성들의 일상생활공간으로 정침이라고도 부른다. 안방은 안주인의 일상거처로 이 공간은 내외법에 따라 직계존속 이외의 남자는 출입을 할 수 없는 은밀한 공간이기 때문에 주택에 있어서 중심의 가장 안쪽에 자리 잡고 있다. 안방에는 온돌바닥의 뜨겁거나 찬 기운을 완화시키기 위해 아랫목에 보료를 깔고, 보료 앞에는 손님들이 앉을 수 있도록 방석을 놓아 두며, 겨울에는 가운데에 화로를 두기도 한다.

안채의 대청은 안방과 건넌방 사이에 위치하여 이들 방으로 출입하는 전실前室기능을 갖는 동시에 여름에는 시원한 거처가 되며, 집안에 큰일大事이 있을 때에는 중심공간으로 사용된다. 대청의 바닥은 우물마루이고 천장은 상부가 그대로 노출되는 연등천장이며, 마당쪽으로는 일반적으로 창호를 설치하지 않고 개방시켜 두지만, 여름에는 발을 늘어뜨려서 마당에서 안이 잘 들여다보이지 않도록 한다.

안마당은 가사노동 등을 위한 활동공간이자 혼인과 같은 큰일이 발생하면 일

(좌)그림 4-19
대산동 월곡댁의 안채와 안마당

(우)그림 4-20
안뜰(양동 향단)

가 친족들이 모여드는 집회장의 역할을 하는 곳으로, 안마당의 기단 아래에는 채송화, 봉선화 등 작은 화초들은 심지만 나무는 심지 않는다. 안채 옆의 옆마당은 우물과 장독대가 놓여 가사노동의 일부가 부엌으로부터 확장되어 이루어지며, 공터에는 채소밭이 만들어지고 한쪽에는 나뭇더미가 쌓이기도 한다. 이곳에서는 빨래를 널기도 하고 장작을 패기도 하는 등의 활동이 이루어진다. 안채 뒤의 뒷마당에는 장독대를 두기도 하지만, 남부 지방에서는 죽림竹林을 이룰 때가 많다.

| 부엌

일부 지방의 경우 부엌이 대, 소로 두 곳이 있는 경우가 많은데, 하나는 조리調理를 하는 주된 부엌이고, 다른 하나는 방에 불을 때기 위한 아궁이 성격의 부엌으로 전환하여 솥을 걸고 평상시에 더운물을 끓이며 때로는 조리도 하였던 곳이다. 안방 쪽으로 부뚜막을 만들어 솥을 걸고, 부뚜막 위의 마당 쪽으로는 살창을 달며 옆마당 쪽으로는 벽 높이에 교창交窓을 달아 환기를 시켰다.

| 사당과 별당

사당은 조상의 위패를 모시고 제사를 지내는 제사 공간으로, 동쪽의 사랑채 뒤에 주로 자리 잡고 있다. 사당은 모시는 신위의 수에 따라 1칸 또는 3칸으로 이루어지며 지붕은 맞배지붕으로 하고, 주위에는 토석담장을 둔다. 별당은 사용하는 사람에 따라 안사람이 사용하면 안채에 준하고, 바깥사람이 사용하면

(좌)그림 4-21
사당(아산 맹씨행단)

(우)그림 4-22
독락당의 별당

사랑채에 준하게 된다. 별당의 앞쪽에는 연못(방지方池)을 만들고 그 가운데에는 도가道家에서 유래된 봉래선산蓬萊仙山을 만들고 연꽃을 키우기도 한다.

온돌

한옥의 고유한 난방 방식인 온돌은 축열을 시켰다가 천천히 열을 뿜어내는 원리로 아궁이에 불을 땐 열기가 굴뚝으로 나가기까지 여러 갈래의 길을 지나면서 열교환이 일어난다. 연기가 지나는 길을 구들이라고 하며, 구들 위에 널찍한 돌을 얹어 데우게 되는데 이를 온돌이라고 한다. 돌은 늦게 데워지는 만큼 천천히 열을 발산하므로 초저녁에 밥을 짓기 위해 피운 불이 새벽녘까지 방에 온기를 전하는 것으로 열을 오랫동안 유지할 수 있게 하는 기능을 하게 된다.

우리의 온돌은 고구려의 ㄱ자 구들에서 시작했다고 볼 수 있다. 이 형태는 방안 전체에 구들을 놓는 것이 아니라 한쪽에만 설치하는 것이다. 이것이 점점 확

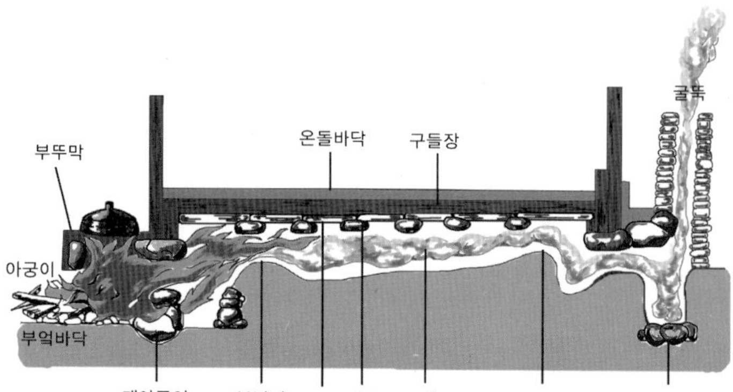

(좌)그림 4-23
온돌의 구조

(우)그림 4-24
구들과 아궁이

대되어 방 안 전체에 구들을 놓고 부뚜막을 설치하여 우리에게 친숙한 온돌방이 생기게 되었다. 바닥 난방을 하게 되면 실내에서 신발을 벗고 생활하는 좌식문화로 자연스럽게 이어지므로 한옥의 방은 단순히 침실의 기능을 하는 공간이 아니라 다용도 복합공간이라 하겠다. 이러한 점은 전통한옥에서 2층 이상의 살림방을 찾아보기 힘든 이유가 된다.

마루와 마당

마루

마루는 온돌이 놓이지 않고 바닥이 비어 있는 공간이다. 그래서 난방은 되지 않지만 통풍이 잘되고 습기를 차단하는 기능을 한다. 여름에 고온다습하고 겨울에 한랭건조한 우리의 기후조건에서 성격이 다른 온돌과 마루의 두 공간 분업은 필수적이며, 봄과 가을에는 이 둘의 조화가 이루어진다.

마루는 배치에 따라 안방마루와 사랑마루로 구별되는데, 안방마루는 은밀하게 내실과 같이 외부로부터 잘 보호되어 있어 살림공간으로 활용되는 반면, 사랑마루는 대문에 인접하여 외부접객이나 남자들의 공간으로 활용되는 개방된 성격을 가진다. 또한 툇마루는 마루이면서 통로로 이용되고 신발을 신고 벗고 하는 현관, 그리고 햇살이 좋을 때는 벤치처럼 앉아서 쉴 수 있는 공간으로도 활용된다.

무엇보다도 마루는 주변 경관을 조망하는 장소로서 가장 성실한 역할을 한다. 한옥의 건축에서는 대지를 손상시키지 않고 최대한 그대로의 지형과 지세를 살리면서 집을 앉힌다는 원칙이 있다. 따라서 적합한 자리에 앉은 집이라면

(좌)그림 4-25
병산서원의 대청마루

(우)그림 4-26
한개마을 한주종택의 누마루

마루에서의 조망은 마을 앞의 산이나 강, 호수를 향하게 마련이다. 마루는 적절한 높이를 유지하면서 산과 들을 조망하도록 한다. 따라서 아주 높은 기단을 올려 위압적으로 내려다보는 장면을 연출하지 않으며 자연스럽고 겸손한 시선을 갖도록 유도하고 있다.

마당

한옥에서 마당이 갖는 이미지는 넓이에서 오는 확장이 아닌 구조에 기인한 깊이로 볼 수 있다. 이것이 서양 주거의 중정이나 일본식 정원과 구분되는 점이라 하겠다. 먼저 서양의 중정은 회랑 또는 건물에 의해 둘러싸인 공간으로 진출입에 매우 제한적이다. 이에 반해 한옥의 마당은 문이나 복도와 같은 중간 과정 없이 건물과 바로 연결되어 있으므로 매우 유기적인 관계를 유지한다. 그 사이에 내부 공간으로서 마루가 존재하나, 마루는 기능적으로 내 · 외부를 아우르는 전이공간이므로 개방적이며 친숙하고 긴밀한 공간을 연출하게 된다.

일본의 마당은 각종 나무와 꽃으로 빽빽하게 장식한 정원의 형태인데, 여백 없이 구성되는 것이 특징이다. 따라서 매우 좁게 느껴지며 건물의 내부 공간에서 거리를 두고 관조하는 것이 아닌, 자연을 집 안에 가까이 두고 살펴보는 식이다. 이에 반해 한옥의 마당은 내부 공간 속에 있을 때는 마루를 통해서 개방감을 가지면서도 담장에 의해 집 밖과 완전히 구분 · 분리된다. 그러나 시각적으로는 담장 너머의 자연에 근접하므로 개방과 폐쇄가 절묘하게 조화되는 특징이 있다. 이때 마당의 경계가 되는 담장은 폐쇄감에 의한 깊이를 조절하는 역할을 한다.

기후에 대한 마당의 효용성을 살펴보면, 기본적으로 한옥 마당에 잔디나 나

(좌)그림 4-27 한개마을 북비고택의 사랑마당

(우)그림 4-28 양동마을 이향정의 안마당

무가 거의 없어 건조한 상태를 유지시켜 준다. 또한 한여름에 햇볕을 그대로 받아 고온의 열기를 뿜어내는데, 마루의 서늘한 공기와 자리바꿈을 하면서 바람을 만들어 낸다. 여름철 대청마루에 실바람이 부는 원리가 마당과 마루의 온도차에 의한 것이다.

생활의 지리학: 풍수

풍수의 기원과 역사

예로부터 우리 조상들은 궁궐이나 관아, 주택의 위치 선정과 설계에 있어 풍수를 하나의 지침으로 적용해 왔으며, 옛날이나 지금이나 생활하고 일하는 데 가장 조화롭고 상서祥瑞로운 장소를 추구하는 일을 당연한 것으로 여긴다. 오랫동안 사람들은 신비롭게도 자신들의 삶과 주변환경이 상호 연계되어 있다고 생각해 왔으며, 어떤 곳은 다른 곳에 비해 길하고 행운을 가져다주는 신성한 장소이며, 또한 환경의 여러 형태들은 모두 개개인에게 영향을 미친다고 믿어 왔다.

풍수風水라는 말은 중국 사람 곽박郭璞, 276~324이 쓴 『장경葬經』에 처음 나타난 말로서, 장풍득수藏風得水: 바람을 가두고 물을 얻는다를 줄인 말이다. 중국에서는 한漢 시기에 음양설과 함께 구체적인 체계가 확립되기 시작하였으며, 우리나라에 전래된 시기는 역사서와 고분벽화에 사신도가 등장하는 것으로 미루어 보아 삼국시대 무렵으로 추정된다. 이후 풍수는 우리 민족 생활 전반에 커다란 영향을 미쳤는데, 대표적인 사례로 관악산의 화기를 누르기 위해 설치되었다는 서울 광화문 앞의 해태상海苔象을 들 수 있다.

그림 4-29 광화문 앞 육조거리의 해태상

풍수에 대한 역사적 기록은 기원전 4세기경부터 비롯되었지만 그보다 훨씬 이

전부터 그 기본 개념을 실생활에 적용해 왔던 것으로 보인다. 고대 중국인들은 그들의 운명이 거대하고 두려운 대자연의 창조적이며 파괴적인 힘과 불가피하게 얽혀 있으며, 우주 전체의 신비스러운 작용에 속박되어 있다고 여겼다. 그리하여 그들은 자연의 힘과 조화를 추구하였으며, 하늘과 땅은 생명의 에너지인 기氣를 흡입하고 배출하는 대상으로 파악되었다. 중국의 종교, 철학, 시, 그리고 풍경화 등은 대부분 자연의 힘과 아름다움, 조화와 불멸성 등을 포착하여 그와 일체를 이루고자 하는 욕망을 반영하고 있다. 중국인들은 자연의 순리에 반하는 행위는 궁극적으로 인간에게 해를 끼친다고 믿어 왔다. 그런 까닭에 도시를 건설하거나, 길을 내거나, 농지를 경작할 경우 기의 혼란을 방지하기 위해 많은 노력을 기울였다. 그들은 또한 생존과 번영을 도모하고 땅의 혈穴에 상처를 입히지 않기 위해서 지관을 불러 집이나 사당, 조상의 묏자리, 그리고 정도定都 등 예정 부지의 기를 조사하도록 하였다.

전통 주거공간의 변화

전통 주거문화와 공간 변화의 배경

조선시대에 이르기까지 한국의 주거문화는 비교적 독립적인 발전과정을 거쳐 나름대로 고유한 성격을 형성해 왔다고 볼 수 있다. 물론 그 역사적 과정에서 일부는 중국으로부터 전수 받기도 하고, 일부는 일본으로 전파시킨 부분도 있다. 이에 따라 건축요소 중의 많은 부분이 동아시아권에서 공유되는 것이 사실이다. 그러나 주거건축은 민족 집단의 독특한 생활양식과 보다 깊게 관련되어 있기 때문에 각국의 생태환경이나 역사적 경험, 환경적 가치에 따라 나름대로 독특한 주거문화를 독자적으로 발전시켜 왔다.

비록 조선후기부터 진행되어 온 사회적 변화(서구 건축문화의 영향 등), 양반 관료사회의 붕괴•와 유교적 생활양식의 약화에 따른 전통 주거건축의 실용적 · 경제적 가치가 증폭되었지만 민중들의 주생활이 크게 달라진 것은 아니었기 때문에 전반적인 주거문화에 본질적인 변화를 줄 수 없었다. 본질적인 변화

• 조선 고종 31년(1894) 7월부터 고종 33년(1896) 2월까지 개화당이 정권을 잡아 3차에 이르는 개혁을 통하여 재래의 문물제도를 근대식으로 고치는 등 개혁운동을 추진하여 정치 · 경제 · 사회 전반에 걸쳐 혁신을 단행하였다.

는 일제 강점기부터 서서히 진행되어 갔다. 일본의 식민지배는 문화 창출의 자율성을 강탈하였고, 식민 지배를 영속시키는 수단으로서 주거문화의 일본화를 꾸준히 추진하였다. 일본인 거주지에서의 일본식 주택의 건립, 도시계획, 조선주택영단의 대량적 주택공급을 통해 한국 주거문화의 고유성을 변질시키려 하였다. 그러나 이러한 기도는 근대화를 선도했을 뿐 영속적인 일본화는 성공할 수 없었다.

일제강점기부터 시작된 도시화, 공업화, 근대화는 근대적 건축재료나 건축방식을 유입시켰을 뿐만 아니라, 생산방식이나 생활양식을 변질케 함으로써 결국 주거문화의 변질을 유도하였다. 농업사회로부터 근대산업사회로, 농촌사회로부터 도시사회로의 급격한 변화는 주거건축의 기능적 · 입지적 변화를 요구하였다. 도시화에 기인한 도시주택의 양적 부족은 주거의 질적 가치를 저하시키는 요인이 되기도 하였다. 게다가 한국동란은 엄청난 주택 손실을 야기하였고, 외국의 원조를 기반으로 단기간에 대량적인 주택을 공급하는 일이 주요한 정책수단일 수밖에 없었다.

이 과정에서 전통적인 건축방법은 설 자리를 잃어 갔다. 농업사회의 생활양식에 근거하여 만들어진 주거양식은 근대산업사회의 생활양식에 적용되기 어려웠고, 전통적 건축재료나 건축방식은 산업기반을 통해 대량생산된 근대적 재료나 건축방식에 비해 경제적으로 불리할 수밖에 없었다. 더구나 주거 밀도를 높이기 위한 고층화와 단기적 대량생산은 전통적 건축방식으로는 해결하기 어려운 과제였다. 서구의 근대적 건축방식이 유입된 것은 어쩌면 불가피한 선택이었을 것이다.

서구 건축방식의 무비판적 유입은 필요 이상으로 주거문화의 서구화를 촉진시켜 왔다. 서구화는 시대적인 요구에 부응하는 데 필연적인 부분도 있었지만, 부정적인 부분도 많았다. 자연환경의 파괴와 부조화, 고밀도로 인한 거주공간의 축소와 열악화, 도시나 주거환경의 정체성 상실, 주생활적 가치의 변질, 주택 상품화에 따른 정주의 불안 등 잘못된 서구화나 근대화에 기인한 문제들이 심각히 제기되고 있다.

오늘날 우리는 이 땅과 이 사람들에게 이상적인 주거환경이란 무엇일까를 되짚어 보아야 할 시점에 서 있다. 그것은 우리가 서 있는 이 땅의 자연환경에 가장 어울리고, 우리 삶의 가치와 생활양식에 가장 적합하며, 가장 우리 것 다운 주거환경을 스스로 찾고 만들어 가야 하는 시대적 상황이 전개되고 있음을 의미한다. 역사는 시대적 경험이 축적되어 온 지식체계의 보고이며, 고유한 삶의 가치와 방식을 반영하는 거울이기도 하다. 역사 속에서 우리 민족의 고유한 주거 가치를 찾고 그것을 시대적 상황에 맞추어 재생하는 일이 오늘날 우리에게 맡겨진 시대적 사명이라 하겠다.

도시형 한옥과 개량한옥

도시형 한옥은 일제 강점기에 급속하게 진행된 도시화와 과밀화로 인하여 주택을 많이 지어야 할 필요성에 의해 생겨난 한옥의 새로운 형태이다. 이러한 주택유형은 1930년부터 서울에 등장하여 1960년대까지 전국 각지에 매우 많이 지어졌다. 이 도시한옥은 흔히 '집장사 집' 또는 '개량한옥'이라는 이름으로 불리어 왔다. 이 이름들은 각각 도시한옥을 기존의 전통적인 한옥과 구별시키는 몇 가지 측면을 시사한다. '집장사 집'이라는 이름은 주택 경영회사에 의해 공급된 '주택상품'이라는 점에서 비롯되었다. 이 회사들은 1920년대 후반부터 본격적으로 활동을 시작하였는데 그들은 한옥을 대규모로 건설한 뒤 이를 분양하는 방식으로 도시한옥 주거지를 확장시켜 나갔다. 그리고 '도시한옥'이라는 이름은 전통적인 한옥이 근대적인 주택생산 방식에 따라 필지가 분할되고 동시에 주택이 건설된 새로운 도시주거 유형이라는 점을 강조하고 있다. 이 도시한옥들은 서울의 도시화가 진행되던 1930년대에 집중적으로 지어졌으며 해방과 전쟁의 공백기를 거쳐 1960년대까지 지어진다. 이러한 도시한옥은 경기 지방의 전통적인 민가 형식에다 그 상품가치를 높이기 위해 상류주택의 구조와 형태를 모방하여 만들어졌다. ㄱ자 혹은 ㄷ자 형태로 마당을 둘러싸며 중앙에 대청을 두는 평면은 서울 · 경기 지방의 전형적인 주택평면이다. 오량가구의 목구조에 소로를 갖추고 부연까지 단 날렵한 처마곡선을 갖는 기와지붕은 상류주택의 상징이었다. 여기에서 주목할 점은 이전까지 집을 지을 때는 그 집에 살 사람이 손수 짓거나 그 집에 살 사람의 부탁으로 지었다. 그러나 도시형 한옥은 처음부터 팔 것을 전제로 하여 집을 지은 다음, 집을 살 사람을 찾는 획기적인 방식으로 지어진 것이다. 오늘날 북촌, 가회동 등 한옥보존지구에 남아 있는 한옥들이 바로 이러한 도시형 한옥이다. 이 도시형 한옥은 당시 보통 도시서민의 주거수준으로 미루어 보면 매우 고급주택으로, 집을 살 정도의 경제력이 있는 사람이 주요 소비층이었다.

도심에 지어진 도시형 한옥의 경우 필지의 크기에 따라서 적게는 6~7호에서 많게는 30~40호씩 집단적으로 지어졌다. 이렇게 대량생산에 의해 주택이 공급되다보니 주택의 상품적 가치가 강조되어 외형적으로 매우 화려해졌고, 새로운 재료를 사용하여 소비자에게 매력적으로 보이도록 하였다. 도시형 한옥은 개별 주택을 가로에 바짝 붙여 매우 조밀하게 지어졌는데 대지가 비좁기 때문에 중정형 마당을 각 실이 둘러싸는 구조를 취하였다. 이 안마당은 원래 한옥에서 농사나 작업 등의 기능을 수행했었는데 도시생활에 맞게 일상생활의 여러 기능을 복합적으로 수행하는 공간으로 쓰이게 되었다.

한편, 기존의 한옥도 시대 변화와 함께 변모되기 시작하였다. 전통한옥에 벽돌, 유리, 함석 등 새로운 재료를 추가로 사용하여 대청이 내부 공간화되면서 주택의 외관이 상당히 달라졌다. 함석이 저렴하게 공급되어 처음에는 지붕에 낙수받이 처마홈통을 붙이기 시작하였다. 그리고 1930년대부터 처마를 짧게 만들어 기존의 무거운 기와지붕의 무게를 줄이고, 이를 함석차양으로 대신하였

(좌)그림 4-30
북촌 한옥마을의 모습 - 함석으로 만든 지붕과 짧은 처마의 한옥이 현대적인 고층 빌딩과 대조적이다.

(우)그림 4-31
북촌 한옥마을의 내부공간 - 창호지 대신 유리로 대체된 창호

다. 함석을 사용하면 기와지붕과 달리 지붕의 곡선을 자유롭게 처리할 수 있어서 추녀 끝은 뾰족하게 하늘로 추켜올려졌다. 그리고 각 방과 대청의 창호는 창호지가 아닌 유리로 대체되었고, 또한 벽돌이 보급되면서 굴뚝은 물론이고 외부를 장식하는 데까지 벽돌이 다양하게 사용되었다. 후기에 지어진 개량한옥에는 벽돌 대신 타일을 마감재로 사용하기도 하고, 페인트와 니스의 사용도 보편화되었다. 이러한 한옥을 개량한옥이라고 한다.

이러한 도시한옥의 등장은 일제강점기의 주거양상을 이해하는 데 있어서 세 가지 시대적 의미를 갖는다. 그 첫째는 주택생산 양식의 변화이다. 전래되어 오던 1:1 주문생산 방식에서 벗어나 상품생산에 의한 대량공급이 이루어진 것이다. 이것은 자본주의 경제체제로 이행하는 과정에서 주택건설이 산업화되고 주택시장이 형성되었음을 의미한다. 또한 시장에서의 상품가치와 대량생산을 위한 규격화를 의미한다. 두 번째 도시형 주택으로서 한옥의 가능성이다. 도시한옥은 좁은 택지와 밀집된 주거군, 공공도로 등 어려워진 대지조건 속에서도 적용되었다. 마당이 축소되거나 사랑채가 없어졌다는 점을 제외하고는 전통적 공간구성과 주거형태가 존속될 수 있었다. 오히려 근대화된 건축재료를 적절히 이용하여 가능성을 증진시켰다는 점에서 자생적 근대화의 가능성을 내포하고 있다. 마지막으로 도시한옥은 식민지 상황에서 주거문화의 정체성을 유지하는 데도 크게 기여하였다.

제5장

바람직한 주거건축의 계획

주거건축 계획의 기본 방향

주거건축의 분류와 특성

공간을 사용하는 사람들과 주거공간 계획

주거공간의 디자인 원리

5

주거건축 계획의 기본 방향

좋은 집의 의미

주거건축은 인간 생활을 담는 그릇이라고 정의할 수 있다. 건축가 르 코르뷔지에Le Corbusier, 1887-1965 또한 "주택은 생활을 위한 기계이다"라고 정의하였는데, 이 말은 주택이 생활을 담는 용기임을 뜻한다. 음식을 담는 그릇은 쓰임새와 그릇을 만드는 재료에 따라 다양한 형태를 가진다. 그리고 그릇은 각 나라의 음식문화에 따라서도 모양을 달리한다. 또한 그릇은 우선 음식을 담는 기능을 충족시켜야 한다. 그릇이 힘 없이 깨지거나 휘어지면 그 기능을 제대로 하지 못하기 때문에 적당히 튼튼해야 한다. 이뿐만 아니라 그릇은 보기가 좋아야 담겨 있는 내용물을 먹음직스럽게 한다. 이와 같이 주거건축을 그릇의 개념에 비유하였을 때 주거건축은 가정 내에서 이루어지는 구성원의 생활 내용과 행태에 따라 매우 다양한 가정생활을 담아 기능적이면서 심미적 공간을 형성해야 된다.

인간의 기본적인 욕구 중 하나인 주거의 기본 목적은 피난처shelter이다. 그러나 사회가 점차 진화하면서 인간의 생활 욕구도 다양하게 변해 왔으며, 이러한 다양한 욕구는 주거공간에 영향을 미쳐 주거의 형태를 결정하는 요인이 되었다. 또한 고대 그리스 철학자 아리스토텔레스는 "사람은 사회적 동물이다"라고 말했다. 사람은 홀로 살아갈 수 없으며 가정을 이루고 이웃과 협력하여 살아가는 존재라는 뜻이다. 사람이 모여서 마을을 이루고, 도시를 이루고 또 나라를 이룬다. 가정은 모든 사회생활의 기초가 된다. 보통 사람의 일생 중 가정 안에서 지내는 시간이 절반 이상을 차지한다. 주거건축은 이런 점에서 사람의 일상생활의 중심이 된다. 이는 건축가가 주거의 사회적 중요성을 이해해야 하며 그 사회와 문화에 따른 주거환경을 만들어 주어야 함을 뜻한다. 그러므로 주거공간을 계획하는 건축가는 전문적인 지식체계를 바탕으로 그 시대의 사회적 · 경제적 맥락의 여러 요소를 고려함으로써 가족 구성원들의 다양한 욕구를 충족시켜 편안하고 즐겁게 생활할 수 있는 공간을 설계하여야 할 것이다.

일반적으로 좋은 집이라고 하면 규모가 크고 고급재료를 많이 사용한 집으로

착각하기 쉬운데, 이것은 주택을 단순히 외형적인 가치로 판단하려는 잘못된 인식에서 연유한 것이다. 좋은 집이란 집의 규모와 관계없이 그 가정의 특성과 가족 구성에 적합하고 그 곳에서 건강하고 풍요로운 삶을 영위할 수 있다면 그것으로 충분하다고 할 수 있다. 즉, 주택이란 그 가정의 가치를 반영하고 물리적 · 외형적 차원을 벗어나 가족의 실제적인 삶을 담을 수 있으며, 이것을 건강하게 지탱해 줄 수 있을 때 주택으로서의 생명을 다할 수 있는 것이다.

가족의 삶을 담기 위해서는 가족 구성원 각각에게 적합한 공간을 마련함과 동시에 구성원들이 공동으로 필요로 하는 공간들을 적절하게 포함해야 한다. 그리고 건강한 주택이 되기 위해서는 온 · 습도의 조절, 적절한 환기와 일조를 가능하게 하여 쾌적한 실내기후를 조성해 주고, 유독성 가스를 내뿜는 합성재료를 사용하기보다는 인체에 무해한 건강한 건축 재료를 사용할 필요가 있다. 또한 외부로부터의 소음이나 공기오염을 차단해 주고 아름다운 경관을 조망할 수 있도록 하여 심리적으로도 편안함과 안락함을 느낄 수 있도록 해야 할 것이다.

예로부터 우리 선조들은 집에 대하여 지혜로움을 가지고 있어 형태적으로 호화롭지 않으면서도 품위가 있고 기능적인가 하면 신과 인간과 자연이 함께 호흡할 수 있는 공간을 형성하였다. 또한 가족 간에 화목과 교감이 이루어지도록 공간을 배치하면서도 동시에 위계질서가 분명하도록 구성하여 인간 삶의 목적과 규범이 올바르게 인식될 수 있도록 하였다.

이처럼, 주택은 우리의 삶을 담을 수 있는 그릇이 되어야 한다는 평범한 진리를 인지하고, 그러한 사고만이 편리하고 좋은 집을 지을 수 있는 기본이 된다는 것을 잊어서는 안 될 것이다.

좋은 집을 짓기 위한 조건

좋은 설계가 필요하다

좋은 집을 짓기 위해서 가장 중요한 것은 설계를 잘하는 것으로, 주택 규모의 대소와는 아무런 관계가 없다. 차라리 규모가 작을수록 치밀하게 계획을 세우고 공간구성을 잘해야 한다는 인식을 가져야 한다. 설계는 주택을 구축하는 초석이 되기 때문에 설계의 잘잘못에 따라 좋은 집과 좋지 않은 집이 판가름 나며, 주택설계에서부터 시공까지 건축주(주택을 짓고자 하는 사람)가 직접 나서는 경우라면 크게 문제될 것이 없으나 대부분의 사람들은 집을 지을 때 전문가의 도움을 빌리게 되므로 건축가(설계자)와의 관계를 충분히 고려해야 할 것이다. 그렇다면, 좋은 설계를 위해서는 어떻게 해야 할까?

첫째, 건축주와 건축가(설계자)가 충분한 대화를 해야 한다.

일반 사람들은 설계도면을 이해할 수 없을 뿐만 아니라 설계도면만 보고 주택의 질을 평가하지 못한다. 그러므로 설계 작업에 들어가기 전에 건축주와 건축가(설계자) 사이에 충분한 대화가 이루어져야 한다. 가장 바람직한 설계는 주택을 짓고자 하는 가정의 모든 생활과 여건을 제대로 파악했을 때 가능하나 현실적으로 어려운 경우가 많으므로 건축가(설계자)와 건축주가 되도록 많은 대화를 통해 가족의 생활을 이해하는 것이 중요하다. 잘못 생각하게 되면, 오늘날 대량 공급되는 아파트처럼 건축가(설계자)가 알아서 좋은 설계를 만들어 줄 수 있을 것으로 생각할 수 있지만 그렇게 대량생산되는 주거유형의 경우엔 입주자들 개개인의 요구를 제대로 반영할 수 없으므로, 충분한 대화를 통해 건축가(설계자)는 건축주의 가정과 그들의 생활을 이해하고, 건축주는 이것을 뒷받침해 주는 것이 바람직하다.

건축주들은 대부분 평생 동안 모은 자신들의 재산을 다 투자하여 이상적인 주택을 갖고자 하기 때문에 건축가(설계자)보다도 과도한 의욕과 욕망을 가지고 많은 집들과 자료를 참조하여 나름대로 형태를 구상한다. 그러나 대부분의 경우 자신의 가족 구성이나 대지조건 또는 예산 등을 감안하지 않고 직관적으로 판단하는 경우가 많다. 따라서 좋은 설계를 얻기 위해서는 건축가(설계자)에게 많은 정보와 충분한 시간을 제공해야 하며 더불어 적절한 설계비도 지불해야 한다. 이는 적은 설계비와 짧은 시간, 과도한 요구로서는 좋은 작품을 기대할 수 없기 때문이다.

둘째, 훌륭한 건축가를 선정해야 한다.

아름답고 살기 편한 집은 좋은 설계에 의해 탄생하며, 좋은 설계는 훌륭한 건축가(설계자)와 훌륭한 건축주에 의해 창조된다. 특히, 주택설계는 어떤 건물의 설계보다도 어렵고 까다로운데 그 이유는 개인에 따라 삶의 형태와 취향이

다르고 항시 거주해야 하므로 비주거용 건물과는 다르기 때문이다. 따라서 삶의 환경을 조성하고 한 가정의 틀을 형성시켜 줄 건축가(설계자)를 찾는 일이야말로 정말 중요한 일이라고 할 수 있다.

하지만, 아직 우리나라는 선진국과 같이 건축이나 건축가(설계자)에 대한 일반인들의 인식이 미흡하고, 건축가(설계자)의 작품과 특성이 알려지지 않아 훌륭한 건축가(설계자)를 찾기가 그리 쉽지 않다. 그래서 설계를 의뢰할 경우 대부분 작가의 작품성을 보고 선택하는 것이 아니라 안면이나 연고, 부동산 중개소 등의 소개를 통해 설계를 의뢰하는 경우가 많아 이런 경우엔 건축주와 건축가(설계자)가 호흡이 맞지 않아 좋은 설계를 얻지 못하는 경우가 발생할 수 있다.

셋째, 설계에 필요한 시간과 설계비에 대한 충분한 협의를 해야 한다.

보통은 설계기간이 길수록 유리하나 6개월 정도면 무난할 것으로 보인다. 너무 서둘러서 설계를 할 경우엔 건축주의 바람이 충족되지 못할 수가 있고, 설계상의 잘못으로 시공 시 예상치 못한 하자가 발생하여 커다란 경제적 손실을 입거나 마음에 들지 않는 집에서 참고 살아야 하는 경우도 생긴다. 흔히 공사과정에서도 비용을 줄이기 위해 정상적인 비용으로 시공자를 선정하지 않아 집을 다 지은 후 결정적인 하자가 발생하여 공사와 관련된 법적 분쟁이나 고통을 당하는 경우도 많다. 그리고 설계비를 적게 지불할 경우에는 훌륭한 건축가를 선정하였다 하더라도 직접 설계에 관여하지 않고 초급 건축가(설계자)에게 맡기는 경우가 있으므로 적절한 설계비를 보장해 주는 것도 좋은 설계를 위한 한 가지 방법이다. 또한, 적은 돈으로 큰 집을 원한다거나 한정된 평수 내에서 방을 많이 만들어 달라고 요구하는 등 경제적 형편을 고려하지 않은 무리한 요구는 피하는 것이 좋다.

넷째, 좋은 설계를 위해서는 건축가(설계자)를 믿고 신뢰해야 한다.

건축주는 자신의 꿈과 가족생활에 대한 모든 사항, 예산 등만을 전달하고 나머지는 건축가(설계자)에게 일임하게 되면, 건축가(설계자)는 한 가정의 삶을 창조한다는 사명감을 가지고 최선을 다하게 될 것이다. 다시 말해, 건축가(설계자)에 대한 인간적인 신뢰야말로 좋은 건축을 잉태할 수 있는 기본적인 배려라 할 수 있다.

개성에 맞는 주택을 추구해야 한다

좋은 집을 짓기 위해서는 개성에 맞는 주택을 추구해야 한다. 사람들이 개성에 맞는 집을 추구하는 것은 옷을 개성 있게 입으려는 것과 같다. 즉 값이 비싸고 세련된 디자인의 옷이라도 몸에 맞지 않고 자신의 체형이나 외모 등과 조화되지 않는다면 좋은 옷이 되지 못하듯이 주택도 마찬가지이다.

일단 가족에게 필요한 방의 수와 면적을 고려하고 나면 그 다음은 합리적인 방의 배치와 가족이 선호하는 형태에 관심을 두어야 한다. 가족 구성원에 따라서도 밝은 곳을 좋아하는 사람이 있을 수도 있고, 어두운 곳을 좋아하는 사람이 있을 수도 있으며, 시원한 곳을 좋아하는 사람, 천장이 높은 곳을 좋아하는 사람 등 취향이 다양할 수 있다.

개성에 맞는 주택을 짓기 위해서는 경제적인 뒷받침이 있어야 되지만, 비용과 관계없이 추구할 수 있는 것도 많다. 아무리 많은 돈을 들여 고급재료와 튼튼한 구조, 넓은 면적을 갖추었다 하더라도 합리적인 배치나 효율적인 공간구조를 이루지 못하거나 가정의 성격과 호흡을 같이하지 못할 경우는 좋은 주택이 될 수 없다. 그러므로 개성에 맞다는 것은 방의 크기, 공사비의 과다, 독특한 조형물 등의 물리적인 측면보다는 공간의 질과 환경, 삶의 형태, 그 가정의 특수한 상황을 바탕으로 해야 함을 인식해야 한다.

쾌적한 주거공간을 창출해야 한다

좋은 집을 짓기 위해서는 주택의 내부공간이 쾌적해야 한다. 그렇다면 쾌적한 실내공간을 창출하기 위해서는 어떠한 점들을 고려해야 할까?

첫째, 사람들의 움직임, 즉 동선을 고려하여 계획해야 한다.

동선이란 집 안에서 사람들이 움직이는 선을 나타내는 것으로, 방과 방 또는 어떤 목적 하에 사람이나 물건이 이동하는 선을 의미한다. 일반적으로 동선은 상충되거나 방해받지 않도록 해야 하기 때문에 짧고 직선적인 것이 좋으며, 각 실과 통로는 직접적으로 연결되는 것이 편리하다. 그리고 거실 한복판을 통과하지 않고도 출입구에서 다양한 실로 이동할 수 있으면 좋은데, 소규모 주택이라서 통로를 위한 면적 할애가 사실상 불가능할 경우엔 어느 하나의 실을 통하여 연결하되 시선이 직접 마주치지 않도록 하는 것이 좋다. 예를 들면, 식사공간은 하루 중 일정 시간에만 사용하기 때문에 지나치게 방해가 되지 않는다면 통행공간을 겸할 수 있을 것이다. 이와 같이, 동선을 고려한 설계를 하게 되면 주부의 가사 노동 동선도 단축되므로 청소할 때나 부엌에서의 가사노동 부담을 경감시킬 수 있을 것이다.

둘째, 인간공학에 따른 공간 구성을 해야 한다.

주택의 모든 활동공간과 삶은 인간이 주체가 되기 때문에 인간의 체형에 적합한 치수가 적용되어야 한다. 주택에는 현관, 마루, 방, 부엌, 식당, 욕실 등이 있는데 이에 연계된 모든 치수는 거주자의 체형에 합당하여야 불편하지 않다. 예를 들면, 주방의 싱크대, 욕실의 크기, 문의 폭과 높이, 창문의 높이 등 모든 치수가 그 것을 사용하는 사람들에게 적합하게 되어야 안정감과 편리함을 느낄 수 있다.

셋째, 실내환경 요소를 고려해야 한다.

실내환경 요소에는 생리적 · 육체적 요소와 심리적 · 정신적 요소가 있는데 전자는 온도, 습도, 환기, 빛, 소리, 열 등 거주자의 생리적 측면과 관계되는 요소로 적정한 온 · 습도와 환기, 채광 등이 인체에 적합하도록 물리적 환경을 조성함으로써 쾌적한 주거공간의 창출이 가능하다. 반면, 후자는 거주자의 심리적 · 정신적 건강과 관계되는 것으로서 개인생활의 프라이버시privacy를 확보해 주고 주택 내에서 개인공간에 대한 개인화를 가능하게 하여 애착이 가는 주거공간으로 꾸밈으로써 주거공간에 대한 만족감을 증대시킬 수 있다.

이처럼 실내환경 요소를 고려하는 것은 사실 인간의 보편성에 근거한 기준이기 때문에 거주자 개개인의 특수성을 충족시킬 수 있도록 거주하는 사람들 개개인의 유기적인 관련성을 고려하여 쾌적한 공간을 만들도록 해야 할 것이다.

생애주기에 따른 주거생활의 변화를 고려해야 한다

생애주기란 사람이 태어나서 성장하고 결혼을 통해 가정을 구성하며, 이후 자녀의 양육과 출가 그리고 노령화 과정을 거쳐 죽음에 이르는 생의 전 과정이 순환과정을 나타냄을 표현한 말로서, 생애주기에 따른 주거생활의 변화를 고려하는 것도 좋은 집을 짓는 데 필수적이다. 주택의 평면 구성과 관련한 생애주기는 크게 3단계로 구분하는데 그 각각을 살펴보면 다음과 같다.

| 1단계

남녀가 결혼하여 부모님의 집에서 분가하는 시기로, 이 시기에는 대개 전세나 사글세 등 셋집에서 살게 된다. 이들은 아직 경제적 여유가 없는 상태이므로 최소한의 규모로서 방 1개에 주방과 화장실이 있는 주택이면 된다. 대부분의 신혼부부들은 자기 집을 지을 만한 경제적 여유가 없으며 비교적 직장과 가까운 거리에 임대를 하거나 최소형의 아파트를 구입해 살게 된다.

| 2단계

자녀가 한두 명 정도 출생하고 그들이 성장하는 시기로, 개인의 경제적인 사정에 따라 단독주택을 짓거나 아파트를 구입하여 살게 되는데, 방이 2~3개에 거실과 식당, 주방, 욕실을 갖춘 소형주택을 필요로 한다. 이 시기에는 주택의 위치가 직장보다는 자녀들의 학교와 더 많은 관계를 맺게 되어 주변에 유치원, 초등학교, 중학교가 근접해 있으면서 주거환경 여건이 쾌적한 곳이 바람직하다. 이 시기에도 자신의 집을 직접 지을 만한 경제적 여유가 없는 경우가 많으므로 일상생활용품을 쉽게 구매할 수 있고 주변에 녹지가 있으며 어린이 놀이터 등이 잘 갖추어진 곳을 선호한다. 대부분 공동주택에서 산다.

| 3단계

자녀들이 성장하여 상급학교에 진학하고 가장도 사회적으로 지위가 향상되어 가정의 경제가 비교적 안정기에 돌입한 시기로, 대부분 이 시기가 되면 노부모 문제 등으로 아파트나 다른 공동주택보다는 단독주택에 대한 욕구를 가지게 되어 개인주택에 대한 꿈을 키우게 된다. 성장한 자녀가 있을 경우 자녀의 출가에 따라 필요한 방의 수와 생활방식이 달라질 수 있으므로 주택을 짓고자 할 때에는 가족변동의 시기를 예측하고 이에 따라 설계를 해야 한다. 특히 시간적 여유를 갖게 된 부모들과 성장한 자녀들은 나름대로의 취미생활을 추구하기 때문에 자녀에게 필요한 취미공간이나 서재 등을 필요로 한다.

좋은 집을 짓는 절차(주택 계획 과정)

건축주는 집을 짓기 위해서 우선 대지를 마련하고 건축을 위한 자금을 준비한 후, 건축가(설계자)를 선정한다. 집을 지을 때에는 선택된 건축가(설계자)와의 만남이 반드시 필요한데 건축주는 건축가(설계자)에게 자신이 지을 집에 대한 생각과 조건을 가능한 한 정확하게 설명하고 평소에 생각하고 있던 주택에 관한 기호, 생활패턴, 현재와 미래의 가족 구성, 그리고 각 구성원의 성격이나 특징, 나아가 집안의 분위기까지 생활과 관련된 모든 것들을 정확하게 전달해야 한다. 이를 통해 건축가(설계자)는 건축주의 인생관, 생활습성, 성격 등을 이해하게 되고 건축주는 건축가(설계자)의 건축관, 예술적 특성 등에 공감함으로써 좋은 주택을 지을 수 있다. 집을 짓는 과정은 건축가(설계자)가 선택되었다면, 설계와 행정적 절차, 시공, 그리고 준공 등 크게 네 가지로 구분할 수 있다.

설계

설계는 계획설계와 실시설계 두 가지로 구분할 수 있는데, 계획설계는 건축가(설계자)의 아이디어와 건축주의 요구조건이 결합되어 하나의 결정체를 만들어 나가는 과정이며, 실시설계는 정리된 건축가(설계자)의 아이디어와 디자인에 대해 건축주의 동의가 있을 경우 건축가(설계자)의 설계조직에 의해 전문적인 작업이 시작되는 것을 말한다.

계획설계를 위해서, 건축가(설계자)는 주택설계 작업을 시작하기 전에 우선 해당 부지를 찾아가 부지 주변 및 부지에 대한 전반적인 현황들과 혹시 건축물에 미칠 수 있는 환경적 요인들을 조사 · 분석하며, 이렇게 대지로부터 알아낸 정보와 건축주로부터 받은 정보를 해석하고 분석함으로써 건물의 성격과 규모, 그에 따른 공사비 추정 등 구체적인 예상이 가능해진다.

반면, 실시설계 시에는 건축가(설계자)의 설계실뿐만 아니라 그의 작업에 협력하고 있는 컨설턴트들과도 공동으로 작업을 하는데, 예를 들면 토목엔지니어링, 조경설계와 같이 외부를 담당하는 분야, 냉난방, 위생, 소방설비 등의 기계적 장치를 설계하는 기계설비 설계, 전력, 조명, 통신, 방재 등을 다루는 전기설비 설계, 구조적 안정성에 대한 역학적 처리를 계산하는 구조계산, 그리고 설계된 재료의 양을 산출하고 품을 산정하는 견적 등의 전문 용역들이 하나의 건물을 위해 투입된다. 그 외에도 설계에 채택된 재료의 시공방법에 관련된 생산 · 시공업체들과의 협력도 빼놓을 없는 중요한 부분이다.

설계상의 착오는 쉽게 수정될 수 있지만 현장에서의 착오 수정은 상당한 경비와 시간낭비를 초래하게 된다. 따라서 건축가(설계자)는 설계도의 부족한 부분을 문서로 작성하여 시공자에게 전달하게 되는데 이를 시방서라고 부른다. 설계도면과 시방서가 완료되면 설계자는 그것들을 기준으로 공사비를 산출하게 되며, 이렇게 만들어진 견적서는 건축주에게 제시되어 검토되고 만일 예산상의 문제로 조정이 필요한 경우에는 설계도와 시방서의 수정으로 정리된다.

행정적 절차

짓고 싶은 주택의 규모와 형태 등 전체적인 구상이 이루어지고 나면 공사를 하기 위한 행정적인 수속절차를 거쳐 관할 관청으로부터 건축허가를 받아야 한다. 작성된 내용이 건축법과 그에 관련된 각종 규칙에 적합한지가 일차적으로 검토되어 승인을 받으면, 관할관청의 민원실에 접수되어 건축담당 공무원의 확인을 거친 뒤 관서장의 명의로 된 허가를 얻게 된다. 그리고 나서 일정 금액의 채권을 구입하고 공사기간 중에 사용하게 될 해당 도로의 사용료와 면허세 등의 수수료를 납부하면 허가수속을 위한 행정절차는 끝난다.

수속기간 동안 건축가(설계자)는 공사를 위한 설계도 보완에 노력을 기울이고 건축주는 공사를 진행할 시공자를 선정한다. 허가 수속의 완료와 함께 건축가(설계자)는 공사에 필요한 설계를 정리해 건축주에게 넘겨 주는데, 여기까지의 과정이 완료되면 설계 작업은 끝이 난다. 그러나 건축의 완성에는 시간이 걸리고, 또 이 과정에서 건축주의 의사가 변한다든지 하는 등의 갖가지 문제들이 발생할 수 있다. 이런 경우 건축가(설계자)는 건축주와 시공자의 중간 입장에서 전문적인 조언과 판단을 해 주어야 하는데 이를 설계 감리라고 하며, 설계변경에 관련된 상황이 발생할 경우 건축가(설계자)는 현장에서 그 해결책을 제시해야 한다.

시공

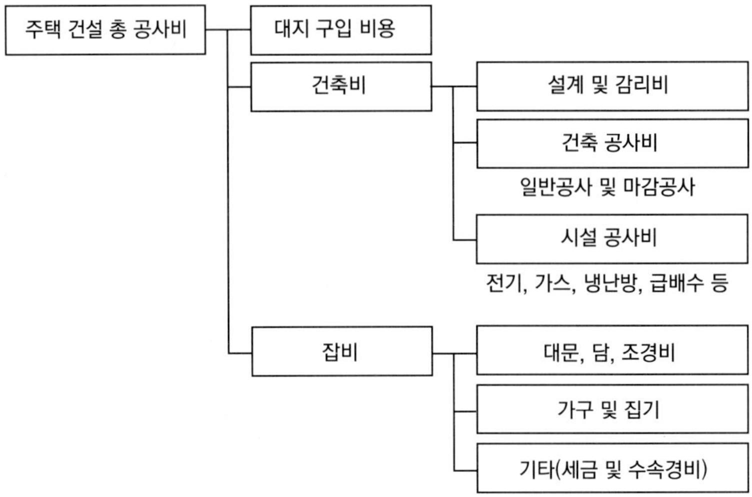

그림 5-1
주택건설 시 드는 비용

시공에 앞서 시공자를 선정해야 하는데 시공자 선택 역시 건축가(설계자) 선택만큼이나 중요한 사안이다. 보통은 주변의 친지들이나 지인들로부터 시공자를 소개받거나 건축가(설계자)의 추천을 받은 사람 중에서 선택하게 되는데, 어느 경우든 시공자의 성실성을 알아보기 위해 시공자의 최근 작업을 현장 확인해 두는 것이 좋다. 공사비의 결정은 설계자가 계산해 놓은 자재의 양과 노무비를 기준으로 해서 너무 싸거나 너무 비싼 것은 피하고 설계 예정 가격에 근사한 수준에서 가격이 다소 낮은 것을 선택하면 된다.

지금까지 설계도와 서류에 의한 가상 작업이었던 것이 이제부터는 실제 모습으로 진행되어 크기와 모양, 작업의 상황들이 가시적으로 나타나게 되며, 가설공사, 구체공사, 설비공사, 마감공사, 그리고 조경공사의 단계로 이루어진다.

| 가설공사

우선, 시공자는 설계도를 기준으로 집터를 고르고, 공사에 필요한 제반준비를 한다. 공사용 전력이나 용수 등을 확보하고 그 외 행정적인 절차를 밟아 작업을 진행하는데, 통상적인 관례에 따르면 택일을 해서 현장에서 간단한 의식을 치르기도 한다.

처음 시작하는 작업은 대지를 정리한 뒤 집이 앉혀질 자리를 잡는 일인데, 집의 위치가 결정되고 나면 터 파기를 실시한다. 그러나 예상보다 지질이 약하거나 지하수가 많은 경우엔 지반을 보강하는 공사를 추가로 시행하며, 이때 발생하는 공사비의 증액은 건축가(설계자)에게 조정을 부탁해 그에 따르면 된다. 지하실과 기초를 놓기 위한 터 파기가 완료되고 나면 흙을 다져 시멘트를 대강 버무려 바탕을 정리한 후 벽돌을 쌓을 위치를 표시한다.

| 구체공사

본격적인 공사가 시작되는 과정으로서 집의 골격이 드러나 실제 크기와 모양의 윤곽이 눈앞에 나타나게 된다. 벽이 나누어지고 슬래브가 덮어지는 등 기본적인 공간의 형태와 윤곽이 드러나면 건축주는 다시 한 번 내 · 외부를 확인해야 한다. 공사가 더 진행되면 고치기가 힘들어지므로 미흡한 점이 있다면 건축가(설계자) 및 시공자와 함께 상의해서 바로잡도록 한다. 집의 골격이 거의 완성되면 지붕을 얹는데, 이때 상량식이란 절차를 치르게 되며, 마지막으로 콘크리트가 부어지면 일정 기간 지지대로 고정시켜 놓게 된다. 이때, 건축주는 다시 한 번 내 · 외부를 확인해서 미흡한 점이 있으면 바로잡고, 다음 공정을 위해 필요한 마감 재료들이 제대로 선정되었는지 확인해야 한다.

| 설비공사

건물을 인체에 비유한다면 내부의 장기와 핏줄, 그리고 신경계통은 건물에 설치되는 기기들의 배관이라고 할 수 있다. 집을 살아 숨 쉬게 하는 설비분야는 크게 기계설비와 전기설비로 나누어지는데, 기계설비는 냉난방 설비와 급배수를 위한 위생설비로 구분되고, 전기설비는 전등과 전기용품을 사용하기 위한 공사와 통신기기를 위한 배관, 배선작업으로 구분된다. 설비공사의 배관작업은 구체공사와 동시에 진행되어 콘크리트 구조 속에 배관을 매설하게 되므로 사전에 결정이 이루어져야 한다.

실제 연결공사는 공공기관에서 지정된 업자가 시행하게 되고 그에 대한 경비는 규정에 의해 계산된다. 해당 공사가 완성되면 각 부분의 공사필증이나 검사필증을 받아 두어야 한다. 건물이 완성되었을 때 준공수속을 밟기 위해서는 필수적인 서류이므로 반드시 챙겨 두어야 한다.

| 마감공사

건물의 형태와 골격이 갖추어지고 기본적인 설비가 완료되면 모양을 갖추기 위한 외장과 생활공간 내부의 내장을 마무리하게 된다. 방수와 단열공사, 지붕의 마감공사는 사전에 철저한 시공을 요하고, 외부의 마감과 창문이 시공되고 나서 내부 마감공사가 진행된다. 내부의 마감은 바닥, 벽, 천장과 문, 창, 욕실과 주방 등의 설치기기, 조명기구와 스위치, 콘센트 등의 전기장치의 시공 등이 이루어진다.

| 조경공사

주택 규모의 공사에 본격적인 조경 디자이너를 끌어들이기는 어렵지만 자신의 감각과 건축가(설계자)의 지혜를 총동원하여 마지막 마무리를 잘하도록 한다.

준공

기능공들이 뒷마무리를 할 인원만 남긴 채 철수하고 청소가 시작되면 미리 준비한 가구를 배치한다. 공사의 진행을 보아 완공 예정일이 잡히고 입주할 계획이 세워지면 이제는 법적인 절차를 밟아 건축이 완성되었음을 신고하고 등기를 하여야 한다. 그리하면 재산권이 형성되지만, 그것은 형식상의 마무리 절차일 뿐이므로 아직도 남아 있는 현장의 잔손질과 마무리는 계속된다.

각종 설비의 장비들이 제대로 작동하는지 출입문들이 잘 맞아 움직이는지 등을 건축가(설계자), 시공자와 함께 하나하나 확인해서 모든 것이 기능을 하도록 한다. 확인을 거쳐 보완이 완료되면 공사가 모두 끝난 것으로 서로 인정하여, 건축주는 계약상의 잔금을 지불하고 대문을 비롯한 각 방의 열쇠를 넘겨받으면 건축가(설계자)와 시공자는 현장에서 물러나게 된다.

좋은 집을 짓는 것은 이와 같은 절차들이 모두 끝났다고 해서 완료된 것이 아니다. 전 과정을 통해서 건축주는 마음에 드는 집을, 건축가는 의도대로 만들어진 작품을, 시공자는 자신의 손길이 닿은 건물을 갖게 되었다는 만족감을 느낄 수 있어야 진정한 완성이 이루어졌다고 할 수 있다.

계획설계 도면의 종류

구상도라고 하는 계획설계는 배치도(대지 사용계획), 평면도, 입면도, 단면도, 투시도, 모형 등을 포함한다.

평면도는 집의 구조적 배치를 수평으로 절단하여 보여 주는 그림이다. 이는 건물을 적당한 높이의 수평면에서 절단하고 위에서 본 그림으로 각 방의 위치, 넓이, 개구부, 복도, 계단, 창과 문의 위치 등을 알 수 있다. 플로어 플랜 또는 플랜이라고도 한다.

입면도는 건물을 외관에서 보아 각 면을 수평으로 투영한 도면이다. 입면도는 평면도에 입각해서 그리고 축척도 같게 한다. 건축물의 외면 각부의 형상, 창이나 출입구 등의 위치 · 치수 · 마감 방법 등을 알 수 있다. 그리고 단면도는 건물의 종횡을 수직으로 절단하여 건물의 내부구조와 높이 등의 관계를 나타낸 것이다.

아래의 도면 사례들은 유에이 건축사사무소의 대구시 동구 신천동의 단독주택 계획안의 평면도, 입면도, 단면도이다.

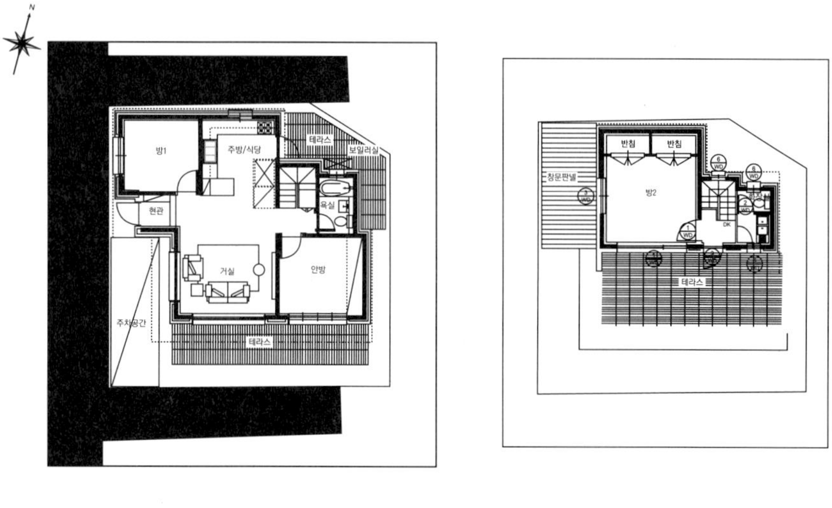

그림 5-2
평면도

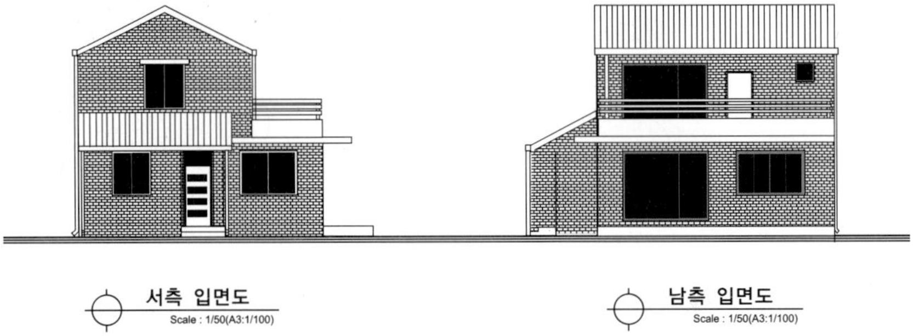

그림 5-3
입면도

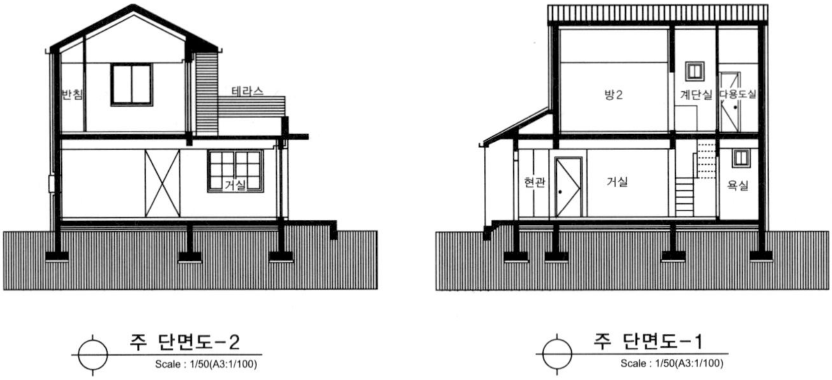

그림 5-4
단면도

주거건축의 분류와 특성

주택은 인류 역사와 같이 있어 온 가장 오래된 건물 유형이라 할 수 있다. 사람의 일상적 생활의 근거지로서, 거의 모든 사람들이 하루의 반 이상을 주택에서 머문다고 보면 주택은 가장 중요한 건물 유형임에 틀림없다. 한편 주택은 설계나 시공의 물량으로 보아도 가장 큰 비중을 차지한다. 주택은 보는 관점에 따라 다양하게 분류할 수 있다. 사람의 일상적인 가정생활을 담는다는 주택의 기본적인 기능에는 차이가 없지만, 주택의 유형에 따라 계획의 접근 방향이 달라진다. 따라서 이 장에서는 다양한 주택의 분류 유형 중 주거호수에 따른 분류, 공법에 따른 분류, 재료에 따른 분류를 살펴보겠다. 이 외에도 지역적 측면과 생활양식에 따른 분류(양식, 한식), 기능에 따른 분류(전용, 병용), 공급형태에 따른 분류(임대, 분양) 등 목적에 따라 다양하게 나눌 수 있다.

주거호수에 따른 분류

주택의 집합 정도를 중심으로 구별할 때 사용하며 크게 단독주택과 공동주택으로 분류된다.

단독주택

단독주택은 단층 혹은 중층형식의 주택이 평면적으로나 입면적으로 완전히 독립되어 있는 형태이다(여기에는 가정보육시설도 포함됨). 주택의 형태나 구조면에서 독자성을 가지고 있으므로 안정감이 있고 가족 특성이나 거주자의 취향에 따라 주택을 계획할 수 있으며 면적에 여유가 있는 경우는 전용의 뜰을 만들 수 있다. 단독주택에는 단독주택, 다가구주택, 다중주택, 공관이 있다.

| 단독주택

1세대만 거주할 수 있는 주택으로 부엌, 화장실 등을 다른 가족과 공유하지 않는다.

| 다중주택

학생 또는 직장인 등의 다수인이 장기간 거주할 수 있는 구조로 된 주택으로서 연면적이 330m^2(100평) 이하이고 층수가 3층 이하인 것을 말한다.

| 다가구주택

양적인 주거문제의 해결 방안으로 도입한 주거형태이다. 연면적이 660m^2(200평) 이하로 세대수가 19세대 이하(3개동까지)이고 층수가 4층 이하인 주택을 말한다. 건물 전체가 하나의 등기부로 소유권이 하나이다. 따라서 소유권은 한 가구가 갖고 나머지 가구는 임대형식으로 거주한다.

공동주택

공동주택은 단층 및 중층으로 구성된 각각의 주택이 수평 방향 및 수직 방향으로 연립되어 있어 벽과 지붕을 인접 주택과 공유하는 형태로 아파트, 연립주택, 다세대주택, 기숙사가 있다.

| 아파트

공동주택은 입면적으로 단일건물과 저층(5층 이하), 중층(6~10층), 고층(11층 이상)으로 구분한다. 아파트의 건물형식은 접근방식에 따라 복도형과 계단실형 등이 있으며 단위세대의 사용 층수에 따라 단층형flat과 복층형maisonnette으로 분류된다. 일반적으로 아파트는 여러 동이 모여 단지를 형성하며 단지 내에 어린이 놀이터, 노인정, 보육시설 등의 복지시설과 정원, 옥외휴계소 등 공유공간을 갖춘다.

| 연립주택

각 주호가 천장이나 바닥, 벽 등을 다른 주호와 공유하는 4층 이하의 소규모 공동주택이다. 외국의 경우에는 2채 이상의 단독주택의 벽을 수평으로 연결하고 개별가구가 각기 독립된 출입구를 가지고 있으며 개인정원을 가지고 있는 경우가 보통이다. 우리나라의 연립주택은 층이 낮은 가든 아파트형과 흔히 빌라라고 부르는 고급형 연립주택으로 분류하기도 한다. 연립주택은 구조와 형태면에서 아파트보다 다양하게 계획할 수 있는데, 전용 뜰을 소유할 수 있어 단독주택과 공동주택의 장점을 가지나 주호의 인접에 따른 소음과 채광, 통풍 문제가 야기될 수 있다.

| 다세대주택

한 주택에 여러 가구가 거주할 수 있는 주택형식으로 세를 주거나 대가족의 생활 수용에 편리하다. 연면적이 660m^2(200평) 이하로 세대수가 10세대 미만이고 각 세대가 독립된 주생활을 할 수 있도록 화장실, 부엌은 세대별로 독립해서 두나 그 외 주거, 벽, 복도, 계단, 설비의 전부 혹은 일부를 공동으로 사용한다. 다른 공동주택보다 완화된 기준이 적용(지하실 설치, 대지 안 피난 통로 등)

되므로 경제적인 부담이 적은 공급 방식이다. 건축물 관리대장과 건물등기부에 분할 등기가 가능하다. 우리나라는 저소득층의 주거안정을 위해서 1985년에 다세대주택을 합법적인 주거형태로 정했다.

주택공법에 따른 분류

주택공법이란 집을 짓는 방법을 말하는 것으로 일체식 구조, 가구식 구조, 조적식 구조, 조립식 구조로 분류된다.

일체식一體式 구조

건축구조에 따른 건물분류 중 하나로 주요 구조부를 다른 재료로 접합하지 않고 기초에서 지붕까지 일체로 하는 것인데 콘크리트 거푸집 속에 부어 넣어 일정한 기간이 경과한 뒤에 거푸집을 떼어 내 만든다. 재료에 따라 철골철근콘크리트조, 철근콘크리트조가 있으며 강력한 강도를 낼 수 있는 구조이며 조적조에 비해 내진성耐震性이 좋다. 시공할 때 물을 사용하는 정도에 따라 건식과 습식으로 구분한다. 벽체는 라멘조의 벽과 기둥, 슬래브는 라멘조의 슬래브와 보 역할을 한다. 층고를 높이지 않으면서 실내 천장 높이를 높일 수 있는 경제적 구조다. 흔히 벽식구조라 부르며 중층 및 고층 공동주택에 많이 쓰인다. 견고하고 수명이 길며, 넓은 방이나 큰 창 내기가 자유로우며, 주택 평면을 자유롭게 구성할 수 있는 이점이 있다. 반면에 공사비가 많이 드는 단점이 있다. 2층 이상의 주택에 유리한 구조다. 단독주택은 건축비가 많이 들어 주로 고급주택에만 쓰인다. 하중이 무거운 게 단점이다.

가구식架構式 구조

우리나라의 전통 건축물은 거의 대부분이 가구식 구조를 가지고 있다. 바닥을 다지고 기둥을 세우고 보를 얹고 지붕을 올린 것이다. 그리고 담장, 석축, 기단부분들은 석재를 조적하여 만들어졌다. 19세기에 나타난 철과 유리의 가구식 구조물이 오늘날의 스틸과 유리로 구축된 현대적 건축물의 선구적인 역할을 하였다. 가구식 구조는 부재를 통하여 힘을 전달하도록 하고 하중을 견디기 위하여 더 강화된 구조재를 사용하기도 한다. 철골부재나 트러스는 거대한 공간과 건축물을 더 효율적으로 지지한다.

조적식組積式 구조

벽돌 · 돌 · 블록 등의 단위재료를 쌓아 올려 벽 구조를 만드는 형식으로 벽돌조 · 석조 · 블록조가 있다. 이 구조는 지붕에서부터 내려오는 집의 수직하중垂直荷重을 벽구조 전부에 고르게 전달되도록 하여 지탱하도록 하는 것으로 외벽에 넓은 개구부開口部를 만들기가 쉽지 않다. 석조는 재료비가 비싸고 공비도 많이 들어 고급주택에 이용된다. 특히 벽돌조와 블록조는 목구조보다 내구성 · 내화성이 강하며, 단열성 · 흡음성(방음)에 효과가 있고 콘크리트조에 비하여 보온성이 좋은 장점이 있다. 저층건물에 흔히 쓰이는 구조다. 그러나 기초가 튼튼하지 않으면 부동침하不同沈下에 견디기 어려운 단점이 있다. 우리나라에는 비용이 적게 들어 이 구조의 주택이 많지만, 지진이 많은 일본은 이 구조를 한 주택을 발견하기 어렵다. 중국은 농촌주택에 많이 쓴다.

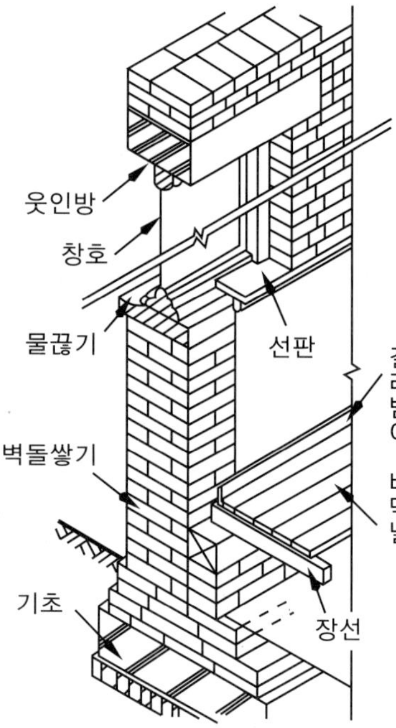

그림 5-5
조적식 구조

조립식組立式 구조

건물의 건축구조 형식에 따른 분류 중 하나로 건축자재와 부품을 공장에서 생산하여 현장으로 운반해 조립하는 것으로 목구조 · 철골구조 · 철근콘크리트조가 있다. 이것은 기계공업과 건축기술의 진보에 따라 근래에 와서 가능하게 되었다. 이 구조는 공사비와 공사기간을 최대한으로 줄이고 대량으로 많은 건물을 짓는 데 활용된다. 최근 PCprecast concrete● 로 축조한 건물을 PC조라 부르기도 한다.

●PC
조립용 콘크리트 부품, 외벽 등의 부재를 공장에서 대량생산하여 건축할 곳으로 운반하여 조립하는 방식

주택재료에 따른 분류

건물을 지을 때 주로 사용한 재료가 무엇인가에 따라 목조주택, 철근콘크리트주택, 벽돌조주택, 석조주택, 블록조주택, 철골조주택으로 분류된다.

목조주택

목재를 사용하여 기둥, 보, 바닥, 기초를 만드는 가구식架構式 구조로 된 주택으로, 우리나라의 한식주택과 일본의 전통주택이 이에 속한다. 목재는 가공하기 쉽고 공사기간이 짧으며 공사비가 적게 드는 대신 화재, 부식 및 충해의 위험이 있으며 휨과 비틀림이 있고 내구성이 짧다. 그러나 기둥이 하중을 감당하므로 개구부를 넓게 할 수 있고 지붕 밑 공간을 이용할 수 있으며 해체와 이축이 손쉽고 곡선적인 표현이 가능해 독특한 건축미를 표현할 수 있다. 우리나라는 목재가 귀하여 한옥을 제외하고는 구조와 외벽을 목재로 축조하는 순수 목조주택은 드물며 최근에는 외국에서 도입된 목조건축을 많이 볼 수 있다.

그림 5-6
목조건물

철근콘크리트주택

철근과 콘크리트를 함께 사용하여 각각의 재질의 단점을 보완하고 장점을 살린 일체식 구조로 된 주택이다. 철근은 인장강도가 강한 대신 압축에 약하고 녹이 슬며 고온에 약한 등의 단점이 있으므로 여기에 철과 팽창계수가 비슷하며 압축강도와 인장강도가 세고 고온에서도 강한 콘크리트를 보강하여 반영구적으로 만든다. 콘크리트의 외부는 형틀을 제거한 후 그대로 콘크리트 마감으로

● 라멘
건물의 수직힘을 지탱하는 기둥과 수평 힘을 지탱하는 보로 구성

두거나 모르타르 혹은 타일 등으로 마감하며 내부는 벽지와 회벽 등으로 마감한다. 철근콘크리트조 주택에는 기둥, 보를 주 구조로 하는 라멘rahman● 구조와 두꺼운 벽, 바닥 등의 패널을 주 구조로 하는 벽식 구조가 포함된다.

벽돌조주택

붉은 벽돌이나 시멘트 벽돌 등을 쌓아서 건물의 몸체를 만드는 구조이다. 벽돌조는 내구성과 내화성이 있으며 열 차단성이 크나 벽에 습기가 차고 내진성이 약하다. 또한 개축 시에는 무리가 없으나 해체가 곤란하고 공사비가 많이 드는 편이다. 쌓는 방법에 따라서 영국식과 네덜란드식, 프랑스식 등이 있고 벽 두께에 따라 반 장 쌓기, 한 장 쌓기, 한 장 반 쌓기, 두 장 쌓기 등이 있다. 벽돌조 주택은 벽돌 사이의 접합부가 약하면 힘이 약해지므로 벽돌의 강도와 모르타르의 강도를 모두 크게 하기 위해 막힌 줄눈으로 쌓는다.

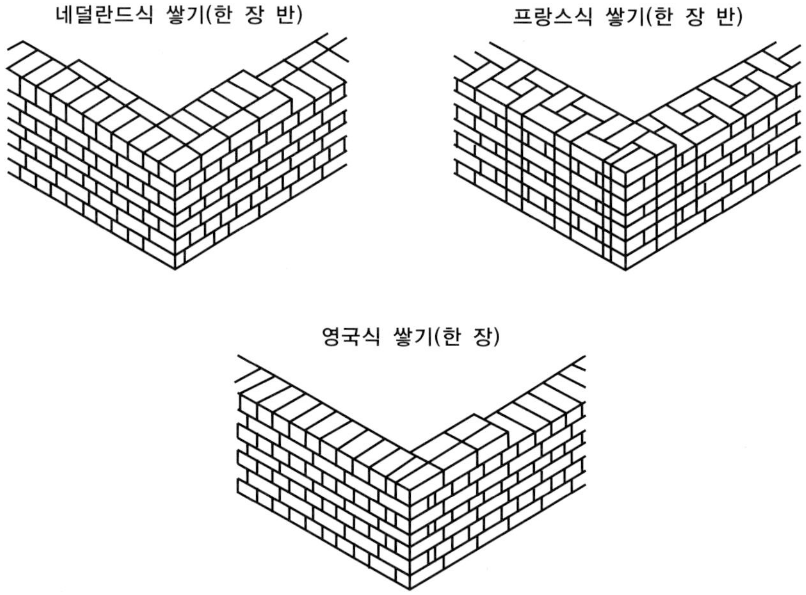

그림 5-7
벽돌 쌓는 방법

석조주택

석조는 재료 자체의 무게가 무겁고 가공이 어려우며 공사비가 많이 드나 장중한 분위기를 내므로 고급주택에 많이 사용한다. 돌을 쌓는 방법은 거친돌 막쌓기, 거친돌 바른층쌓기, 다듬돌 바른층쌓기, 다듬돌 완자쌓기 등이 있다. 석조는 내구성과 내화성이 크며 여름에는 시원하고 겨울에는 따뜻하나 시공이 힘들고 공사기간이 길므로 공사비가 많이 든다. 또한 지진에 약하고 해체가 곤란한 점이 있다.

그림 5-8
석조건물

블록조주택

시멘트 모르타르나 콘크리트로 만든 블록을 쌓는 조적식 구조로 철근과 콘크리트의 보강이 가능하다. 블록 구조는 내구성과 내화성이 있으나 지진에 약하며 흡수성이 강하여 외부나 지면으로부터의 습기를 흡수하기 때문에 실내가 습해질 우려가 있다. 일반적으로 칸막이벽이나 간이 건물에 쓰인다. 방음이나 단열성능도 떨어진다.

철골조주택

철골을 사용한 가구식 구조이다. 철은 강도가 높고 내식성과 내화성이 강하나 고열과 접촉하면 강도가 저하되며 열을 전하기 쉬워 외부 기온의 영향을 쉽게 받는다. 주로 콘크리트를 보강하여 철근콘크리트로 사용하거나 블록조의 심재로 보강에 사용된다.

공간을 사용하는 사람들과 주거공간 계획

사용자를 배려한 공간 계획

주거공간은 생활기기, 가구, 실내장비를 포함한 물리적 의미의 주택과 주택 내에서 행해지는 취침, 취미활동 등의 개인생활과 가족들과의 공동체 생활을 영위하는 장소를 의미한다. 과거와는 달리 오늘날의 주거공간은 단지 남에게 보이는 것만을 목표로 하지 않는다. 주거공간은 일상에서 사용되는 공간을 말하기 때문에 이것을 디자인하는 데 있어서 실용성과 효율성은 절대적 요건이며, 경제성과 심미성까지도 함께 고려되어야 한다. 그리고 이 공간을 사용하는 거주자의 목표와 가치관 등이 공간에 솔직히 표현되어야 한다.

다른 어떤 건축보다 주택은 인간의 삶이 가장 많이 깃든 곳이라고 할 수 있다. 집은 가족이 살아가는 공간으로서 가족의 삶을 그대로 드러낼 뿐만 아니라 삶을 만들어 가기도 한다. 그리고 집이란 가족 개인의 존재를 위한 개인 영역뿐만 아니라 가족 전체의 존재를 위한 공동 영역까지 아우르는 삶을 위해 계획되어야 한다. 좋은 주거공간을 만들기 위해 디자이너는 공간에서 일어나는 사용자들의 실제적인 요구와 감정에 대응하는 계획을 하여야 한다. 그러기 위해서는 주거공간에서의 인간의 행태 특성을 알아야만 한다.

인간의 행태 특성과 주거공간 계획

주거공간에서의 인간행태 특성

인간의 행태란 동일한 행동이 반복되어 어떤 확립된 유형을 형성하고 있는 것을 의미한다. 따라서 일시적인 행동보다는 예측 가능성과 정형성이 높다. 인간행태에는 인간 누구에게나 일반적으로 보이는 보편성과, 속해 있는 사회 · 문화에 따라 차이가 있는 사회문화적 특수성이 있다. 여기에서는 보편적인 측면에서의 인간행태에 대해 알아보겠다.

주거공간은 인간이 주체가 되어야 하기 때문에 이러한 인간의 행태 특성에 대한 정보가 필요하다. 근대건축과는 달리 현대에 와서 건축가들은 디자인에 사람들의 행태를 반영하려고 노력하고 있다. 이때 건축가는 인간의 다양한 행위를 유연하게 받아들일 환경을 조성하도록 주거공간을 계획하는 것이 필요하다. 인간의 행태는 복잡한 문제이며, 여러 분야에서 관심을 끌고 있지만, 주거공간 부분에서 건축가가 생각해야 할 부분은 주거환경과 인간의 행태 사이의 관련성이다. 즉 주거공간에서 인간행태는 주거환경이 인간에게 어떤 작용을 하며 또 인간은 주거환경에 어떠한 작용을 하는지에 따라 다양한 모습을 보인다.

C. M. Deasy는 자신의 책 『사람 · 장소 · 건축디자인 – 인간행태를 고려한 디자인 지침서』에서 단독주택 계획에서 관련되는 보편적인 인간의 행태 특성을 개인의 안전, 영역성, 개인공간, 개인의 지위, 친교의 형성으로 분류하여 설명하고 있다. 물론 건축가가 클라이언트를 위해 이러한 행태들을 숙지하고 디자인하더라도 주택의 안전 문제라든지, 가족 간 혹은 이웃 간에 친교가 이루어지게 한다든지, 이웃 간 혹은 가족 간에 분쟁의 여지가 되는 영역성의 문제를 완전히 해결하기는 어렵다. 그러나 건축가는 최대한 가족 간 혹은 이웃 간의 분쟁을 줄이고 친교를 유도할 수 있도록 디자인적으로 문제를 해결할 수 있는 방안을 모색해야 한다. 분쟁의 소지가 되는 영역성과 친교의 형성은 별개의 문제가 아니라 서로 상호작용을 한다. 이와 같이 인간의 특성이 서로 연관되어 있으므로 그들 사이에 어떤 경계를 설정하기는 어렵다.

안전에 대한 인간의 행태 특성은 제8장 안전한 주거에서 다룰 것이므로 여기서는 다루지 않겠다. 여기에서는 영역성과 개인의 공간, 개인의 지위, 그리고 친교의 형성에 대해 살펴보겠다.

공간의 영역성

영역감은 가정에서 매우 명백하게 존재한다. 영역의 문제는 이웃끼리 혹은 형제끼리 다투는 이유이다. 많은 이웃들이 비교적 조화롭게 살고 있으나, 어떠한 상황에서는 오랜 친구들까지도 마찰을 일으킨다. 영역의 경계를 정하는 것은 분쟁을 막는 합리적인 방법이 된다. 주택 외부의 분명한 경계는 이웃 간의 마찰을 최소화하는 데 도움이 된다. 주택 안에서도 분명한 영역의 경계가 그만큼 중요하다. 예를 들면, 형제들이 방을 같이 쓸 때 이것은 특히 중요하며, 가족 구성원들이 집 안에서 작업공간이나 사회적 공간을 같이 써야 하는 경우도 물론 그렇다. 영역성을 고려할 사항은 다음과 같다.

| 경계를 정한다.

오해를 없애기 위하여 한 대지가 어디에서 끝나고 다음이 어디에서 시작되는지 분명히 한다. 그러나 영역감은 토지소유에 한정되지 않는다. 소유물, 특히 애완동물과 같이 어쩌면 성가신 소유물에까지도 영역감이 확대된다. 예를 들어 개인의 애완동물이 문제가 된다면 그것들을 울타리 안에 두도록 한다.

| 공공공간의 경계 결정

보도 또는 차도가 공유되는 곳에서는 공동의 것과 개인의 것이 명확해야 한다. 공동공간은 이웃들의 공동사용에 편리하도록 디자인되어야 한다. 가로街路는 분명히 공유되어야 한다. 공동사용의 문제는 주택이 서로 근접해 있을수록 더욱 민감해진다.

| 공동실의 경계 결정

방을 같이 사용할 때는 거주자들 사이에 공간과 시설이 분명히 구분되어야 한다. 그러한 구분은 형제간의 싸움을 없앨 수는 없지만, 최소한 다툼에서의 잘잘못을 가려 주는 근거가 될 수는 있다. 수없는 어린이들이 방, 벽장, 서랍장, 인형 그리고 침대를 같이 쓰면서 살지만, 이용하는 물품들을 명확히 구분함으로써 어린이의 방에서 마찰을 줄일 수 있다.

개인공간

사람은 다른 사람과 함께 살아가는 사회적 동물이지만, 때론 혼자 있고 싶은 욕구를 가진다. 주거공간에서 프라이버시가 가장 요구되는 곳은 침실과 욕실이다. 개인공간에 대한 욕구는 영역성과 연관되어 있다. 부부 침실의 경우 다른 가족 구성원과의 영역에서 멀리 배치되어 부부 공동의 프라이버시를 확보하는 것이 중요하지만, 부부 간에도 혼자 시간을 보낼 수 있는 서재 혹은 작업실을 마련하는 것도 하나의 방편이다.

개인의 지위

인간은 자신의 소유물과 주변환경을 통하여 자기의 개인적 지위를 반영하고자 한다. 어떤 사람들은 남들 눈에 띄기를 바라기도 하지만, 다른 사람들은 이웃과 비슷한 수준으로 맞추기를 원한다. 이러한 기준을 정하기는 매우 어렵지만 대부분의 사람들은 집을 선택할 때 자신의 지위에 맞게 유지 · 관리할 수 있는 곳을 택한다. 예를 들어 주택의 외관을 디자인할 때 기준을 이웃의 수준에 맞추어 유지할 수 있도록 하는 방법을 택할 수 있다.

친교의 형성

건축가는 주택을 설계할 때 이웃과의 친교 형성을 돕기 위해 이웃과 접촉하는 기회를 높일 수 있도록 디자인적 배려를 하여야 한다. 이러한 디자인적 장치는 이웃 주택과의 접근이 용이하게 하고 출입구를 같은 방향으로 계획한다든가, 주택 앞에 편리하고 안락한 앉는 자리를 마련할 공간을 계획할 수 있다. 그리고 친교를 형성하기 위해서는 인간이 지각할 수 있는 거리의 범위를 숙지하는 것이 디자인에 영향을 미칠 것이다. 너무 가까워서 프라이버시를 침해하게 한다든지, 너무 멀어 친교가 불가능하게 계획하는 것을 방지하기 위함이다.

따라서 인간의 행동 특성과 관련된 스케일을 보자면, 1~3m 거리에서 사람들은 감정 교류가 가능하며, 약 15m 떨어진 거리에서는 상대방의 얼굴을 명확히

[표 5-1] 지각할 수 있는 거리의 범위

12m 이내의 거리	얼굴 표정을 대강 구분할 수 있다.
24m 이내의 거리	얼굴을 인식할 수 있다.
125m 이내의 거리	동작을 분별할 수 있다.
1,000m 이내의 거리	사람이란 것을 인식할 수 있다.

볼 수 있고, 25m 정도 떨어진 거리에서는 사람을 식별할 수 있으며, 130m 떨어진 거리에서는 사람을 발견할 수 있다.

주택 내 생활공간 구분과 동선도

주택 내에서 공동의 생활을 위한 행위도 중요하지만 개인의 생활을 위한 행위 또한 보장되어야 한다. 여러 가지 공간들은 각각 프라이버시를 요하는 정도가 다르기 때문에 공동의 생활을 위한 공유 공간(거실, 식당, 주방 등)과 개인 생활을 위한 사적 공간(침실, 서재 등)은 서로 분리되는 것이 바람직하다. 그리고 여러 공간들은 거주자의 행위에 따른 동선을 생각하여 서로 연결시켜서 편리한 공간을 만들어야 한다. 그러나 이러한 요구에도 불구하고 소규모 주택과 같은 경우에는 서로 호용될 수 있는 공간들을 하나로 묶어 공간의 효율성을 꾀하기도 한다.

공동생활 공간

가족이 함께 생활하고 이용하는 공간으로 가족 단란을 위한 거실과 식사실, 손님 접대를 위한 응접실(거실과 동일한 공간의 주택도 많음), 이 외에도 부속 공간으로 구분할 수 있는 현관, 복도, 계단 등이 여기에 속한다. 이 공간은 개인 생활 공간에 포함되는 각 실과의 연결이 원활해야 하며, 외부와의 출입이 용이하도록 계획해야 한다.

개인생활 공간

가족 구성원 각자가 개인적인 생활을 하는 공간으로 부부침실을 비롯한 아동실, 노인실 등의 침실공간과 욕실, 화장실, 세면실 등의 생리위생공간이 여기에 포한된다. 이 공간은 그 성격상 독립성과 프라이버시가 확보되어야 한다. 따라서 공동생활공간과는 복도 등을 사이에 두고 인접시키지 않는 것이 바람직하지만, 위치적으로는 서로 편리하게 연결되도록 해야 한다.

가사노동 공간

가사노동이 행해지는 장소로 우리나라에서는 주부의 작업장인 부엌, 세탁장, 서비스 야드service yard 등이 포함된다. 이러한 공간은 그 사용자가 주로 주부이므로 주부를 중심으로 한 배려가 필요하다. 특히 부엌은 가족들의 건강을 위하여 음식을 조리하는 공간으로 그에 수반되는 조리 준비, 설거지 등이 함께 이루어지는 가사노동공간이다. 현대에는 부엌이 실내로 들어오고 바닥 높이가 다른 방과 같아졌으며, 신을 벗고 작업하는 등의 부엌 개선이 이루어짐에 따라 부엌은 1차적인 조리 기능 이외에도 세탁, 다림질 또는 가족 단란 기능까지 겸할 수 있게 되었다.

동선도

편리한 주거공간을 창출하기 위해선 공간 내의 사람들의 움직임 즉 동선을 고려한 계획을 세워야 한다. 동선이란 집 안에서 사람들이 움직이는 선을 나타내는 것으로 방과 방 또는 어떤 목적 하에 사람이나 물건이 이동되는 선을 의미한다. 일반적으로 동선은 상충되거나 방해받지 않도록 해야 한다. 그래서 동선은 짧고 직선적인 것이 좋으며 각 실과 통로는 직접적으로 연결되는 것이 편리하다. 거실 한복판을 통과하지 않고도 출입구에서 다양한 실로 이동할 수 있으면 좋다. 그러나 소규모 주택에서 통로를 위한 면적 할애가 불가능할 경우 어느 실을 통하여 연결될 수 있으나 시선이 직접 미치는 것은 피하는 것이 좋다. 또한 식사공간도 하루 중 일정 시간에만 사용하기 때문에 지나치게 방해가 되지 않는다면 통행공간을 겸할 수 있다. 주부의 가사 동선을 단축시킴으로써 청소할 때나 부엌에서의 가사노동의 부담을 경감시킬 수 있다.

주거공간과 사용하는 사람들의 인체 치수

개요

주거공간은 가족 구성원들이 사용하기 위한 것이기 때문에 주거공간을 이루는 형태, 색채, 재질, 크기, 높이 등이 사용하는 가족 구성원(어린이나 성인, 노인과 같이 연령뿐만 아니라 성별 또는 신체부자유에 따라)의 특성에 적합해야 한다. 특히 주거공간에서의 가구, 기구, 설비 등이 사람들이 편리하게 사용할 수 있도록, 사용하는 사람들의 인체 치수에 맞게 제작되고 설치되어야 한다. 오늘날 디자이너들은 주거공간을 디자인할 때 사람의 자세, 시각적 특성, 동작의 크기, 힘 등의 물리적 특성을 다루는 학문인 인체공학에 관심을 둠으로써 사용자가 좀 더 편리하게 사용할 수 있는 공간을 창출하고 있다. 이러한 인체공학적인 연구는 인체 치수와 관련하여 연구되고 있다. 건축공간의 치수는 대부분 인간의 신체 치수와 인체의 동작 치수를 근거로 결정된다. 건축공간은 사용하는 목적에 따라 공간의 특성이 결정되며, 디자이너는 공간의 목적에 따라 사용자 인체의 동작 치수를 고려하여 공간의 크기를 결정하여야 한다.

건축에서 인체 치수를 적용한 사례는 동 · 서양을 막론하고 옛날부터 있어 왔다. 따라서 이 번 절에는 주거공간을 사용하는 사람의 신체적 특성에 따른 인체 치수, 인간적 척도, 동작치수, 그리고 동작 공간에 대해서 알아보고자 한다.

사람의 인체치수와 비례

| 공간과 인체 치수

공간을 사용하는 주체는 사람인데, 사람은 공간에서 가만히 있는 것이 아니고 필요에 따라 눕고 앉고 걷고 만지고 먹고 마시고 씻기도 하면서 움직인다. 사람이 살아간다는 것은 공간 안에서 이러한 여러 가지 행위들을 하며, 이것들을 지속적으로 반복하는 것이다. 이러한 행위는 인간의 신체를 통하여 접하게 된다.

사람의 신체는 머리, 몸통, 팔, 손, 다리, 발 등 여러 부위로 구성되어 있고, 다시 많은 부분으로 세분되어 있다. 사람의 움직임에 따라 서 있는 키, 앉은키, 어깨 폭, 팔 길이, 다리 길이 등의 치수가 행위의 동작에 필요한 공간의 크기를 정하는 요인이 된다. 이러한 치수들을 인체치수라고 한다. 인체치수는 보통 평균치를 적용하나 필요에 의하여 성별, 연령별로 구분하거나, 특별한 경우에는 신체부자유자의 인체치수를 적용하기도 한다. 주택에서의 모든 활동공간과 삶은 사람이 주체가 되기 때문에 사람의 체형에 적합한 치수가 적용되어야 한다. 주택에는 현관, 마루, 방, 부엌, 식당, 욕실 등이 있는데 이에 연계된 모든 치수는 거주자의 체형에 합당하여야 불편하지 않다. 예를 들면, 주방의 싱크대 높이,

욕실 크기, 문의 폭과 높이, 창문의 높이 등 모든 치수가 그것을 사용하는 사람에게 적합해야 안정감과 편리함을 느낄 수 있다.

| 인체치수와 황금비

건축에 있어 비례에 대한 내용을 언급하자면 사람의 인체비례에 대해 언급을 해야 한다. 이는 로마시대의 건축가 비트루비우스Vitruvius부터 근대의 르 코르뷔지에Le Corbusier에 이르기까지 건축의 비례를 인체비례와 연계하여 사고해 왔기 때문이다. 비례란 어느 부분과 부분의 수치적 관계를 말한다. 우리는 시각적인 친밀도가 높을 때 아름답다고 느끼며 이상적인 비례로 생각하는 경향이 있다. 인간을 비롯하여 우리가 늘 보는 자연 형태의 비례에서 사람들은 시각적 친밀감을 가지게 된다. 특히 공간을 사용하는 사람들의 인체비례는 건축과 밀접한 관계를 가질 수밖에 없다. 이러한 시각은 동서양을 막론하고 건축에서 보이는 사례에서 알 수 있다.

서구권의 고대 문화를 대표하는 그리스에서는 인체를 형태미의 가장 완벽한 예로 인식하였다. 사람은 태어날 때 머리 크기가 전신의 1/4로 매우 크나, 성장하면서 머리 크기가 점점 작아져 성인이 되면 전신의 1/8을 차지하게 된다. 그리스와 로마의 조각상을 보면 전신을 8분할하여 제작되었는데, 배꼽의 위치는 발꿈치에서 5에 해당하고 그 위 상부가 3에 해당한다. 즉 5:3 또는 8:3을 이상

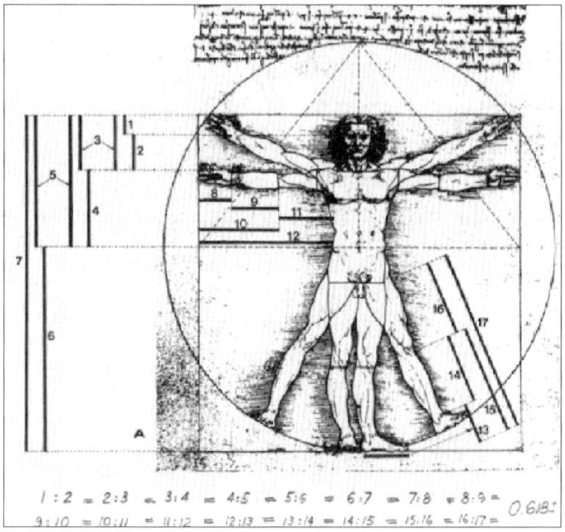

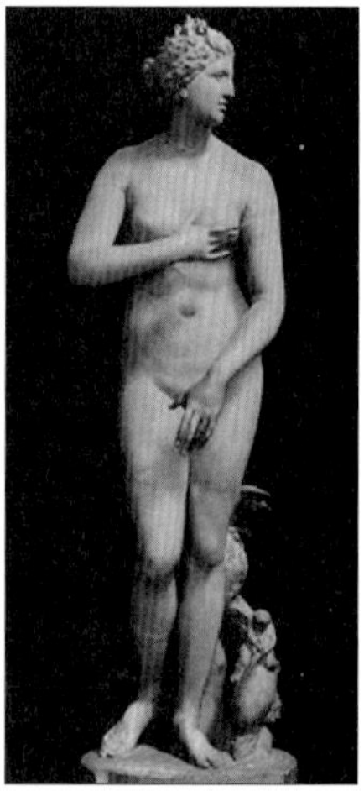

(좌)그림 5-9 레오나르도 다빈치의 인체 치수

(우)그림 5-10 메디치의 비너스 상

적인 비례로 본 것이다. 인체에서 키와 배꼽위치에 대한 비례를 가장 이상적인 비례라고 하며 이를 '황금비'라고 한다. 레오나르도 다빈치가 그린 〈비트루비우스적 인간〉을 보면 성인 남자가 양발을 벌리고 서 있는데 컴퍼스의 중심을 배꼽에 두고 원을 그리면 양발의 끝은 원에 내접하고 양손을 벌려 직립하면 정사각형에 내접한다는 것을 보여 준다. 이때 배꼽과 키의 비례는 1:1.618 이다.

하지만 많은 사람들이 이 말에 동의하지 않을 수도 있다. 그렇다면 주변 사람들의 인체비례를 측정해 보는 것은 어떨까? 뉴욕 시에 살고 있는 롱크F. A. Lonc는 여자 65명의 키와 배꼽까지의 높이를 재서 이를 확인했다고 한다. 그는 여자의 키를 배꼽까지의 높이로 나눈 값의 평균이 1.618이었다고 발표했다. 그리고 미인 선발 대회에서 선발된 여인의 엉덩이에 대한 허리의 비율 또한 1:0.69로 이 비율에 가까웠다. 오늘날에 와서 황금비의 의미가 많이 퇴색하였으나 여전히 건축에서의 황금비에 대한 이해는 숙고되어야 할 문제이다.

황금비Golden Ratio라는 이름이 생겨난 것은 19세기 초 독일의 수학자 옴에 의해서이다. 황금비율에 해당하는 수는 약 5:8이며, 비율로는 약 1:1.618이다. 황금비율이란 여러 분야에서 언급된다. 파리에는 개선문이 있고 그리스에는 파르테논 신전이 있다. 피라미드, 석굴암의 불상, 밀로의 비너스 상 등 모두 아름답기로 소문난 조각과 건축물들이다. 그 아름다움은 바로 '균형미'가 조화를 이루는 데서 나온 것이다. 이것은 인간이 보기에 가장 아름다운 비율이라 하여 이집트에서는 이 비율을 '성스러운 비율'이라고도 했다. 이 황금비율은 균형과 조화의 아름다움을 나타내는 것으로 간주하고, 고대로부터 '신성 비례'로 여기며 중요시해 왔다. 현대에서도 건축, 회화, 조각 등 예술 분야에서 황금비율은 널리 활용되고 있다.

가장 이상적인 비례인 황금비율에 대한 실험으로서, 사람들에게 무작위로 여러 가지의 사각형 모형을 제시하고 그중에서 그들의 눈에 가장 안정적으로 느껴지거나 또는 눈에 제일 먼저 들어오는 사각형을 고르라고 할 경우 문화권, 인종, 성별, 연령에 관계없이 대개의 사람들은 황금비율을 내재한 직사각형을 고른다고 한다. 직사각형은 두 변의 비가 황금분할을 이룰 때가 가장 아름답다. 그래서 옛날부터 건축가들이나 화가, 조각가들은 방이나 신전, 제단, 창문, 그 외의 사각형 문건에 황금비율을 즐겨 사용해 왔다. 우리나라 태극기의 직사각

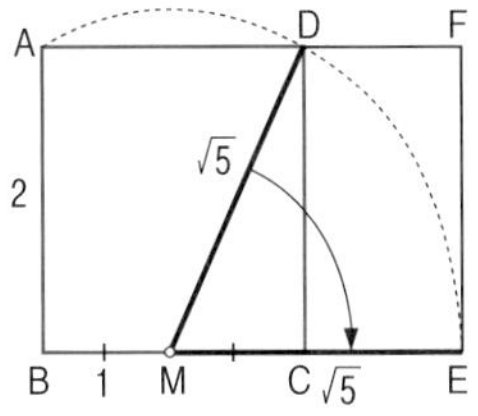

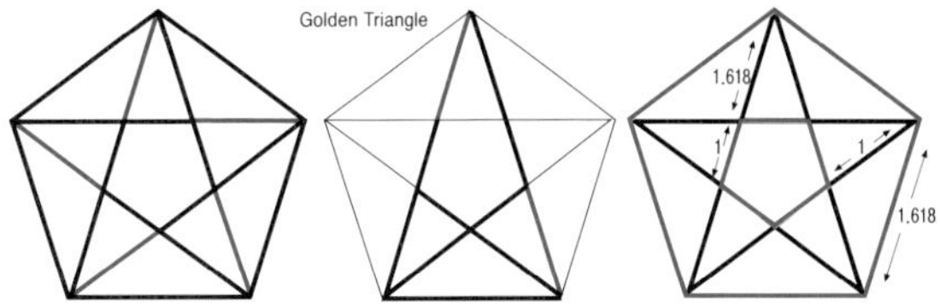

(좌)그림 5-11 황금비 사각형 작도하는 과정

(우)그림 5-12 다양한 선들이 황금비를 이루는 오각형

형도 황금비율을 이루고 있다. 큰 태극기든 작은 태극기든 가로 세로 비율은 1.618:1로 일정하다. 따라서 황금비는 사람들이 가장 편안하고 아름답게 느끼는 비율로 알려져 있으며, 이런 이유 때문에 옛날부터 건축과 미술 등에서 자주 이용되어 왔다.

이제 인체의 비례인 황금비가 건축에 적용된 사례 몇 가지에 대해 알아보겠다. 지금까지 남아 있는 유물 중 황금비율을 적용한 가장 오래된 예는 기원전 4700년 전에 건설된 피라미드에서 찾을 수 있다. 이로 미루어 볼 때 인류가 황금분할의 개념과 효용 가치를 안 것은 그보다 훨씬 이전일 것이라는 추측이 가능하다. 그 규모의 장대함에서도 사람을 압도하지만 그것을 차치하고라도 그 형태 자체가 고도의 수학을 배경으로 한 것으로서 우리가 알고 있는 5천 년 전의 지식수준으로는 불가사의한 것 중의 하나이다.

기자의 대피라미드는 정사각뿔의 형태로 밑변의 한 변 길이는 약 230m이고 높이는 약 146m이다. 피라미드의 옆면을 이루는 선과 밑변의 1/2로 이루어지는 직각삼각형에서 빗변의 길이는 약 185m로서, 이 세 길이의 비를 계산하면 115m:146m:185m≒1:$\sqrt{1.618}$:1.618의 황금비를 이루게 된다. 기원전 5세기경

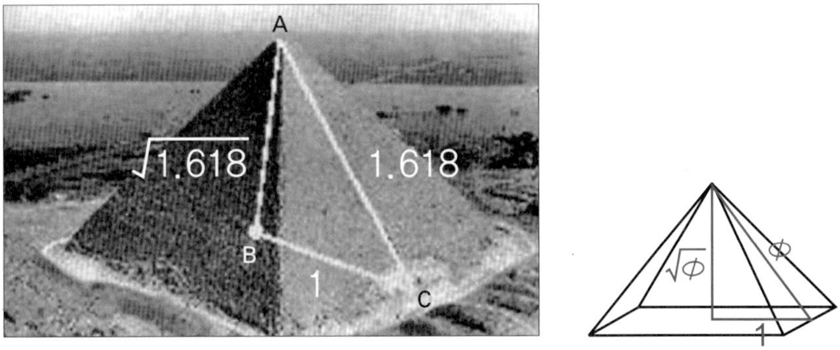

그림 5-13 피라미드의 황금비 적용

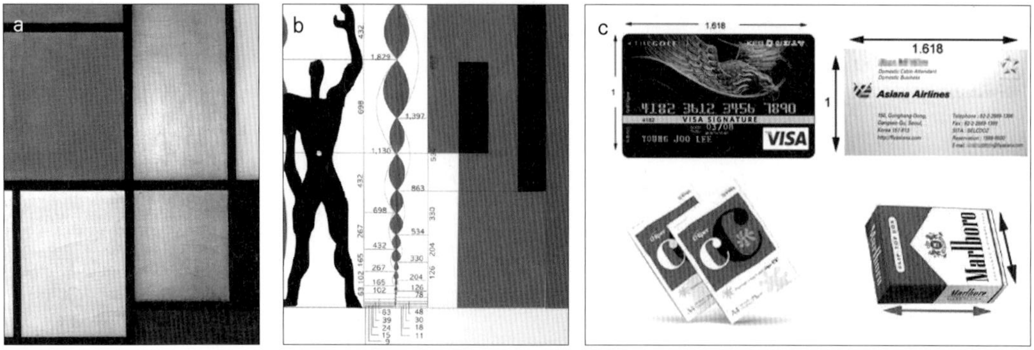

그림 5-14
황금비 적용 사례
a. 몬드리안 회화
b. 르 코르뷔지에 모듈
c. 생활주변의 물품

에 건축된 것으로 도리아식 신전의 대표적인 건축인 파르테논 신전 또한 황금비를 이용하였음을 알 수 있다.

기원전 1세기 고대 로마의 건축가 비트루비우스는 그의 저서 『건축 십서』에서 건축의 각 부분에 대한 비례의 기원은 인체 척도에 있다고 하였다. 그는 오더order 양식의 원주 지름과 길이의 비례가 남녀의 발 크기와 키의 비례에서 비롯되었음을 말하고 있다. 즉 인체 척도에서 찾아내어 1:6, 1:7, 1:8로 하였지만 여기에 전제되어 있는 것은 인체의 각 부위는 정수비의 관계를 가진다는 점이다. 고대 그리스에서는 기준 모듈로서 보통 원주 전면의 반지름을 사용했다. 모듈은 기둥 높이나 기둥 간격을 계산하거나, 주도 및 조상대의 측정에 사용되었다.

황금비는 고대 그리스인에 의하여 발견되었는데, 이후 유럽에서 가장 조화롭고 아름다운 비례로 간주되었다. 이 영향으로 레오나르도 다빈치가 자신의 그림에 황금비를 응용하였으며, 르네상스기 회화와 건축의 대부분은 황금비에 크게 영감을 받았다고 한다. 근대건축의 거장 르 코르뷔지에는 파르테논 신전에서 비례체계를 발견하였으며, 황금비를 피보나치Fibonacci 수열의 원리에서 착안하여 인체비례와 결부시켜 '모듈러Modulor: 황금기준척'를 고안했다. 또 몬드리안의 화면 분할에서도 그 의도적 적용을 찾아볼 수 있다. 현대에 이르러서도 우리가 사용하는 많은 상품에서 이 황금비를 적용한 사례들을 볼 수 있다.

인간적 척도

| 척도의 의미

척도란 물체의 길이를 측정하기 위해 약속에 의하거나 제도적으로 정해진 단위 또는 그 단위로 눈금을 새긴 자이다. 길이는 인간이 최초로 측정하기 시작한 양量이며, 처음에는 손뼘, 팔꿈치까지의 길이, 손가락 길이, 양팔을 벌린 길이, 발 길이, 보폭步幅 등으로 직접 계측하였으나 차츰 막대기나 널빤지를 이용하면서 신체 부분의 길이까지도 단위로 사용하게 되었다. 이러한 발전 과정은 근대적 제도의 단위명칭, 예를 들면 풋foot: 발 등이 현재까지 사용되고 있는 것만으로도 알 수 있다. 그 이후, 국가가 형성되면서 통일된 표준을 제정하게 되었고 척도는 제도로서 정해졌다. 미터법은 국제적인 통일을 위해 제정되었으며 척도는 사물의 평가 기준을 의미하는 말로도 사용되고 있다.

동서양을 막론하고 사람의 형태가 건축에 미친 영향 중 가장 중요한 것은 인체 치수에서 비롯된 갖가지 척도尺度일 것이다. 사람이 가정, 농사, 상업 등의 일상생활을 꾸려 가는 데는 물론, 건축물을 계획하고 짓는 데에는 척도가 필요하다. 옛사람들에게 발 크기, 걸음걸이, 팔 길이, 키 등 인체치수는 손쉬운 길이의 척도가 되었다. 옛사람들은 면적, 부피, 무게의 단위들도 사람을 기준으로 설정하였다.

인간은 여러 가지 기기나 물건을 자신에게 도움이 되도록 만들어 사용해 왔다. 따라서 그 기기나 물건의 치수는 인체 치수에 적응되어 왔으며 옛날부터 길이의 모든 척도가 인간의 사지를 기준으로 정해져 있었음은 매우 당연한 일이다. 오늘날에도 키의 몇 배 높이인가, 척골의 몇 배 길이인가, 몇 걸음나비의 폭인가, 머리의 몇 배 크기인가에 의해 대상물의 크기를 비교적 정확하게 파악할 수가 있다. 이것들은 말하자면 피 속에 스며든 크기의 개념이며 우리는 그것을 태어날 때부터 지니고 있다.

미터법이 그러한 모든 것을 사라지게 한 오늘날, 척도에 대해 되도록 바르게 그리고 생생하게 이해하려는 노력이 필요하다. 건축주는 도면으로부터 자기 방의 크기를 알고자 할 때 그 방법으로서 척도를 활용한다. 건축에서는 일반적으로 공간이나 물품의 크기를 되도록 도면으로 표현하고 거기에서부터 검토하기 시작한다. 이때, 도면을 그리고 치수를 기입하는 과정에서 디자인하려는 가구,

방 또는 건물의 크기가 마치 눈앞에 있는 것처럼 파악된다.

척도는 약속한 단위 혹은 제도적 단위의 물리적 척도일 뿐만 아니라 인간이 느끼는 심리적 척도가 되기도 한다. 실내 건축에 있어서 물리적 척도만을 강조하여 심리적 척도를 간과하게 되는 경우가 많다. 상호 커뮤니케이션의 효율이 떨어지는 공간을 보면 물리적인 척도보다는 심리적 척도가 더 많은 영향을 미친다.

| 인간적 척도Human Scale

주거 건축은 인간의 일상생활을 수용하기 때문에 무엇보다도 휴먼 스케일의 적용이 요구된다. 대상물과 인간을 비교해 보면 실물이든 사진이든 그 크기에 대한 바른 개념을 즉석에서 파악할 수 있다. 예를 들면 손잡이, 의자, 책상 등의 설계에서는 인체의 크기를 고려함이 필수적이다. 따라서 설계자는 건강하게 발육된 인체의 사지 사이에 어떠한 비례가 있는지, 또 인간의 여러 가지 자세나 동작을 위해 어느 정도 공간이 필요한지 알고 있어야 한다.

척도scale라 함은 '상대적 크기'를 말하는 것이며, 인간적 척도라 함은 인간의 크기에 비하여 너무 작거나 너무 크지 않은 것을 말한다. 인간은 인간 자신의 크기와 어느 정도 비슷할 경우에는 크기를 비교하기가 용이하나, 자신의 크기보다 훨씬 클 경우에는 정확한 비교를 하기 힘들다. 따라서 인간적 척도이기 위해서는 다음과 같은 조건들이 필요하다.

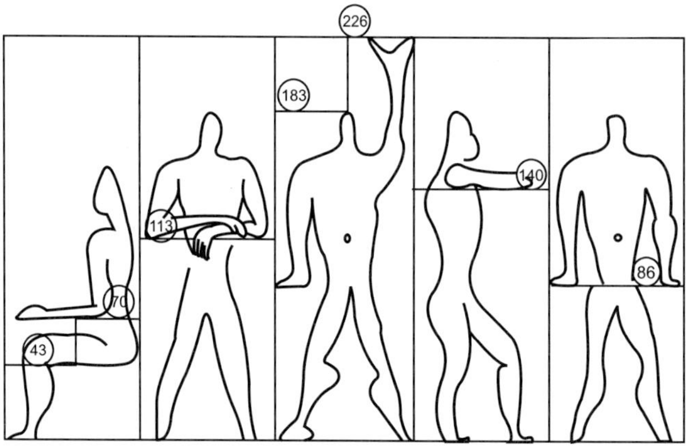

그림 5-15
르 코르뷔지에의 척도 모듈러(Modulor)

첫째, 인간 자신의 크기보다 지나치게 크지 않아 인간 자신의 크기와의 비례 관계를 쉽게 인지할 수 있는 규모여야 한다. 규모가 너무 크면 자신의 크기와의 관계를 파악하기 힘들다.

둘째, 인간적 척도이기 위해서는 관찰 지점으로부터 대상물이 너무 멀리 떨어져 있지 않아 자신과의 크기에 대한 관계 파악이 용이해야 한다. 이는 인간적 척도를 지닌 사물 혹은 공간이라도 인접할 때 느낄 수 있는 것이지, 너무 멀리 떨어져 있으면 친근감 혹은 인간적 척도를 느끼기보다는 전체 경관의 일부분으로서 경관의 특성을 느끼게 될 것이다. 즉, 인간은 가까이 있을 때는 자신의 크기와 대상물의 크기의 관계를 쉽게 파악할 수 있으나 너무 멀리 떨어져 있으면 크기의 관계를 파악하기 어렵다.

셋째, 인간적 척도이기 위해서는 익숙한 크기의 사물을 대상물과 함께 배치하여 규모 파악이 용이하도록 해야 한다.

넷째, 이 밖에도 균형 있는 비례를 유지함으로써 조화성을 지니게 된다면 인간적 척도에 더욱 가까워질 수 있을 것이다.

따라서 인간적 척도라 함은 인간의 크기에 준하는 사물 혹은 공간의 규모를 말한다. 그리고 인간적 척도라 함은 '친근감을 느낄 수 있는 규모'라고 말할 수 있다. 이처럼 친하고 가까운 느낌을 갖는다는 것은 그 대상을 이미 알고 있다는 의미를 함축하고 있다. 그러나 인간적 척도를 지닌 사물 혹은 공간의 크기가 정확하게 얼마라고 이야기하기는 매우 어렵다. 이러한 어려움의 원인은 최소한 두 가지로 말할 수 있다. 첫째로, 인간 자신의 크기가 사람마다 다르므로 인간

그림 5-16
인간적 척도

인간적 스케일이다(human scale) **스케일감이 없다**(out of scale)

적 척도를 일괄적으로 말하기가 어려우며, 둘째로, 일정 건물 혹은 공간이 인간적 척도를 지녔을 때는 친근감을 느끼는 것이 보통인데, 사람마다 개인차 혹은 문화적 배경에 따라 친근하게 느끼는 크기가 다름에 기인한다.

| 상대적 척도와 규모

척도란 상대적 크기를 의미하는데 인체치수와 연관하여 물리적 척도로써 사물과 공간의 크기와 높이 등을 상대적으로 결정하여야 할 뿐만 아니라, 때론 공간의 특성상 심리적 척도에 따라 그 기준을 정하는 것이 다를 때도 있다.

상대적인 크기를 이야기할 경우에 기준이 되는 크기보다 작을 때는 소규모 miniature scale라 하고, 클 때에는 대규모super scale라고 하며 기념물의 크기일 때에는 기념적인 규모monumental scale라고 말한다. 기념적인 규모라 함은 인간적인 규모를 넘는 매우 큰 규모를 말하는 것이 보통이나, 엄밀히 말하자면 크거나 작거나 관계없이 기념성을 나타내는 사물 혹은 공간의 크기를 기념적인 규모라 할 수 있다.

기념적 규모는 그 형태가 기념적인 의미를 내포함으로써 비로소 성립된다. 즉, 매우 단순한 형태, 수직적인 형태, 혹은 문화적 의미를 지닌 형태를 갖추고 일정한 크기를 지녔을 때 비로소 기념적인 규모라고 할 수 있다.

상대적인 크기라 함은 어떤 것과 비교해 볼 때의 크기를 말하는 것으로서 무어와 알렌(Moore and Allen, 1976, pp. 18~19)은 '어떤 것'에 해당되는 네 가지를 다음과 같이 언급한 바 있다.

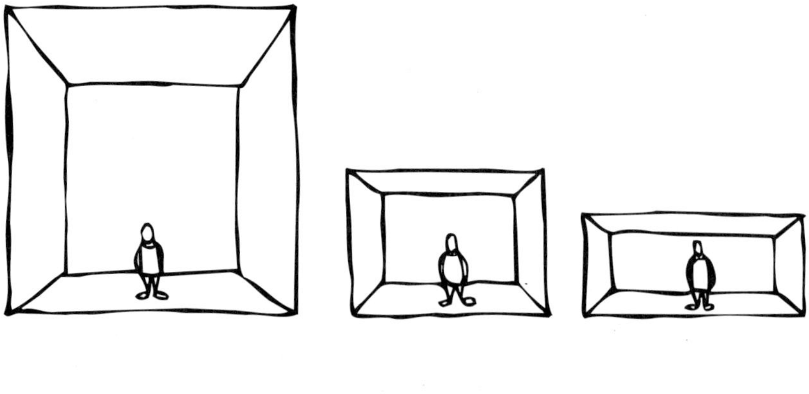

그림 5-17
상대적 척도

첫째, 전체와 비교하는 경우로, 전체 건물 크기에 대한 창문 혹은 입구의 크기를 예로 들 수 있다. 건물뿐만 아니라 벽으로 혹은 수목으로 둘러싸여 형성되는 전체 공간의 크기에 대한 가구, 조각 혹은 분수의 크기도 이에 해당된다.

둘째, 부분과 비교하는 경우로, 전체 건물 혹은 공간 내 서로 다른 요소 간의 상대적 크기를 말한다. 건물의 경우 창문과 벽면의 상대적 크기를 예로 들 수 있으며, 공원에서의 분수와 광장의 상대적 크기를 예로 들 수 있다.

셋째, 보통의 크기와 비교하는 것은 이미 많이 알고 있는 사물 혹은 공간의 크기와 비교하는 것이다. 소공원이라 하면 기존의 일반적인 공원보다 작은 규모의 공원을 말한다.

넷째, 인간의 크기와의 비교는 주로 인간과 직접적인 접촉을 하는 사물 혹은 공간에 사용한다.

동작 치수motion Dimensions와 동작 공간motion space

동작치수란 사람이 서고 앉고 눕고 걷고 뛰고 팔을 펴고 몸을 굽히고 먹고 마시고 읽는 등의 동작을 하기 위해 신체 각부를 움직였을 때 만들어지는 평면적 혹은 입체적인 운동의 영역을 나타내는 치수를 말한다. 그리고 동작 공간이란 일상생활 동작에 있어서의 인체의 동작 치수에 기능적으로 필요한 것의 치수를 더한 공간을 말한다. 여기서 기능적으로 필요한 것이란 사람의 어떤 일상생활 동작에 있어서의 자세에 대한 신체 치수뿐만 아니라 그 동작을 할 때 접하는 가구라든지 물품의 치수, 그리고 활동의 범위 전체에 점유되는 여유 공간을 일컫는다.

보통 인간의 활동은 시간과 공간이 필요하며 일련의 연속적인 동작으로 이루어진다. 예컨대 대문 출입이라는 활동은 대문으로 접근→초인종 누름→인터폰 대화→문 열기→들어섬→문 닫기 등 일련의 동작으로 이루어진다. 이러한 동작들이 차지하는 공간을 '동작 공간'이라 한다. 특수한 경우도 고려하여야 하는데, 예를 들자면 위의 대문 출입문에서 우산을 받고 들어선다든지, 자전거를 끌고 들어서는 경우를 고려해야 하며 노약자와 장애인을 배려한 공간 확보가 필요하다. 따라서 동작 공간은 다음과 같이 구성할 수 있다.

그림 5-18
동작 공간의 개념

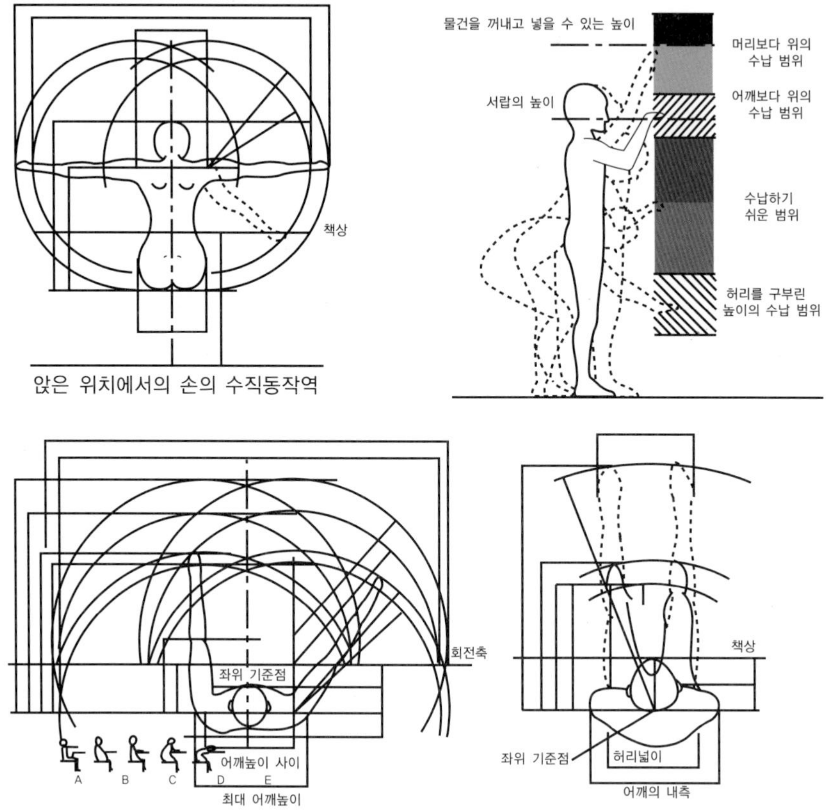

손의 수평동작역

책상면 밑의 하지동작역

동작 공간 = 인체 동작 치수 + 물품 치수 + 여유 공간 치수

이와 같이 동작 공간은 일련의 동작이 연속으로 이루어지기 때문에 시간과 공간을 포함하는 4차원적인 개념이다. 주거공간을 계획할 때에 각 실의 치수는 위와 같은 점을 고려해 최소한의 크기를 결정하고, 사용에 불편함이 없도록 하여야 한다.

주거공간의 디자인 원리

디자인 원리는 디자인의 다양한 요소인 질감texture, 문양pattern, 선line, 형태form, 공간space, 색채color, 조명lighting 등이 조화를 이루면서 결합하는 방법과 그것들이 구성된 다음에 나타나는 결과로 간주할 수 있다. 디자인의 원리는 디자인 요소들과의 관계가 어떻게 우리에게 시각적일 뿐만 아니라 심리적으로 편안하고 아름답게 느끼게 하는지를 설명하는 개념이다. 공간 안에서 하나의 디자인 원리가 성공적으로 구성되었다고 아름답게 여겨지는 것이 아니라, 모든 디자인 원리가 서로 상관관계를 맺으며 조화를 이룰 때 공간 전체가 아름답게 느껴질 것이다. 이 절에서는 비례와 스케일, 균형, 리듬, 강조, 그리고 통일성과 변화의 원리를 디자인 요소에 잘 적용하여 조화로운 공간을 창출할 수 있는지 그 개념들을 파악해 보고자 한다.

비례와 스케일

비례Proportion

그림 5-19 데스틸을 대표하는 네덜란드의 건축가 리트벨트의 슈뢰더 주택

비례란 부분과 부분, 부분과 전체 사이의 크기의 관계를 말하는 것으로, 이 관계가 이상적일 경우에 아름답다고 느껴진다. 주거공간에서도 여러 가지 요소들(벽과 창문, 걸레받이, 몰딩, 천장, 바닥, 가구 등)이 결합되어 하나의 공간을 구성하게 되는데, 각 요소들이 서로 조화 있게 구성되었을 때 공간에서 아름다움을 느낄 수 있다. 따라서 시각적으로 조화롭게 보이는 관계를 훌륭한 비례라고 할 수 있다.

만약에 우리가 벽에 소파를 기대어 놓고 소파 윗부분의 비워진 벽면에 액자를 걸 때 그 액자가 너무 작다거나, 너무 크다거나, 아니면 적당하다는 느낌을 받게 되는데 이것이 비례에 대한 감각이다. 벽면과 소파 크기와의 관계, 벽면과 액자 크기와의 관계, 그리고 이들 모두와의 관계가 모두 적당할 때 편안한 느낌을 갖게 된다.

스케일Scale

형태와 공간의 수학적 관계에 의한 사항이 비례라고 한다면, 스케일은 심리적인 눈에 어떻게 인지되느냐 하는 것으로, 주로 크기에 대한 감각을 말한다. 그리고 스케일은 주변환경에 영향을 받는다. 즉 스케일은 어떤 물체나 사람이 속해 있는 공간과의 크기에서 상대적인 관계를 말한다. 주거공간에서는 인간의 신체적 치수와 관련하여 좋고 나쁨이 평가된다. 만약 천장의 높이가 인간의 키보다 훨씬 높거나 낮다면 인간적 척도Human scale에서 벗어났다고 한다. 그리고 또 사물의 실제 크기 외에도 다른 요인들을 고려해야 한다. 예를 들면 거실에 놓인 3인용 소파가 사람이 사용하기에 적당하더라도 거실이 너무 크다면 그 소파는 작게 보일 것이고 스케일이 맞지 않다고 할 것이다.

균형Balance

균형이란 두 개 이상의 요소 사이에 무게가 어느 한 점에서 같아 어느 한쪽으로 기울거나 치우치지 아니하고 고른 상태를 일컫는 말이다. 그러나 디자인에서의 균형의 개념은 물리적 무게의 균형보다는 사람에게 시각적으로 느껴지는 균형을 말한다. 즉 시각적으로 느껴지는 힘의 세기가 수직적 축을 중심으로 서로 같아져 있는 상태를 뜻하는 것이다. 공간 디자인에서 부분과 부분요소 간에, 또는 부분요소와 공간 전체 사이에서 시각적인 힘을 균형적으로 만들면 평형을 유지하기 때문에 보는 사람에게 안정감과 단순한 감정을 줄 수 있다.

주거공간에서의 균형감은 사람의 수나 사람의 위치, 가구의 크기나 위치, 그리고 조명 등의 요소들이 조화, 통일, 비례, 대비 등의 다른 디자인 원리와 함께 잘 구성되었을 때 그 공간은 균형 있다고 느껴질 수 있다. 인간을 비롯한 지구상에 존재하는 자연 형태는 대칭적으로 균형 잡힌 모양을 하고 있으며, 사람들은 이러한 자연의 형태를 모방하여 인공의 형태를 만드는 경향을 보인다. 주거공간 디자인에서도 가구나 장식품 등을 바닥 또는 벽에 배치할 때 일반적으로 어떤 중심을 축으로 하여 좌우가 거의 같은 형태, 같은 거리, 같은 크기를 바탕으로 대칭적 균형을 이루려는 경향이 나타난다. 그러나 시각적으로 균형적일 때에 좌우 대칭은 아니라도 균형감이 느껴지는 비대칭적 균형이 있을 수 있다.

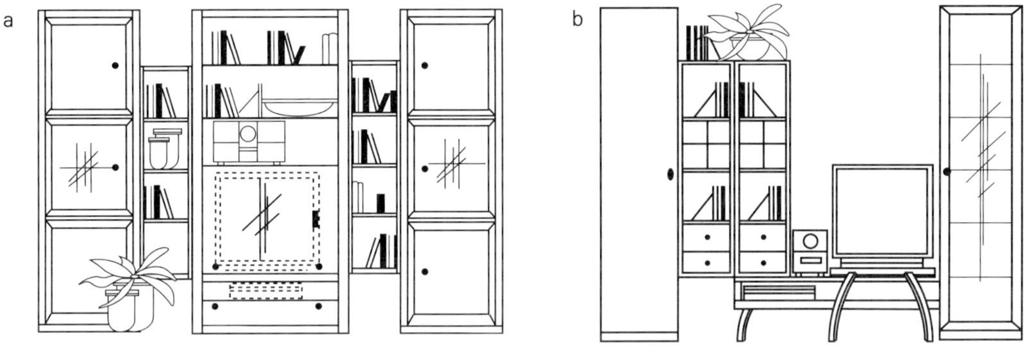

그림 5-20
주거공간 디자인
a. 대칭적 균형
b. 비대칭적 균형

공간 디자인이 완벽하게 좌우 대칭적인 균형을 이룰 때 안정되고 정리된 느낌이 들 수 있지만, 변화가 없어 지루함과 단조로움, 완벽한 또는 보수적인 이미지를 줄 수 있다. 그러나 공간의 여러 가지 구성요소들이 좌우 대칭적이지는 않지만, 시각적인 무게감을 같게 함으로써 균형을 이루도록 실내공간을 디자인 한다면 공간에 다양한 느낌과 생동감을 주면서도 안정감을 줄 수 있다. 그러나 이러한 비대칭적 균형의 디자인 원리를 지나치게 사용할 경우 산만한 분위기를 조성할 수 있기 때문에 매우 조심스럽고도 세련된 감각을 가지고 사용하여야 한다.

그림 5-21
로버트 벤츄리가 자신의 어머니를 위해 설계한 주택

리듬Rhythm

반복Repetition

그림 5-22
같은 형태로 나열된 의자 - 리듬감 형성

건축에서 반복은 디자인 원리 중 가장 흔하게 볼 수 있다. 주거공간에서 벽지나 바닥, 창문에 형태나 패턴, 질감, 색채를 일정하게 반복하여 사용하면 규칙적인 리듬감을 줄 수 있다. 그러나 공간 전체에서 반복을 지나치게 사용하면 지루함을 줄 수도 있으며 때론 산만한 느낌을 유발할 수도 있다. 그러므로 공간에 강조하고 싶은 부분이 있다면, 특징이 될 수 있는 패턴이나 색채, 형태를 효과적으로 사용하여 흥미로운 공간을 만들 수 있다.

점이 Gradation

그림 5-23
점이의 사례

공간에서의 점이는 디자인 요소들의 색채나 명암, 크기 등을 시작 부분에서 끝 부분으로 갈수록 규칙적으로 증가 또는 증감하는 점차적인 변화를 사용하여 결합하는 디자인 원리이다. 이 원리는 규칙적인 반복을 통하여 방향성과 원근감을 나타낼 수 있다. 디자인 요소들을 규칙적이면서 점진적으로 변화시킴으로써 연속적인 효과를 낼 수 있을 뿐만 아니라, 운동감을 줄 수도 있다. 예를 들면 한쪽 벽면에 사각형의 규칙적인 크기 변화와 명암의 효과를 주어 리듬감을 부여하여 공간에 역동감을 불러일으킬 수 있다.

반복과 점이의 디자인 원리를 결합하면 반복 사용으로 인한 지루함과 정적인 분위기를 벗어나 규칙적인 변화를 통하여 운동감과 역동감이 생겨서 공간에 극적인 감흥을 불러일으킬 수 있다.

강조 Emphasis

공간을 디자인할 때에 강조의 디자인 원리를 사용하면 주요한 것을 눈에 띄게 강조함으로써 그렇지 않은 것을 부수적인 역할을 하게 만들어 공간이 정돈되고 통일된 분위기를 연출할 수 있다. 그러나 강조의 원리를 활용할 때는 전체의 실내 공간이 균형과 리듬이 기초적으로 갖추어져 있어야만 진정한 강조의 효과를 높일 수 있다. 예를 들면 넓고 단순한 벽면에 좋은 그림을 하나 걸어 두기, 시원한 크기의 창문을 만들어 전망을 강조하기, 아름다운 수집품을 진열하고 스포트라이트로 비추기 등 강조의 원리를 이용하여 아름다운 공간을 연출할 수 있다. 특히 실내 디자인 분야에서 조명을 이용하여 적절하게 강조의 효과를 주는 경우가 많다. 평범한 실내 소품에 조명효과를 사용함으로써 그 요소를 변화시킬 수도 있고, 공간에 극적인 효과를 부여하여 매력적인 공간을 연출할 수 있다.

조화Harmony

공간 안에서 디자인 요소들의 여러 가지 형태와 색, 패턴, 재료, 질감 등의 다양함을 통일시키면 조화가 이루어진다. 각기 다른 디자인 구성요소 간에 이질감이 느껴지지 않게 전체적으로 하나의 이미지를 주는 것이 통일성이라 할 수 있다. 변화는 다양한 디자인 구성요소들에서 얻을 수 있으며, 변화를 통하여 리듬감과 운동감을 만들어 낼 수 있다.

그림 5-24
주상복합주택 사례

공간 디자인에서 통일성을 너무 강조하면 단조로워질 수 있지만, 여기에 적절한 변화를 주면 통일성의 테두리 속에서 생기를 불어넣어 아름답고 조화로운 공간을 연출할 수 있다. 따라서 통일성과 변화는 상반된 관계가 아니라 상호 유기적인 관계로서 조화를 이룰 수 있다.

통일성Unity

주택의 외관과 실내 공간의 분위기 또한 통일성을 주는 것이 좋은 디자인이라 할 수 있다. 이러한 통일성은 디자인 구성요소들의 색채 계획이나 질감, 재료, 패턴 형태, 양식을 비슷하거나 같게 하여 질서 있게 조화시켜 창출할 수 있다. 그러나 공간 디자인에서 통일성을 너무 강조하여 일관성 있는 재료나 형태, 패턴, 크기를 사용하면 지루할 뿐만 아니라 미적이 효과까지 감소된다. 따라서 공간의 구성요소에 약간의 변화를 주면서 다음과 같은 방법으로 통일성을 줄 수 있다.

- 동일성 또는 반복: 벽과 천장을 같은 색으로 하는 것
- 유사성 또는 연속성: 벽은 단색으로 하고 천장은 그보다 약간 더 어둡거나 밝은색으로 하는 것
- 크기와 용도는 각기 다르지만 형태를 일치시키는 것: 둥근 러그 위에 둥근 탁자를 놓는 것

변화Variety

변화는 리듬감과 운동감을 만들어 공간에 활력을 불어넣음으로써 흥미 있는 공간을 창출할 수 있는 디자인 요소이다. 그러나 각 디자인 요소를 지나치게 변화시키면 공간을 산만하게 만들어 공간 전체의 조화를 깨트린다. 따라서 주거공간 디자인에서 지루한 공간에 변화를 주고자 할 때는 전체적으로 무질서한 변화가 아니라 질서가 있으면서도 강조를 하고 싶은 디자인 요소에 변화를 주어 조화롭게 공간이 구성될 수 있도록 해야 한다.

그림 5-25 동일한 색상의 패브릭으로 통일감을 주면서 다른 패턴으로 변화를 줌

제6장

주거와 환경의 문제

인간과 환경

주거환경 요소

현대주거의 환경 문제

환경 조절

6 인간과 환경

환경의 구성요소 및 특성

환경의 개념

인간은 환경 속에서 존재한다. 환경 없이는 인간도 존재할 수가 없다. 공기로 호흡하고 물로 수분을 공급받고, 곡물이나 채소와 같은 음식물을 섭취하여 생명을 유지한다. 이처럼 자연환경의 테두리 안에서 인간은 존재할 수 있다. 또한 자연환경뿐만 아니라, 인위적으로 주어진 환경 속에서도 존재한다. 비바람, 눈과 같은 자연환경을 피하기 위해 집을 짓고 공동체 생활을 영위하기 위해 도시환경이 만들어지고 그 안에서 인간은 존재한다. 그뿐 아니라, 학교생활이나 직장생활 등 인문적인 환경 내에서 인간은 생존을 이어 가고 있다. 이처럼 인간과 환경은 떼려야 뗄 수 없는 관계에 있으며, 이 환경의 개념은 매우 광범위하다.

환경은 인간생활의 외적 조건, 즉 인간을 둘러싸고 있는 모든 외적 구성물들과 이들 간의 관계로 이루어진 세계를 뜻한다. 이러한 점은 환경의 어원에서도 확인된다. 환경의 한자 어원은 '環'이 '두르다' 또는 '에워싸다'라는 의미를 가지며, '境'은 장소 또는 이의 가장자리라는 의미를 가진다. 영어의 environment나 독일어의 umwelt 역시 특정 장소를 둘러싸고 있는 어떤 세계를 의미한다.

서양문화권에서 환경의 어원은 프랑스어의 milieu이며, 이것은 중앙의 물체

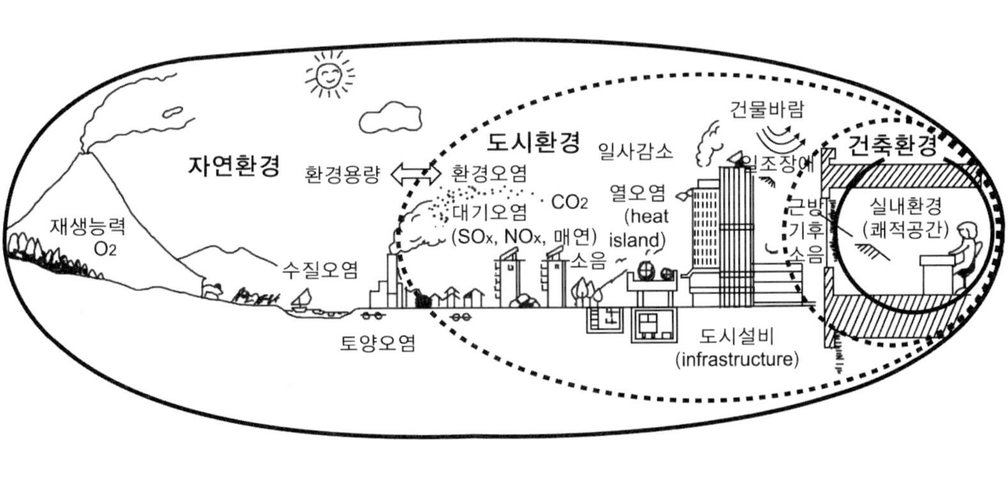

그림 6-1
환경의 종류

를 둘러싼 유동체에 적용되어 지금의 개념으로 발전되었다고 한다. 『브리태니커 백과사전』에서는 환경을 "인간을 둘러싼 그 생활과 행동에 여러 가지 영향을 주는 외적 조건의 총체"로서, 인간을 주체로 하여 정의하고 있다. 또한 *Encyclopedia of Environmental Science*에서는 생물학적 측면에서 "생물 및 유기체Organisms의 진화에 영향을 주는 모든 외적 조건 및 작용의 총체"라고 정의하고 있다. 이러한 정의의 근본적인 차이점은 무엇이 주체이냐에 있다. 즉, 인간이 주체인가, 아닌가에 있다. 이러한 정의들을 종합하여 볼 때, 환경이라 함은 외계에서 생명을 가진 생물체에 작용하는 자연적 및 인문적인 모든 사상事象을 총합한 것으로, 물리적 · 화학적 · 생물학적 · 사회적인 모든 여건을 말한다. 이처럼 환경을 명확히 구분하여 설명한다는 것은 매우 어려운 문제이나 환경조건의 성질과 인간의 반응 내지 적응의 방법에서 환경을 구성하는 내용을 분류하면 다음과 같다.

[표 6-1] 환경의 구분과 인간의 반응

환경조건	구성 인자
물리적 환경조건	온도, 습도, 기류, 기압, 음, 광, 방사선 등
화학적 환경조건	공기, 각종 가스, 물, 분진, 화학물질 등
생물적 환경조건	동물, 식물, 미생물 등
사회적 환경조건	가족, 직장, 학교, 근린 등

- 물리적 환경조건: 주위의 여러 가지 물질이 갖추고 있는 물리적 성질 혹은 상태에 의한 것으로서, 온도, 습도, 빛, 소리 등을 말한다. 이것의 조합에 따라 주택 내의 온열환경, 밝기, 조용함, 지역의 기후, 풍토 등이 형성된다.
- 화학적 환경조건: 공기, 가스, 물, 토양, 식물 등이 갖고 있는 화학적 성질이 인간에게 작용하여 그에 따라 인간생활에 영향을 미치는 요소들이다.
- 생물적 환경조건: 동물, 식물, 미생물에 따라 작용되며, 인간은 생물로서 이 속에 포함할 수 있다.
- 사회적 환경조건: 인간관계를 중심으로 한 가족, 이웃, 직장 등이 사회적

환경조건에 속하고, 그 밖에도 정치, 경제, 문화, 종교 등이 이 범위에 포함된다.

이러한 환경조건은 각기 단독으로, 대부분의 경우는 복합적으로 항상 인간의 심신을 자극하고, 심신은 이것에 반응하여 환경과 조화를 이루려고 한다. 따라서 인간이 생활하는 환경, 즉 주거환경을 생각할 때는 물리적인 환경의 성질과 상태를 명확히 파악하여야 할 뿐만 아니라 사람과의 유기적인 연관성도 함께 검토해야 한다. 왜냐하면 유기적인 환경조건은 인간의 물리적인 환경뿐만 아니라 심리적인 것과 정신적인 환경내용도 포함되어 있기 때문이다. 예를 들어, 실내가 어두우면 우울한 느낌을 받고, 밝으면 명랑한 기분이 든다. 따라서 우리는 주택환경을 생각할 때 물리적 · 화학적 · 사회적 · 심리적인 모든 환경의 요소를 종합적으로 고려하여야 한다.

환경인자

환경의 정의가 매우 복잡하듯이 환경인자environmental factor, 環境因子 또한 일률적으로 정의하기는 어렵다. 환경인자, 즉 환경요인은 환경의 분류를 통해서 설명할 수 있다. 환경인자는 생물학적 환경요인(동식물), 물리화학적 환경요인(기상, 대기, 물, 대지 등) 및 사회적 환경요인(인구, 생활습관 등)으로 나누어진다. *Encyclopedia* 사전에서는 환경인자를 생태학적 측면에서 표 6-2와 같이 분류하고 있다.

[표 6-2] 생태학적 측면에서의 환경인자 분류

1 태양복사	2 우주선(宇宙線)	3 대기	4 물	5 불	6 지형, 지리적 위치	
7 중력	8 주된 재료	9 토양	10 식물	11 동물	12 인간	13 온도	14 지구복사

이것을 다른 시점으로 구분하면, 물리적 환경과 생물학적 환경으로 분류할 수 있다.

생활체는 이러한 환경인자와의 상호관계 속에서 존재하고 시스템의 가운데에 있으며, 스스로의 행동범위를 드러낸다. 또한 하나의 생활체 혹은 공동생활체(또는 집단)가 특정의 환경을 점유하는 것을 '생식'이라 한다. 환경인자로서의 인간은 생활체의 중심이 되며, 특히 광역으로 퍼진 생식지와 행동범위를 가지고 다채로운 행동을 한다. 개인으로서의 인간이 영향을 미치는 물리적 환경인자는 일상생활의 행동범위 내에서 다루어지며, 음, 진동, 빛, 색, 열, 물, 습기, 대기, 힘, 방사선 등이 직간접적으로 영향을 미치는 환경인자들이 될 것이다.

인간을 둘러싼 환경

앞서 살펴본 것처럼 인간의 생활은 환경과 떼어 놓고 생각할 수 없으며 환경을 통해 많은 것을 얻을 수 있다. 인간이 생활을 통해서 얻고자 하는 것은 ① 건강, ② 쾌적, ③ 편리, ④ 안전, ⑤ 경제 등을 기본으로 하고 있으며, 이러한 내용은 인간이 위치하고 있는 지리적 조건에 따라 그 중요도가 달라질 수 있다.

도시에서는 환경인자의 대응이 매우 복잡하게 된다. 그것은 인간을 중심으로 한 환경의 전개, 인공물에 의한 환경의 조성과 여러 가지 도시기능의 집합 등이 환경인자 간의 관계를 더욱 복잡하게 하기 때문이다. 대부분의 사람들은 질적으로 우수한 주거환경을 원한다. 그러나 개개 내용은 우수한 것처럼 보이는 도시가 전체로서는 좋지 않은 환경이 되어 버린 그런 상황에 놓여 있다.

인간은 원래 지리적 환경(풍토) 속에서 존재해 왔다. 풍토는 토지의 기후, 지질, 지미地味: 토지의 특성, 지형, 경관 등의 총체를 의미한다. 인간 혹은 인간 생활은 이 역사적 풍토에 의하여 규정되며, 독특한 사고방법과 양식이 현재의 지역성, 국민성을 형성한다. 인간과 풍토의 관계가 합쳐지면, 문화 · 과학적인 입장에 속하게 된다. 최근까지는 생활의 편리성, 우수한 문화성 등이 강조되어 왔으나, 최근에 와서는 자연환경의 오염이나 환경파괴의 문제점 인식으로 건강 등에 대한 인식이 높아졌고, 자연환경의 보존 등에 대해서도 중요성이 강조되고 있다. 아무튼, 인간이 거주하기 위해서는 자연의 위험을 극복하고 자연이 인간에게 주는 많은 것들을 활용하며 또한 인공물로부터의 압박을 제어하거나 혹은 개선하여, 안전하고 건강한 삶을 누릴 수 있어야 한다.

인간과 환경

인간과 환경문제

| 생체에 영향을 미치는 환경

인간은 물론 모든 생물은 환경으로부터 떨어져서 존재할 수 없다. 인간의 존재방식을 생각하면, 우선 환경과의 상호관계를 이해하지 않으면 안 된다.

그림 6-2
인간과 환경

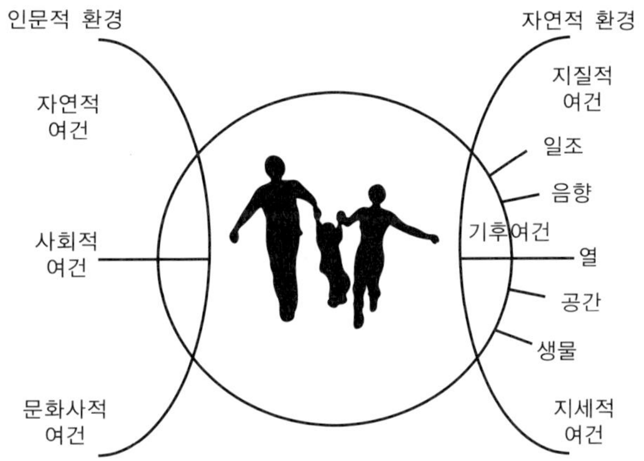

인간의 생존과 관련된 환경인자의 작용관계는 다음과 같이 구분된다.

① 쾌적성을 좌우한다.
② 생체기능의 장애와 건강의 변화를 초래한다.
③ 생명에 직접 영향을 미치며, 그것을 위협한다.

생물의 생리적 기능에는 항상성homeostasis이라 부르는 기능이 있다. 항상성은 자동정상화장치自動正常化裝置라고도 하며, 외부환경과 생물체 내의 변화에 대응하여 순간순간 생물체 내의 환경을 일정하게 유지하려는 현상을 말한다. 생물은 생리적으로도 심리적으로도 외부환경의 움직임과 자극에 대해서 자기의 내적 환경으로서의 여러 가지 욕구와 끊임없는 항상성인 관계를 지속하려고 노력한다. 이러한 기능은 다음과 같다.

① 훈련과 습관에 의하여 환경에 적응하면서 산다.

② 환경조건을 생존에 적합하도록 조정한다.

③ 환경조건에 대처하기 위한 방호를 취한다.

예를 들면, 카멜레온처럼 자신의 몸을 주변환경과 유사한 보호색으로 변화시키거나, 체모와 피하지방 등 자신의 신체적 조절과 변화로 차가운 바람에 대한 저항력을 증대시키는 것은 ①에 해당하며, 실내분위기를 온화하게 조절하거나, 난방을 통해 실내를 따뜻하게 하는 행위는 ②에 해당하며, 추위를 이길 수 있는 두터운 의복을 준비하거나 가족의 쾌적한 생활을 위한 주거를 마련하는 행동은 ③에 해당할 것이다.

이와 같은 환경에 대한 대처수단은 환경의 자극 종류, 자극 정도, 생물의 지식과 능력, 기술 등에 따라서 다를 것이다. 인간은 바로 이러한 환경에 대한 대처능력이 생물 가운데에서 특이성을 가지고 있다.

| 환경의 자극과 반응

인간이 환경에 대한 자극을 받아들이고 이에 대해 반응하는 과정은 환경의 지각, 인지, 태도로서 설명된다. 환경의 지각은 인체의 감각기관을 통하여 현존하는 환경에 대한 정보를 감지하여 받아들이는 과정을 말한다. 환경의 인지는 현존하는 혹은 과거에 경험했던 환경(혹은 자극)에 대한 정보를 저장, 조직, 재편성, 추출하는 과정을 말한다. 그러나 일반적으로 지각과 인지는 연속된 하나의 과정으로 이해된다. 다시 말해 지각은 "감각기관의 생리적 자극을 통하여 외부의 환경적 사물을 받아들이는" 과정 혹은 행위를 말한다면, 인지는 "과거 및 현재의 외부적 환경과 현재 및 미래의 인간 행태를 연결지어 주는 앎awareness 혹은 지식knowing을 얻는 다양한 수단"을 말한다(Moore and Golledge, 1976). 이러한 측면에서 볼 때 지각은 넓은 의미의 인지의 한 부분적 과정이라고 볼 수 있다.

한편, 지각 인지과정을 거쳐 판단되는 환경에 대한 태도는 환경의 내용에 대한 '우호적'인 혹은 '비우호적'인 감정을 말하는 것으로서, 선호도 또는 만족도 등으로 표현된다. 특히 최근의 주거환경계획 및 설계분야에서는 주거환경에 대

그림 6-3
환경의 자극과 반응 과정

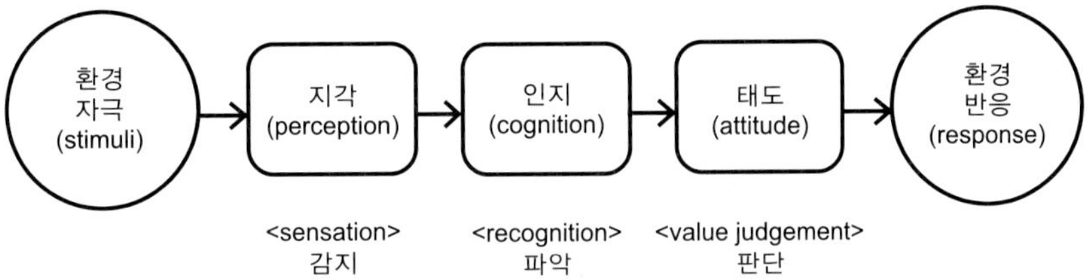

한 거주자의 태도에 관한 연구를 통해, 실재 환경 이용자의 만족도 혹은 선호도를 높이는 데 많은 노력을 기울이고 있으며, 또한 이러한 연구를 통해 환경보존, 에너지보존 등에 대한 일반인의 인식을 높이는 데에도 기여하고 있다.

그러나 환경에 관한 지각, 인지 및 태도는 상호 별개의 과정이 아니라 듣고, 보고, 냄새 맡고, 맛을 보고, 촉감으로 느끼는 인간의 모든 감각기능을 통해 상호 연결된 하나의 과정을 이루는 부분들로서 이해되어야 할 것이다.

인간의 감각기능을 정리하면 [표 6-3]과 같다.

[표 6-3] 감각의 종류

감각의 대분류	자극		감각의 종류	감각 기관 (보조수단 포함)	질	수용기관(수용세포)
특수 감각	물리자극	빛	시각	안구	명암, 색, 형, 움직임, 깊이감	망막(시세포)
		소리	청각	귀(귀곡, 외귀, 중귀, 내귀 달팽이관)	크다, 높다, 음색, 입체소리	내귀 달팽이관 (유모세포)
	화학자극 (화학물질)		미각	혀(미뢰)	쓴맛, 단맛, 짠맛, 신맛	미뢰(미세포)
			후각	코(비공, 비도, 후점막)	각종 냄새	후점막(후세포)
	물리자극 (가속도)		평행 감각	전정기관(반규관)	가속도 감각	반규관 (유모세포)
체성 감각	물리자극		표면 감각	피부, 점막	촉, 압, 온, 냉, 통	(피하표면 내의 각종 수용세포)
			심부 감각	근육, 힘줄, 관절, 골막의 근방추	운동(근감각)	(근, 건, 관절, 골막 등의 각종 수용세포)
내장 감각	신체 내부에서의 자극		장기 감각	내장 각 조직 내	기아감, 갈증, 구토증, 피로감, 변료의 성감	내장조직 내의 수용기관(수용세포)
			내장통	내장 각 조직 내		내장조직 내의 수용기관(수용세포)

그림 6-4
환경지각에는 인지요소, 감정요소, 해석요소 그리고 평가요소가 포함되어 있다. 이 두 그림을 보면서 당신은 어떤 생각과 느낌이 드는가?

이처럼 환경적 자극에 대하여 감각수용기가 자극을 수용하는 과정을 감각Sensation이라 하며, 명암, 색 등 대상의 명료한 구조가 판단되어 인지하는 과정을 지각Perception이라 한다. 그러나 감각과 지각은 인간의 선천적 특질로서 이것에 의한 심리적인 움직임은 인식과 정서로 각인되며, 이는 선천적인 습관과 기억 경험에 따라서 좌우된다.

이러한 환경자극에 대한 심리적 작용관계의 검토는 환경색채계획, 공간디자인 등에서 매우 중요시되고 있다. 즉, 인간과 물체, 공간과의 관계를 검토하여 이를 환경설계의 지침으로 삼기도 한다. 예를 들면, 주거환경설계에 있어서 색채계획은 색을 바라보는 방향, 배색조건과 질서 등을 조화의 법칙으로 검토하게 되며, 또한 기억성, 호기성, 기능성, 조형성, 재질성 등등의 감각적 특성에 대해 검토함으로써 색채의 자극에 어떤 반응을 보일 것인가를 충분히 고려하여 진행하여야 할 것이다. 또한 실내음향설계, 공간의 크기, 실내 마감 재료의 선택 등은 조형, 의장에 대한 인간의 감각적 반응을 주체로 이루어져야 한다.

| 환경인자의 쾌적성과 허용한도

환경인자들이 인간의 감각기관을 통하여 자극될 때 그 자극의 정도와 반응의 내용을 정확히 측정하기는 어렵다. 이것을 측정하기 위한 계측의 물리적인 척도가 설정된 경우는 많지만, 심리적인 영향에 관한 계측은 매우 복잡하여 이를 정량화하기란 매우 어렵다. 예를 들면, 거주하고 있는 공간의 온도와 습도는 측정될 수 있지만, 그에 따른 거주인의 쾌적성이나 만족도는 정확한 수치로 나타낼 수가 없다.

길 포드J. P. Guilford는 환경의 쾌적성을 측정하기 위한 심리적 측정방법을 정신

[표 6-4] 환경 쾌적성의 심리적 측정방법

측정방법	측정내용
정신물리학적 분류	자극의 물리량을 중심으로 감각의 자극력, 판별력 등과 같은 여러 종류의 역치를 측정
평정법(評定法)	미적 감각, 태도, 기호(嗜好) 등과 같은 정서적 요인을 측정
정신검사	법인간의 성격이나 능력, 적성 등을 측정

물리학적 분류법, 평정법, 정신검사법으로 분류하였다. 일반적으로 환경심리분야에서 이용되고 있는 연구측정기법들은 [표 6-4]와 같다. 그런데 환경본연의 상태를 측정하고 규정하는 기준들은 다음의 내용을 근거로 한다.

① 환경인자의 자극을 인지 또는 식별하는 한계
② 인간이 환경에 적응하기 위한 인자의 폭
③ 인간생활에 적합한 환경상태
④ 건강을 보호 · 유지하고, 생활환경을 보존하는 한계
⑤ 자극에 대한 긴장도의 위험 한계

이러한 규준은 환경인자의 종류와 규준의 적용 목적 등에 따라 그 성격이 다르게 나타난다. 예를 들면, 빛과 색에 관한 사항에는 조도, 색상, 물건의 형상, 문자의 크기, 일조시간 등의 여러 조건들이 함께 다루어져야 한다.

그러나 인간 감각의 식별능력에는 한계가 있다. [표 6-5]는 여러 감각에 대한 몇 가지 절대식별영역의 추정치를 쉽게 알 수 있도록 제시한 것이다. 물론 절대식별영역은 사람에 따라 다르고, 같은 사람이라도 식별영역은 그 사람의 신체조건, 동기 상태, 시간, 장소에 따라 다를 것이다.

절대식별영역absolute threshold이란 어떤 감각능력을 활동시키는 데 필요한 최소의 물리적 에너지를 말한다. 또한 우리가 자극을 지각할 수 있기 위해서는 어떤 최소량의 자극이 있어야 하듯이 우리가 한 자극을 다른 자극과 구별하기 위해서는 또한 두 자극 사이에 어떤 크기의 차이가 있어야 한다. 두 자극이 다르

[표 6-5] 여러 감각양상에 대한 절대식별영역의 근사치들

감각	절대식별영역
시각	깜깜한 밤중에 30마일 밖에서 보이는 촛불
청각	조용한 조건에서 6m 거리에서 들리는 시계의 '똑딱'거리는 소리
미각	2갤런의 물에 넣은 한 스푼의 설탕
후각	6개의 방이 있는 넓이의 아파트에 뿌린 한 방울의 향수
촉각	1cm의 거리에서 당신의 뺨에 와서 앉은 파리의 날개

다는 것을 말하는 데에 필요한 최소량의 자극을 차이식역difference threshold이라 한다.

도로의 안전표식의 크기와 색채를 결정하는 데는 보행자 혹은 운전자의 인지 또는 식별한계를 근거로 한다. 또한 외부환경이나 실내환경에 있어 색채의 조절을 위해서는 색의 생리적 · 심리적 작용을 고려하여야 한다. 조명기구의 밝기와 작업면상의 조도를 정하는 기준은 활자를 볼 수 있고 작업내용을 시각적으로 인식할 수 있느냐 하는 것이며, 이는 인간생활에 적합한 환경상태를 유지하기 위한 것에 근거하고 있다. 그러나 노동안전위생규칙의 조도규정, 건축법에 있어서의 일영시간, 높이 제한, 공동주택의 인동간격 등의 규정은 안전위생 및 생활권의 입장에서 법규상 허용되는 최저한도를 정해두고 있는데, 이는 건강을 보호 · 유지하고, 생활환경을 보존하기 위한 최소한계성에 근거한다.

이와 같은 방법으로 다른 환경인자에 관해서도 기준을 정해 두고 있다. 음에 관해서는 가청역, 은폐 효과, 명료도 지수, 잔향시간, 음압 level, 차음력, 추과손실값 등의 기준이 있으며, 열온도에 관해서는 적정 온도의 범위, 실내온습도의 쾌감대, 피부온도, 체온(고온 시의 내장온도), 연화점 내열도, 착화점 등의 기준이 있다.

통상 쾌적성 혹은 적정 조건은 생체의 기초대사에 관련해서, 특정 인자에 대해 쾌적한 조건을 의미한다. 예를 들면, 실내온도에 관련된 어떤 쾌감대는 온열감과 쾌적도를 기준으로 하여 불쾌와 족냉감을 호소하는 사람의 출현율 등에 의해서 정해진다. 이것에 대한 허용한도는 인간의 생명, 안전과 관련하여 허용

한계값을 정한다. 예를 들면, 고온도 환경에서 환경의 영향을 평가하기 위해서는 에너지 소비 패턴, 직장直腸 온도, 호흡기 질환, 순환기(혈압, 심박수) 혈액 농도 등의 생체기능에 대한 영향을 기준으로 한다.

| 건강과 안전

자연환경은 인간의 생존과 깊은 관계가 있다. 최근 엘니뇨, 라니냐 등의 기상이변과 환경오염은 인간의 생존을 위협하는 환경변화와 작용의 한 예이다. 이러한 환경의 작용이 인간의 건강 혹은 질병에 미치는 영향이라든가 자연 재해로부터의 안전성 유지 등에 대한 연구가 최근 들어 더욱 활발히 진행되고 있다. 기상학은 바람과 추위의 문제해결에서 출발하여 이제는 기상과 병증의 관계, 기상이 일상생활에 미치는 영향 등 적응생리학적 측면에서 일상생활과 밀접한 관계를 가지게 되었다. 또한 건축물 내에서의 냉난방 조건, 해저 거주, 우주선 내의 생명유지 등, 인공환경의 적응에 관해서도 의학적 입장에서 건강과 직간접적인 문제제기가 이루어지고 있다.

최근 들어 도시환경은 심각한 양상을 나타내고 있다. 광화학 스모그, 납 오염, SO_3 가스에 의한 대기오염 등 공해가 전 지역으로 확산되고 그로 인한 질병이 급증하고 있다. 알레르기나 비염, 천식 환자의 증가 등도 이러한 원인에 기인한다. 그리하여 최근 들어 지역별, 나라별로 이러한 도시환경의 오염을 줄이기 위한 대비책들을 강구하고 있다.

또한 주거환경의 문제점으로 자주 대두되는 것은 고층건물로 인한 지역주민의 일조권 침해, 인접 건물의 건축으로 인한 피해, 인접 건물에서 나는 악취나 소음, 주위의 타인 토지 통행권 등의 문제가 이웃 간의 분쟁 소지가 되고 있다. 또한 소음과 진동에 대한 규제도 주민생활환경 보전의 심리적 · 정신적 영향을 중시하는 이유이다. 이러한 환경문제들은 주거생활의 상당한 스트레스 요인으로 작용한다.

한편, 건축공사와 관련하여 지하수의 수위와 흐름(수맥), 지반침하, 수질오탁 혹은 연약지반에 의한 건축물의 안전성이 환경문제로 야기되기도 하며, 이러한 문제는 지질학적 측면에서도 폭넓은 논의가 이루어져야 한다.

쾌적한 생활환경을 조성하기 위해서는 우선 인간의 활동이 이루어질 수 있도록 조도, 소음, 분진, 오염 등의 환경요소를 적절히 조절 · 제어하고, 또한 안전하게 생활할 수 있는 주거환경을 설계하는 길을 모색하여야 한다.

인간과 주거환경

| 좋은 환경이란

최근 아파트 분양 광고에 '환경이 좋다'라는 글귀가 강조되고 있다. 이는 환경의 중요성이 점점 보편화되고 있음을 의미한다. 한 광고를 보면, "왕송호수공원을 품은 친환경 프리미엄 대단지 특권을 누리세요"라는 문구로, 그림 같은 풍경에서 조깅, 산책 등을 즐길 수 있는 쾌적하고 여유로운 삶을 강조하고 있다. 또한 자연학습공원과 과학관 등의 설립을 내세우며 자녀 교육에 대한 내용도 강조한다. 이 외에도 많은 분양 광고에서는 편리한 교통, 우수한 교육환경, 의료시설과 공공시설의 편리성, 자연친화적인 단지 등을 내세우며 광고하고 있다. 이처럼 보다 우수한 환경에 대한 욕구는 인간의 자연스런 본능이다.

일반적으로 좋은 주거환경이란 대지가 완만하며 비교적 높은 쪽을 뒤로 하고 낮은 쪽으로 건물이 자리할 수 있는 양지바르고 전망이 좋으면서 주변에 녹지가 풍부하고 공장 등이 없어 공기가 맑고 조용한 곳이다. 또한 교통이 편리하여 통근 · 통학이 쉽고, 근린생활시설들이 가까이 있어 일상생활에 불편함이 없을 뿐만 아니라 도로, 공원이 잘 정비되어 있는 곳이다. 더불어 치안이 좋고 도서관, 보건소 등 공공시설이 가까우며 학군이 좋고, 사회적 지위가 높은 이웃이 있는 곳 등의 조건을 들 수 있다.

인간은 자신을 둘러싸고 있는 이러한 환경요소로부터의 자극(정보)을 시각, 청각, 미각, 후각, 촉각의 오감을 통하여 받아들이고, 그 종합적 결과로서 심리작용, 지적 판단이 생겨난다. 환경에 있어서 이와 같은 다양성을 생각하면 그에 대한 이미지가 사람에 따라 크게 달라지는 것도 당연하다고 할 수 있다. 따라서 환경을 어떤 방법으로든 규정하지 않으면 안 된다. 쾌적한 주거환경이 되기 위해서 환경적 조건을 공간, 시간, 인간의 세 측면에서 검토해 볼 필요가 있다.

| 쾌적한 주거환경의 조건

•공간적 요소

여기에서 주거환경住居環境이란 단순히 주택을 의미하는 것은 아니다. 주거환경이란 주거를 거점으로 우리들이 생활하고 행동하는 보다 넓은 범위를 내포한다. 이 공간은 인간을 중심으로 한 반경으로, 수평 방향 및 수직 방향의 스케일과 대응시켜 볼 때 좁게는 실내환경, 주택환경, 근린주거환경, 도시환경, 지역환경으로 나누어 볼 수 있다.

인간은 오랫동안 지상에서 생활해 왔기 때문에 자칫하면 수평 방향만 생각할 우려가 있는데, 수직 방향을 생각하는 것도 중요하다. 지하 거주 혹은 해안 개발 등을 생각하면 장래에는 깊이 방향을 고려해야 할지도 모른다.

주택 내 실내환경의 공간적 크기는 가장 가까운 환경이며 이는 수 미터의 스케일이다. 한 호의 건물을 생각하면 주택환경은 그 정원을 포함해 수평적으로는 수십 미터, 수직적으로는 기껏해야 3층 건물 정도일 것이다.

그러나 인간활동을 전제로 한 공간적 크기는 개개인의 활동범위에 따라 차이가 있으며, Chombart de Lauwe(1965)는 사회적 공간의 위계에서 공간의 범위를 가족적 공간, 근린생활권 공간, 경제적 공간, 도시지역 공간, 세계적 범위의 공간으로 구분하였다. 이때 도시생활의 근린환경은 아파트와 같은 중·고층 주택 또는 단지를 포함하여 쇼핑, 초·중학교의 통학 등의 범위를 생각할 수 있다. 또한 통근, 통학 또는 도심에 있는 백화점에서의 쇼핑, 레크리에이션 등을 생각할 때 그 범위는 수평적으로 더욱 확대된다. 이러한 공간적 범위는 도시환경 또는 지역환경으로 생각할 수 있으며, 이때 바람이라든가 그 외에 기상의 영향권도 넓어지고, 수직적 높이 방향도 1km 정도에까지 이르게 된다. 단지 이 환경의 스케일은 도시화의 정도, 지역의 규모 등에 의해 달라진다. 또한 대기오염이나 수질오염, 항공기 소음, 토양오염 등의 환경적 문제는 도시환경, 지역환경의 문제로 인식된다. 이와 같이 한마디로 주거환경의 공간적 범위는 작은 것에서부터 큰 것까지 여러 가지 스케일에 이르고 있다. 따라서 쾌적한 주거환경이 되기 위해서는 적정한 공간적 크기의 검토가 중요하다고 할 수 있다.

•시간적 요소

시간은 1시간, 1일, 1주일, 1년 등의 단위로 주기적이다. 이것은 인간생활의 기본적인 시간 사이클이다. 1일은 태양의 운행에 따라 아침, 점심, 저녁, 밤으로 이루어진다. 아침은 출근이나 등교를 하는 시간이다. 오전과 오후 시간을 포함한 낮시간은 대부분의 사람들에게 가장 활동적인 시간대이다. 저녁에서 밤에 이르기까지는 휴식하는 시간대이다. 일반적으로는 밤이 숙면, 휴식에 해당된다. 기상 조건은 인간의 행동을 크게 좌우하지만 역시 주기적인 변화가 보인다.

인간의 사회적인 행동은 평일, 토요일, 일요일의 일주일을 단위로 한다. 이와 같이 인간활동의 주기성은 거꾸로 주거환경에 영향을 준다. 1년은 춘하추동 사계절에 의해 기후가 크게 변화하고, 복장, 생리적 반응, 정신위생 등을 통해 우리들의 주생활에 크게 영향을 준다. 매일의 기후는 그때그때 크게 변화하고, 작게 보면 하루 중에도 각 기상 요소가 불규칙하게 변화하지만, 1년과 1일의 기후 변화는 대체적으로 보아 규칙적이라고 말할 수 있다.

한편, 인간은 태어나서 죽을 때까지 추이적 시간이라는 것이 있다. 즉 유아기, 아동기, 취학기, 청년기, 장년기, 노년기를 거치게 되는데, 시간이 지남에 따라 생리 기능, 체력은 물론 경제력, 사고 방법, 기호도 변화해 간다. 결국 주거환경에 대한 태도도 이러한 인생의 변화에 따라 변화해 간다. 또한 시대적인 배경도 주거환경의 태도에 영향을 미친다. 사물에 대한 사고방법, 가치관, 생활수준, 사회 · 경제 정세 등은 시대에 따라 변화하지만 과학기술의 진보가 급속한 현대에서는 그 변화가 특히 심하다. 따라서 쾌적한 주거환경을 검토하기 위해서는 이러한 시간적 요소에 따라 주거환경의 변화와 인간의 적응관계를 적절히 검토할 필요가 있다.

•인간적 요소

환경의 중심인 인간을 생각할 경우, 개인의 환경적 행태는 연령, 성별, 정신적 혼란, 상호작용의 유형, 문화, 성격, 민족, 사회적 영향, 자아 상태, 물리적 환경 조건, 그리고 상호작용자들 간의 친근성 정도에 따라 변화한다. 다시 말해, 남녀라는 성의 차이, 유아, 아동, 소년, 청년, 장년, 노인 등 연령의 차이, 학생, 주부, 샐러리맨, 자영업자 등 직업의 차이, 건강한 사람, 신체장애인 등 신체적 강약의 차이, 수입, 사회적 지위 등의 차이에 따라 추구하는 환경이 각각 다르다.

앞서 언급한 공간, 시간의 요소도 인간적 요소의 변이성에 따라 다르게 인식된다. 예를 들어 통근하는 사람의 평일 하루를 생각해 보면 스케일적으로는 실내환경에서부터 도시환경의 넓은 범위에 이르기까지 접하게 되지만, 업무시간에는 주거에서 훨씬 떨어진 곳에 있다. 또 전철이나 버스와 같은 교통수단을 통해 여러 환경을 이동하는 경우도 많을 것이다. 이것에 비하면 학생의 경우 낮에는 거의 학교에서 지낸다. 따라서 개개인에 따라 주생활의 의미가 다르다. 공공시설을 포함한 물리적 환경은 대부분 건강한 청장년을 대상으로 하면서, 기후 등의 조건이 좋은 때를 상정하여 만들어진 것이 대부분이다. 따라서 병약자, 신체장애인, 노인에게는 사용하기 어려운 것도 적지 않다.

일반적으로 총인구 중 65세 이상 인구의 비율이 7% 이상이면 고령화 사회 또는 노령화 사회라고 한다. 우리나라는 2000년에 노령 인구 7.1%로 이미 고령화 사회로 접어들었다. 선진국에서는 이미 고령화 사회에 대비하여 왔으나, 우리나라는 이에 대한 대책이 아직 미흡하다. 이러한 사회적 동향과는 관계없이 노인이나 노약자에 대한 환경적 배려는 기본적인 사항이나 현실적으로는 이러한 대책에 대해 소홀하였다.

환경설계의 관점에서 사용자, 소유자, 설계자, 시공자의 구별은 중요하다. 주거는 보통 사용자와 소유자가 일치하는 경우가 대부분이다. 따라서 주거환경은 사용자를 중심으로 설계하지 않으면 안 된다. 생활수준의 향상 등에 따라 인간의 요구는 더욱 다양해질 것이고, 그에 따라 주거환경의 요구조건과 가치관도 다양한 형태로 제시되어야 한다.

| 바람직한 주거환경

우리의 일상생활 환경이 바람직하게 되기 위해서는 환경이 가져야 할 성능이 충족되어야 하는데, 이것을 환경설계 요인이라 한다. 환경의 성능은 쾌적성을 우선으로 하여 7개 요인으로 구분할 수 있으며, 이를 더욱 함축한다면 쾌적성, 안전성, 기능성으로 나눌 수 있다.

보건성은 경우에 따라 쾌적성 혹은 안전성에 포함되는 반면, 편리성은 넓은 의미로 기능성에 포함된다. 미관성은 시각적인 쾌적감이라고 생각해도 좋을 것이다. 경제성은 환경을 운용해 나가는 하나의 충분한 조건으로, 환경 그 자체의

[표 6-6] 환경설계 요인

요 인	설계 시의 검토
쾌적성, 보건성	도면에서 검토 곤란
안전성, 편리성, 기능성, 미관성	도면에서 검토 용이
경제성	일부는 수치에서 검토 용이

성능과 다르게 취급하는 것도 가능하다. 이러한 요인은 어디까지나 사용자의 입장에서 생각해야 한다. 또한 이러한 환경성능은 설계단계에서 충분히 검토되어야 할 사항들이다.

그렇지만 설계도면에서 이러한 성능을 충분히 검토하기란 사실상 어렵다. 주택설계를 예로 들면, 기능성과 편리성은 평면도(방의 배치)에 따라 어느 정도는 검토할 수 있고, 미관성은 입면도, 투시도 등으로 표현할 수 있다. 안전성도 건축 구조적인 것은 기둥, 보 등으로 예측할 수 있다. 경제성에 관해서는 초기투자(건축비)가 엄밀한 숫자로 산출된다. 따라서 이들 요인은 그나마 검토가 용이한 사항들이다.

그러나 쾌적성과 보건성의 문제와 또 일상생활에 있어서 안전성, 경상비용으로서 경제성 등은 실제로 주생활을 하면서 불비한 곳, 불만족한 점 등을 의식하게 되는 경향이 강하다. 따라서 이들 요인은 설계 시에 유의해야 할 사항이며, 이러한 사항의 검토가 충분히 이루어진 설계일수록 섬세하고 치밀하다고 할 수 있다.

그러나 '쾌적성'은 매우 폭넓은 의미를 지니고 있다. 넓은 의미로는 표의 요인 모두가 포함된다고 할 수도 있다. 개개의 요인이 충족되면, 그것에 응하는 마음의 만족감을 얻을 수 있기 때문이다. 이는 영어의 'Amenity'에 해당한다. 좁은 의미로는 덥고 추운 온열적 쾌적성을 근거로 하는 생리적 쾌적감으로서 '쾌적하다', '불쾌하다'라는 느낌을 갖는 상태라고 할 수 있다. 이는 영어에서 'Comfort'의 의미이다. 표에서 쾌적성은 협의의 의미로 나타냈지만, 이 같은 의미로의 쾌적성은 보건성 및 안전성과 밀접한 관계가 있다.

주거환경을 생각할 때 공간, 시간, 인간적 요소를 명확히 하는 것이 중요하다.

특히 환경의 중심이 되는 인간은 가장 중요하다. 사용하는 사람에 따라 공간, 시간적 요인은 다르게 환경요소로 작용한다. 사용하는 사람을 대부분 장년의 건강한 사람으로 가정함으로써 문제점이 발생할 수 있다. 노인, 어린이 또는 병약자, 신체장애인들도 같은 환경을 사용한다는 점을 고려하여야 한다. 현재는 젊고 건강하다고 해도, 누구나 나이가 들게 마련이고, 병과 부상 등에 항상 노출되어 있다. 계단이 많은 공간은 변화무상한 재미를 주지만 그것은 건강한 사람에게 해당하는 이야기이다. 대리석 바닥은 화려한 이미지를 연출하지만, 미끄러지기 쉽고 실제 생활에서도 노약자들이 미끄러져 다치는 사례가 있어 이를 철거하고 다른 재료로 재시공하는 경우도 자주 있다.

오늘날 주거건축에서도 호텔, 극장의 로비, 레스토랑 등과 같이 천장을 높게 하거나 큰 유리면을 사용하여 개방적인 공간을 만들어 내고 있다. 그러나 이러한 공간은 냉난방을 하는 데 훨씬 많은 에너지를 필요로 한다. 따라서 이와 같은 공간을 주택에 도입할 때에는 신중히 검토할 필요가 있다. 호텔이나 극장 등의 홀에 머무르는 시간은 수십 분이며, 사용자는 불특정 다수이지만, 주택에서는 정해진 사람이 훨씬 많은 시간을 매일 보내고 있기 때문이다. 하루의 시간을 생각해 볼 때 대부분의 사람들이 활발히 활동하는 시간은 낮이다. 그러나 하나의 주택, 가족이라고 해도 개개인에 따라 집에 있는 상황이 다르다. 회사원이나 학생에게는 사무실, 학교가 낮 시간의 주거환경이 된다. 방의 위치, 방위는 하루의 어느 시간을 사용하느냐에 따라서도 생각할 수 있다.

주거환경에 있어서, 거실은 가족이 모이고 손님의 눈에 가장 많이 띄는 곳이므로 여러 가지를 검토해야 할 장소이다. 화장실의 경우 신체의 전부 또는 일부를 노출시키는 장소이기도 하므로 창유리를 이중으로 하는 것이 사생활 보호뿐만 아니라 온열적 쾌적성으로도 바람직하다. 주방은 불과 물을 사용하는 작업장이 되는 장소이므로 기능적인 면은 물론이고, 일사차폐, 환기, 배열을 충분히 검토하여 쾌적하고 위생적인 공간이 되도록 하여야 한다.

바람직한 주거환경이란 넓은 의미로 쾌적한 주거환경을 말한다. 무엇이 바람직한가에 대한 정의는 쉽게 내릴 수 없지만 인간, 공간, 시간을 대상으로 하고 있는 환경을 규정하고 각 설계요인을 잘 검토하는 것이 쾌적한 주거환경을 이루는 하나의 수단이 될 것이다.

주거환경 요소

주거의 외부환경 요소

주거의 외부환경은 넓게는 지역환경을, 좁게는 주거에 직접적으로 작용하는 대지환경을 생각할 수 있다. 외부환경을 차단 · 조절하여 적절한 실내환경을 만드는 것이 주거의 최대 역할이라는 것은 주거의 역사를 보아도 알 수 있다. 이런 의미에서 건물은 외부환경을 최대한 차단하고 내부의 온습도를 적절하게 유지하는 고유의 shelter라고도 할 수 있다. 따라서 좋은 실내환경을 얻기 위해서는 shelter의 성능이 좋을 필요도 있겠지만 외부환경, 특히 대지환경이 좋아야 한다.

주거환경의 좋고 나쁨은 주거의 전체적 가치에 영향을 미치기도 한다. 그리고 초기에는 이상적인 주택지였다 하더라도 시간이 흐름에 따라 지역의 성격이 변화되어 점차 주거지로 부적절한 환경이 되는 경우도 있다. 예를 들면, 주택지 근처에 고속도로가 건설되어 하루 종일 경적에 시달리거나, 높은 건축물이 들어서서 일조가 차단되는 경우도 있다. 그러나 이와는 반대로 유익한 시설물, 예를 들면 지하철이 건설됨으로써 교통 환경이 원활해지고, 공원이 조성되어 오히려 생활에 바람직한 환경으로 변화되는 경우도 있다.

지방자치제가 이루어지면서, 지역주민의 이해利害가 일치되어 주민이 일치단결함으로써 주거환경을 스스로 지키고자 하는 노력도 보이고 있다. 지역적 유대가 약한 현대사회에서는 소수에 의한 공동의식이 발생할 가능성이 있으며, 그로 인하여 그 지역의 주거환경 변화를 예상하는 경우도 많다. 단순한 경제적 문제뿐만 아니라 생활환경과 생태학적 문제, 쾌적성의 문제를 주거환경으로 함께 고려해야 한다.

도시내부 구조와 도시 내 주거지역

아시아개발은행ADB이 집계한 아시아 48개국 도시 인구 현황보고서에 따르면 2009년 한국의 전체 인구 중 도시 인구 비율은 81.5%로, 우리나라의 전체 인구 중 도시에 사는 사람의 비중이 아시아에서 6번째로 많은 것으로 나타났다. 도시에 인구가 몰리는 추세는 우리나라가 아시아에서 최고 수준이었다. 우리나라의 경우 도시 인구 비율이 1990년 73.8%, 1995년 88.2%였다는 점을 감안하면 불과 20여 년 만에 7.7% 포인트나 급증해 인구의 도시 집중 현상이 매우 심각해졌음을 알 수 있다. 이처럼 인구의 도시 집중과 인구 비율로 보았을 때 도시에서의 주거환경을 알아보는 것은 인간 생활에 있어 중요하다.

도시의 규모가 커지면서 같은 종류의 기능들이 모여 상업 및 업무지역, 공업지역, 주거지역 등을 형성하는 현상을 지역 분화라 하고, 이러한 지역 분화의 원인은 접근성, 땅값, 지대 등의 차이로 볼 수 있다. 접근성은 특정 장소나 시설로 갈 수 있는 가능성을 의미하며, 접근성에 가장 큰 영향을 미치는 요인은 교통의 발달 정도이다. 지대는 토지를 이용해서 얻을 수 있는 수익이나 대가를 의미한다.

이러한 도시 내 주거지역을 분화해 보면 선진국과 개발도상국의 차이점이 보인다. 주거지역 분화의 원인은 도시의 성장, 소득, 성별, 나이, 인종, 민족, 교육수준, 직업, 출신 지역에 따라 특정 지역에 모여 거주하려는 경향에 따른 것이다. 인구의 도시 집중화에 따른 도시 문제는 다음 절 〈현대주거의 환경 문제〉에서 살펴보기로 한다.

일반적으로 도시의 주택지는 도심의 고급 주택지, 도심의 중급 주택지, 교외의 고급 주택지, 교외의 중급 주택지, 교외의 통근자 주택지, 전원주택지, 슬럼가 등으로 분류할 수 있다.

[표 6-7] 선진국과 개발도상국의 도시 주거지역의 차이점

선진국	도심 주변	노후화된 상점과 주택 밀집, 도심의 집값이 싸고 주거환경이 열악	저급 주택지 형성
	도시 외곽	교통이 편리하고 쾌적한 환경, 각종 편의 시설 분포	고급 주택지 형성
개발도상국	도심 주변	쾌적한 주거환경, 자가용을 이용한 도심 접근성이 좋아 고소득층 거주	고급 주택지 형성
	도시 외곽	집값이 싸고 주거환경과 위생 조건이 열악한 도시 외곽지역	저급 주택지 형성

[표 6-8] 주택지 종류와 특징

주택지 종류	특징
도심의 고급 주택지	-도시의 심장부에 위치 -각종 관청이나 비즈니스센터, 백화점, 은행 등이 있어 생활이 편리함 -고급 주택지와 조금 떨어진 곳에 슬럼지대가 있는 경우가 많음
도심의 중급 주택지	-도심에서 약간 떨어진 부도심의 주택지 -은행, 터미널, 백화점, 쇼핑센터 등이 있음
교외의 고급 주택지	-도심과 부도심을 둘러싸고 있는 광범한 지역에 해당되지만, 교통이 편리하고 비교적 도심에서 가까운 곳이 바람직함 -자연을 만끽하고 전망이 양호한 경우가 많아 최근 들어 도심의 고급 주택에서 이러한 곳으로 옮겨 가는 경향이 있음
교외의 중급 주택지	-빽빽이 들어선 집들로 도심의 떠들썩함이 공존하며, 교외의 조용한 생활을 바라는 사람들의 주택지 -지하철 등 교통이 편리하고 도심으로의 출입이 용이함이 장점
교외의 통근자 주택지	-도심에서 거리적으로 떨어져 있음 -교통의 환승이 용이하여 도심 출입이 편리한 곳이 바람직함

이와 같이 주택지의 성격에 따라 자연환경적 조건에 차이가 있을 수 있으나 무엇보다도 주거 내의 환경을 좋게 하기 위해서는 주택지의 지역적 환경이 가장 큰 조건이다.

좋은 환경의 주거지 선정(외부환경 요소)

주거지를 선택하는 조건은 무엇일까? 도시 주거의 대부분을 차지하는 아파트의 경우를 살펴보면 다음과 같다. 아파트 구매 시 중요 선호요인에서 조사 대상자들은 아파트를 구매할 때 무엇보다 경제성 및 투자가치, 즉 아파트의 가격이나 구매 시의 금융환경, 투자가치 등을 아파트 구매 시 가장 중요하게 생각하는 것으로 나타났고, 그에 비해 건물 구조 상태, 즉 아파트의 구조나 배치, 층수 등은 비교적 적은 영향을 미치는 것으로 보인다.

이와 같이 조사 대상자들은 아파트를 구매할 때 무엇보다 아파트 분양가와 추후 유지관리비용 등 경제적 상황을 우선적으로 고려하는 것으로 나타났으며,

그 뒤를 이어 교통의 편리성, 아파트 주변의 친환경 조건이나 편의시설, 교육환경 등을 고려하는 것으로 보인다. 즉 대부분의 조사 대상자들은 아파트 구매 시 합리적인 분양가와 재산적 가치로서의 투자가치 등 경제성의 논리에 의해 구매를 결정하는 경우가 많은 것으로 보인다. 특히 실제 거주환경에 있어 가장 중요하다고 할 수 있는 아파트 평면이나 구조에 대해서는 가장 낮은 선호도를 보여 아파트를 재산적 가치로 인식하는 경향이 매우 높은 것으로 나타났다. 그와 더불어 주변환경에도 관심을 기울임으로써 삶의 질을 향상시키는 데에도 큰 중점을 두고 있다고 할 수 있다.

주변환경 중 대지환경에는 자연상태에서 그 장소의 온도, 습도, 채광, 통풍, 배수, 수질 등 위생에 관련된 자연환경을 비롯하여 교통과 물품 구매의 편리, 상하수도 유무 등의 문화적 · 사회적인 환경 및 홍수, 땅의 미끄러짐, 옹벽의 붕괴 등이 발생하기 쉬운가 그렇지 않은가 등의 안전적 환경이 있다. 주거지로는 이러한 대지환경 조건이 좋은 장소를 선정하는 것이 무엇보다 중요하다.

| 안전한 대지

대지는 가능한 한 지반이 좋은 장소를 선택하고, 매립지 같은 연약지반을 피하는 것이 좋다. 지반이 약하고 기초가 불충분한 경우에는 건물이 기울어지거나 금이 가거나 한다. 연약한 지반에 고층아파트를 건설하여 고층아파트가 기우는 예가 부산에서 있었다.

강에 따른 저지와 곡지에서 홍수의 위험이 있는 장소와 큰비 때 옹벽의 붕괴와 땅의 미끄러짐이 생기기 쉬운 급사면의 대지는 피하는 것이 좋다. 최근에는 주택용 대지의 부족 때문에, 상당히 위험한 대지가 개발되어 팔리고 있어 주의가 필요하다. 경사지는 튼튼한 옹벽(경사지에서 흙이 붕괴되는 것을 막기 위해 세우는 석담과 콘크리트벽)을 세우고 배수시설을 완비할 경우 배수와 채광에 좋은 변화가 있는 대지가 되지만, 공사가 완전하다는 것을 확인할 필요가 있는데, 특히 옹벽의 시공에 주의를 해야 한다.

| 위생적인 대지

주거위생의 양호 여부는 대지의 위생적 환경에 크게 좌우된다. 그중에서도

그림 6-5
연약 지반에 따른 건물의 피해

그림 6-6
옹벽 붕괴

채광과 통풍이 좋은 건조지인 것이 중요하다. 저습지와 배수가 나쁜 토지는 주거 내부까지 습도가 높아 세균류의 번식이 성하므로 곰팡이가 생기기 쉽고 목재도 빨리 썩는다. 이 때문에 대지를 매립하여 지반을 높이는 동시에 건물에는 방습상의 배려가 필요한데, 마루를 높게 한다든가 환기를 좋게 하는 등의 비용이 드는 것이 많다. 또 대지 내에서 외부로의 배수가 완전하게 행해지도록 하고, 대지를 가능한 한 건조하도록 해야 한다. 그 밖에 공장의 소음, 매연, 악취, 유해가스 등으로 문제되는 장소, 주요간선도로 근방에서 소음과 배기가스에 따른 피해가 발생할 위험이 있는 장소 등도 피하는 편이 좋다.

대지가 좁게, 대지에 여유 공간이 없도록 건물을 세우는 것은 일조, 채광, 통풍 등의 점에서 바람직하지 못하다. 특히 최근 들어 대지 효율성을 높이기 위해 고밀화, 고층화된 아파트단지가 조성되고 있어 통풍, 채광, 일조 등의 환경이 문제시되고 있다. 따라서 가능하면 대지에는 어느 정도 여유 공지 확보가 필요하다.

상수도 시설이 없는 곳에서는 우물물을 사용하여야 하므로 지하수의 깊이와 수질을 조사해 둘 필요가 있다. 하수도가 완비되어 있지 않은 곳에서는 배수처리를 어떻게 할 것인지를 고려하지 않으면 안 된다. 근처에 적당한 하천과 호수 혹은 바다가 있으면 그곳까지 어떻게 끌어가느냐가 문제이며, 그와 같은 수단이 마련되지 않은 때는 배수 정화조를 세워 물을 깨끗하게 한 후 땅속으로 스며들게 한다. 그러나 이때에도 정화조의 성능이 나쁘면 불결하게 되기 쉽고, 특히 우물에 오염된 물이 침입할 위험이 있기 때문에 주의하여야 한다.

| 문화적 환경이 좋은 대지

주택지의 선택조건으로 문화적 환경요소도 매우 중요한 사항이다. 최근 신도시 개발이 많이 이루어지고 부동산 투자 또한 활발해졌으나 교통 불편, 문화 서비스시설의 부족, 각종 공공시설 미비, 학교시설 부족 등의 문제로 입주를 미루는 경우가 많이 발생하고 있다. 주거지는 기본적으로 생활상 편리한 곳이어야 하기 때문이다. 또한 현재의 상태뿐 아니라, 장래에 걸쳐 어떻게 되는가에 대해서도 충분히 검토하지 않으면 안 된다. 그러나 주택지를 선택하는 것은 사는 사람의 생활조건에 따라 그 조건이 다르기 때문에 다음의 내용들은 개개인의 가치 비중에 따라 다를 것이다.

① 전기, 가스: 전기배선과 가스배관이 대지 가까이 있으면 좋다.
② 상하수도: 상수도를 간단하게 끌어올 수 있는 대지가 좋다.
③ 교통: 직장인의 경우 통근이 일상적이기 때문에 교통편이 좋고 나쁘고는 하루의 피로도를 좌우한다. 통근 시간은 1시간 이내가 바람직하다. 따라서 전철, 버스 등의 교통기관의 역과 정류소에 가까워 통근과 통학 등에 편리한 것이 좋다.
④ 근린생활시설과 공공기관: 식료품, 일용품 및 기타 상품을 싸게 구입할 수 있는 쇼핑센터가 가깝게 있으면 좋다. 도서관, 아동공원, 체육관, 수영장 등의 운동시설, 은행, 우체국, 구청, 동사무소 등의 공공시설 이용이 편리

그림 6-7
생활환경의 모식도

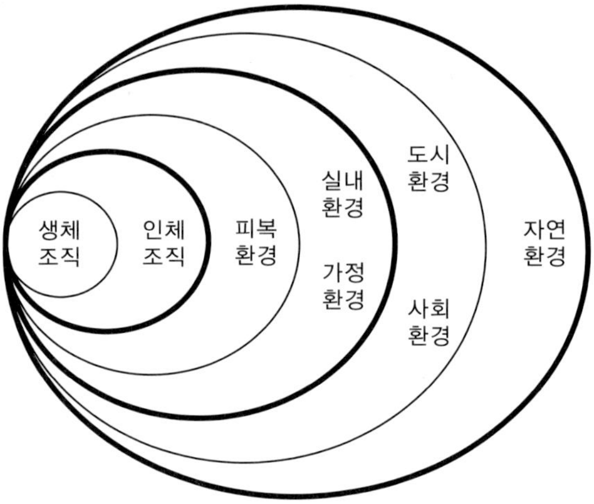

하고, 특히 어린이가 이용하는 아동공원과 운동시설, 도서관 등이 도보로 이용할 수 있는 지역이면 더욱 바람직하다.

⑤ 교육 시설: 대도시가 무질서하고 무계획적으로 발전함으로써(스프롤sprawl 현상) 인구가 급격하게 증가하여 초 · 중학교의 시설이 부족한 지역이 있을 수 있으며, 전통이 있는 학교는 도심에 위치한 경우가 많은데 매일 전철이나 대중교통으로 통학하는 것이 어린이에게 매우 부담이 있고 위험하기 때문에 도보로 통학 가능한 학교가 있으면 바람직하다. 그러나 주변에 풍기가 나쁜 환락가 등이 있는 곳은 자녀교육상 피하는 것이 좋다.

주거의 내부환경 요소

인간은 삶의 대부분을 실내에서 보내며, 사계절의 자연환경 변화에 순응하고 적응하며 보다 쾌적한 공간을 추구하게 된다. 즉 주거는 그 안에서 일어나는 인간의 생활행위를 보호하고 또 가능하게 하도록 적절한 온도, 습도, 환기 등의 물리적 환경조건을 갖추어야 한다. 주거는 비와 이슬, 바람과 눈, 추위와 더위, 습기 등을 적절히 막아 건강을 유지할 수 있도록 하며, 일조, 통풍, 환기, 냉난방, 소음 등을 적절히 조절하여 건강하고 쾌적한 생활을 유지할 수 있도록 함이 기본적 기능이다.

주택의 실내는 온도, 복사열, 습도, 기류, 채광, 소음 등 서로 다른 많은 환경적 요소가 혼합되어 환경을 형성한다. 실내환경이 보다 쾌적하고 안전한 주거생활을 영위하기 위하여 예로부터 인간은 여러 가지 방법을 통해 다양한 환경조절 방안을 수립하여 왔다. 환경조절 방법에는 자연에너지를 이용하는 자연형 방법과 기계적 에너지를 이용하는 설비형 방법이 있다. 그러나 경제적 측면뿐만 아니라 에너지 문제를 고려하여 자연형을 이용하는 것이 바람직하며, 설비형은 자연형이 적절하지 않을 경우에만 이용하는 것이 바람직할 것이다. 환경조절 방안은 뒤에서 다루기로 한다. 여기에서는 주거의 실내, 즉 내부환경 요소의 기본이 되는 열, 빛, 소리, 공기 등에 관한 내용이 주거 생활에 미치는 영향을 중심으로 살펴보고자 한다.

주거의 실내공기 환경

인간은 끊임없이 숨을 쉬며 생명을 유지한다. 최근 대기오염이 심각한 환경문제로 인식되고 있으며, 주거공간에서의 실내공기도 연소기구와 담배연기, 그리고 주거 내에서의 활동에 따라 오염된다. 공기오염이란 공기 중에 유해한 물질 또는 불필요한 물질이 기체, 액체 또는 미세한 고체입자의 상태로 존재하는 것을 말한다.

최근 건물의 기밀성이 향상됨으로써 실내의 자연 환기량이 적어져 실내공기의 오염 가능성이 더욱 높아지고, 또한 신소재 개발에 따른 새로운 건축자재의 사용은 의외의 오염물질을 방출하여 실내오염을 한층 더 가중시키고 있다. 뿐만 아니라 에너지 절감을 위해 건물의 밀폐화가 진행되면서 실내공기는 더욱 오염되고 있으며, 그로 인해 거주자들은 일시적 또는 만성적인 건강장애를 호소하는 사례가 증가하고 있다. 따라서 실내공기는 인체에 유해하거나 자극성이 있는 기체상 및 입자상 오염물질과 냄새 등을 적절한 수준 이하로 유지해야 한다.

실내공기 환경에 영향을 주는 오염물질들의 특성과 그 발생원을 살펴보면 다음과 같다.

[표 6-9] 실내공기 오염원과 오염물질

오염원	오염물질
건축자재	포름알데히드, 라돈, 석면
주방 및 난방연료의 연소	이산화탄소, 일산화탄소 등
인간활동	분진, 담배연기 등
각종 생활용품	미생물성 물질, 휘발성 유기화학물질 등
기타	악취, 비전리 방사선, 전리 방사선 등

실내공기의 오염원인은 크게 건물 주변의 대기오염에 의한 영향과 실내에서 발생하는 오염물질로 구분할 수 있다. 대기오염은 주로 자동차 매연과 난방용 연소가스, 공장 등에서 배출되는 다량의 일산화탄소, 질소화합물, 이산화황, 분진, 중금속화합물 등 다량의 유독 물질로 구성되어 있다. 실내에서 발생하는 오염원으로는 거주자로부터 방출되는 일산화탄소, 체취, 담배연기 등과 실내작업에 의한 분진, 건축재료 및 토양에 의한 포름알데히드, 석면, 라돈 등이 있으며, 실내 취사 및 난방장치에 의한 연소가스 등도 큰 부분을 차지한다. 실내공기의 오염을 줄이기 위해서는 근본적으로 주택의 주변에 공기 오염원이 없어야 할 것이며, 또한 실내건축자재는 오염물질의 발생이 적은 것으로 선택하여야 할 것이다. 그리고 필요에 따라 적절한 환기가 되도록 하여 신선한 실내공기를 확보하는 것이 바람직하다.

통풍과 환기는 신선한 공기를 공급하고 공기의 교체로 인한 열과 습기를 이동시키는 역할을 하나, 외부공기의 유입으로 인해 난방된 실내의 열이나 습기 등이 외부로 손실될 수 있으며, 또한 냉방된 실내의 온습도가 변할 수 있다. 따라서 이러한 모든 문제는 에너지 절약이라는 차원에서도 신중히 검토되어야 할 것이다.

주거의 빛환경

빛은 인간의 활동에 영향을 미치는 주요한 환경요소이다. 실내공간은 빛에 의하여 그 모양이 만들어지거나 형성될 수도 있다. 즉, 실내공간에 전체 조명을 줌으로써 빛에 의해 공간이 확장되어 보이기도 하고, 특정 장소에 빛을 집중시킴으로써 공간이 축소되어 보이기도 한다.

자연광은 변화하며 빛의 변화에 따라 미묘한 분위기를 연출한다. 따라서 주거의 빛환경 조절에서 주광은 우수한 광원이 되며, 효과적으로 사용할 경우 건물외관 및 실내의 분위기 연출뿐만 아니라 에너지소비 감소 효과까지도 기대할 수 있다.

직사광의 조절방법은 건물 자체에 대한 계획과 건물에 부수되는 조절장치로 나누어 생각할 수 있다. 건물 자체에 대한 계획은 주거의 향向, 창의 위치와 크기 등을 고려하는 것이다. 건물의 향은 일조, 통풍, 소음 및 조망 등을 복합적으로 고려하여야 한다. 일조상으로는 남동이나 남서향이 바람직하며, 남서향은 오후의 최대 일광을 받을 수 있다. 침실이나 부엌은 아침의 햇살을 받을 수 있는 남동향으로 창을 내는 것이 바람직하다.

건물의 차양 장치는 그 시대의 건축양식과 기술수준, 재료 등에 따라 다양하게 변화되어 왔으며, 그 형태와 종류는 크게 개구부의 외측에 설치되는 외부 차양 장치와 실내에 설치되는 내부 차양 장치 및 투과체 자체의 차양으로 대별할 수 있다.

자연광은 인간의 쾌적에 가장 적합한 광원이지만 주거 내에서 자연채광이 적

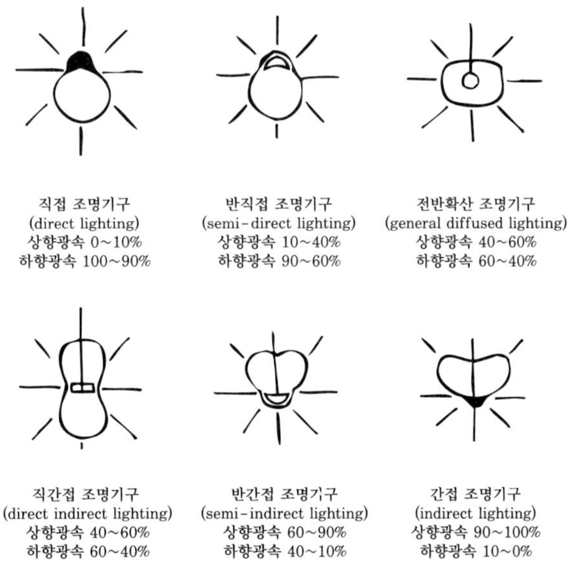

그림 6-8
조명 방식의 분류

*전반확산과 직간접 조명은 가로 방향에의 발산광속이 다르다. 국제조명위원회(CIE)의 분류에서는 모두 전반확산으로 하여 구별하지 않는다.

절하지 않을 경우 인공조명을 사용하게 된다. 이때 조명은 필요한 장소에 중점을 두어 기기를 배치하는 것이 바람직하다. 단지 방 안 전체를 환하게 하는 것보다는 알맞은 명암을 주는 것이 효과적이다. 또한 방의 느낌에 맞는 형태와 색, 재료 등을 고려함은 물론, 기구 상호 간의 디자인을 고려하여 실내분위기가 조화될 수 있도록 기구 선택에 유의하여야 할 것이다. 조명의 기본 시스템에는 직접 조명, 간접 조명, 직간접 조명, 반직접 조명, 반간접 조명의 다섯 가지 방식이 있으며, 실내환경의 특성에 따라 적합한 방식을 사용하거나 혹은 여러 방식을 복합적으로 사용할 수도 있다.

주거의 열환경

인간은 외부환경과 열교환을 하며 체온을 유지한다. 인간이 살아가기 위해서는 자기 신체와 외부의 냉기 혹은 온기 사이에 균형을 잘 유지해야 한다. 체내 조직체의 온도는 외부기온의 혹심한 변동에도 극히 작은 변화가 있을 뿐이다. 인체가 외부열의 작용을 받을 때는 피부온도, 체온, 심장박동의 비율과, 땀을 흘리는 정도에 따라 변화가 일어난다. 이런 변화들은 평형상태를 유지하기 위한 인체의 자율적 변화이다.

건축물도 인체와 마찬가지로 실외기후와 끊임없는 열교환이 이루어진다. 건물에 있어서 열환경 조절이란 계절에 따라 외부로부터의 불필요한 열을 차단하거나 필요한 열을 획득하여 열적 평형을 유지함으로써 인간이 쾌적함을 느낄 수 있도록 실내환경을 조성하는 것을 말한다. 열적 평형은 열의 이동에 좌우되며, 일반적으로 열 이동의 형태는 전도, 대류, 복사의 세 가지가 있다. 먼저 전도는 유체나 물체의 이동 없이 열이 고온부에서 저온부로 이동하는 것이며, 재료의 열전도율에 따라 흐르는 열량에 차이가 있다. 대류는 고체의 표면에서 유체, 즉 액체나 기체상태의 매체로 혹은 그 반대로 유체에서 고체의 표면으로 열이 전달되는 현상을 말한다. 복사는 고온의 물체 표면으로부터 방사된 열선(적외선)이 공간을 통하여 전달되어 저온의 물체 표면에 도달하게 되면 다시 열로 변하는 현상을 말한다.

주거의 실내공간이 쾌적함을 유지하기 위해서는 실내의 온도와 습도를 적당히 유지해야 한다. 우리나라는 사계절 중 더운 여름과 추운 겨울의 외기 온도를 어느 정도 조절함으로써 여름철에는 시원하고 겨울철에는 따뜻한 집이 되도록 함이 이상적이다. 이러한 실내 열환경 조절수단으로는 단열과 보온계획이 매우 중요시된다. 이는 주택 계획단계에서부터 건물 내의 열 손실을 최소화하도록 고려하여야 한다. 그렇게 함으로써 실내를 쾌적한 온도로 유지할 수 있고 난방의 경제성을 높일 수 있다. 또한 건물을 보온 설계하여 단열적으로 처리하면 여름철 일사 및 외기로부터 더운 열의 유입을 막을 수 있다.

최근 들어 건물의 단열과 함께 창호나 기타 개구부에 대한 기밀성이 높아지면서 과거의 주택과는 달리 결로로 인한 피해가 점차 늘고 있다. 결로는 불투수성의 재료 표면에는 물방울로 나타나며, 흡수성 물질에는 수분의 함유량에 따라 곰팡이류, 각종 균의 번식으로 인한 장식의 손상 및 불쾌한 냄새가 생기게 되고 변형에 의해 건물 재료와 구조체에 해를 끼치게 된다. 결로는 특히 겨울철에 콘크리트 주택에서 발생하기 쉬운데, 이것은 콘크리트의 열용량이 크고 표면온도가 쉽게 상승하지 않기 때문이다.

전통주거에서는 틈새를 통한 대류열 손실의 비율이 높았으나 수분이 공기의 흐름을 타고 열과 함께 움직여 수분의 밸런스가 자연스럽게 유지되어 결로에는 그 나름대로 안전하였다. 그러나 오늘날의 주택은 기밀성이 대단히 높고 단

(좌)그림 6-9
결로

(우)그림 6-10
결로 발생 가능 부위

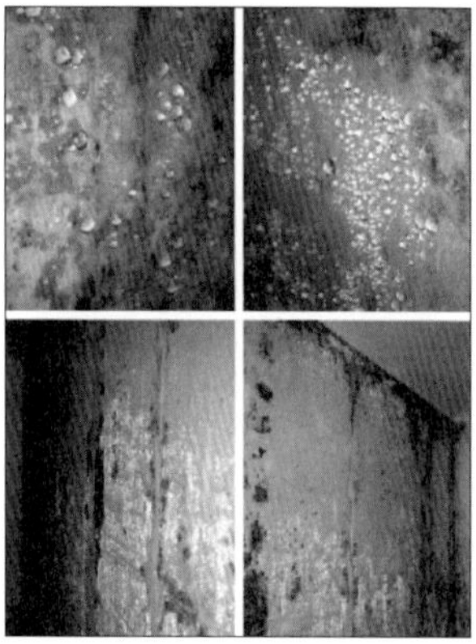

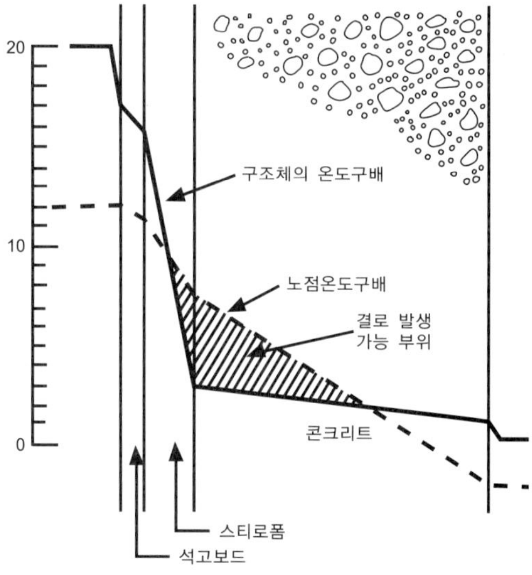

열화되면서 공기의 흐름과 열의 흐름은 차단된 반면 습기에 대한 배려를 소홀히 하였다. 따라서 결로 방지를 위해서는 온도유지와 습기관리가 가장 중요하며, 이를 위해 주거의 실내 및 구조체 단열층을 설치할 필요가 있다. 이때 단열층은 끊어지는 부분이 없도록 연속하여 설치하여야 한다. 특히 평면이나 단면이 복잡한 주택에서는 그 연속을 유지하기에 어려우므로 더욱 신중을 기하여야 한다.

주거의 음환경

소음이란 불규칙하게 뒤섞여 불쾌하고 시끄러운 소리로 정의할 수 있다. 그러나 각자의 현재 상태라든가 주위 환경에 따라서 어떠한 소리든 소음으로 받아들일 수 있다. 즉, 소음은 심리적이고 주관적인 요소가 다분히 포함되어 그 성질을 규정하기가 쉽지 않지만 객관적으로 소음계에 의한 음압의 측정에 의하여 정해지며, 보통 80폰Phon 이상의 소리를 소음으로 규정한다. 바람소리, 새소리 등 자연의 소리는 대부분 정서적인 반면, 인간에 의해 발생되는 문명의 소리, 즉 자동차 소리, 비행기 소리 등은 소음이다. 그리하여 소음은 인류문명의 산물이라고 할 수 있다.

주거 내에서 조용한 환경을 유지하기 위해서는 외부로부터의 소음을 가능한 한 차단할 수 있어야 한다. 또한 가정 내에서의 텔레비전, 라디오 등의 음향 기기나 피아노 등의 악기의 음이 밖으로 새어나가지 않게 해야 하며, 같은 주거 안에서도 방과 방 사이의 음향적 프라이버시를 유지할 수 있도록 적절한 차음 성능을 지닌 벽체를 구성해야 한다. 따라서 음향적으로 양호한 주거환경을 조성하기 위해서는 먼저 각 공간에서의 생활행위를 고려하고, 방 배치나 구조에 있어 음에 대한 충분한 배려가 있어야 한다.

소음을 조절하는 기본적인 방법으로는 소음원, 소음의 영향을 받는 수음점 및 그 사이를 연결하는 소음전달경로에 대해 적절한 음향 처리를 하는 것이며 그 방법은 다음과 같다.

① 소음원 대책: 음원이나 음원 가까이에서 소음을 조절하는 방법으로, 어느 정도 거리를 둔 상태에서 조절하는 것보다 용이하고 비용도 적게 든다. 따

라서 소음조절의 방법에서 우선적으로 음원 대책이 가능한지의 여부를 검토해 볼 필요가 있다. 만약 어떤 음원에서 불필요한 소음이 발생된다면 소음을 내는 기계나 설비를 조정함으로써 소음 발생을 억제할 수 있다.

② 수음점 대책: 수음점에 있어서는 소음의 전달경로에 의한 조절이므로 소음원으로부터 멀리 위치하여 거주하는 것이 가장 바람직하다. 불가피하게 그런 소음원에 인접할 경우에는 벽, 울타리, 발코니, 제방, 나무 등의 장벽을 설치하여 소음을 제어한다. 또한 외부 소음의 방지수단으로 발코니를 사용하여 소음을 조절할 수 있다.

③ 소음전달경로에 대한 대책: 소음전달경로에 대한 대책으로는 외부 소음이 실내로 전달되지 못하도록 벽체의 차음성능을 높이고 개구부의 틈새를 차단하는 방법이 있다. 외부 소음에 대한 구조체의 차음성능은 각 구조체에 따라 다르나 보통 100dB 이상의 소음은 차음이 불가능한 것으로 알려져 있다.

주거 내의 소음을 조절하는 방법으로서 실내에 피아노, 오디오 세트 또는 기타 발음체가 있을 경우 벽과 천장, 바닥에 흡음성이 좋은 재료를 사용하고, 개구부에는 두꺼운 커튼을 설치하는 것이 효과적이다. 특히 공동주택에서 주로 문제되는 층간소음에 대한 것은 이중 마룻바닥의 설치 등으로 개선할 수 있다. 또한 정숙을 요하는 방은 소음원이 있는 방향으로는 가능한 한 창을 내지 않도록 하며, 실내 소음원이 있는 방은 집중적인 방음계획으로 이웃에 방해가 되지 않도록 배려하여야 할 것이다.

현대주거의 환경 문제

주거환경의 문제

앞 절 〈주거의 환경요소〉에서 살펴보았듯이 우리나라 인구의 81.5% 이상이 도시에 거주하고 있으며, 도시 집중화에 따라서 많은 문제점들이 나타나고 있

[표 6-10] 도시문제와 해결 방안

	도시 문제	해결 방안
교통 문제	교통량의 증가로 인한 교통 혼잡, 대중교통 시설 부족, 주차 공간 부족	도로 정비, 주차 공간 확보, 대중교통 시설 확충
주택 문제	도시의 인구 증가로 인한 주택 부족, 집값 상승, 불량 주택 증가	공공 주택 건설, 신도시 건설을 통한 인구 분산, 도시 재개발
환경 문제	대기, 수질, 토양 오염 문제, 쓰레기 문제	분리수거를 통한 자원 재활용, 폐수 및 대기 정화 시설 설치, 청정 연료 보급 확대, 친환경 도시 개발
사회 문제	일자리 부족, 범죄, 빈곤, 노숙자 문제	일자리 창출, 사회보장제도 확충

다. 도시 문제의 근본적인 원인은 좁은 면적에 지나치게 많은 인구와 시설이 집중되어 있다는 것이다. 도시 문제는 선진국과 개발도상국에서 그 양상이 다르게 나타난다. 선진국의 경우 차량 증가로 인한 교통시설 부족, 교통 혼잡, 도시 내부 시설의 노후화, 범죄, 노숙자 문제 등을 들 수 있고, 개발도상국의 경우는 주택 · 도로 등 기반 시설 부족, 무허가 주택과 빈민촌 형성 문제 등을 들 수 있다. 도시 문제와 그 해결 방안은 여러 측면에서 살펴볼 수 있다.

[표 6-10]에서 볼 수 있듯이 발생한 도시 문제의 해결 방안은 근본적인 것이 아니라, 도시 문제의 가중에 따른 해결책일 뿐이다. 이러한 도시 문제의 근본적인 해결 방안은 도시로 집중된 인구와 각종 시설들을 지방으로 분산시키는 것이다. 그리고 사람과 자연이 조화를 이루며 살아가는 친환경 도시 개발(예: 독일의 프라이부르크, 브라질의 쿠리치바)을 통해서도 해결할 수 있다.

인구 증가와 도시화, 환경 문제

환경 문제가 일어나는 첫 번째 원인은 급증하는 인구이다. 인구가 증가함에 따라 자원의 소비량이 늘어나고, 각종 폐기물과 쓰레기의 양이 급격히 증가하게 되었다. 국가에 따라 1인당 자원 소비량에 차이가 나지만, 일반적으로 인구가 증가하면 자원 소비량과 환경 문제도 함께 증가한다.

인구 증가율이 높을수록 도시화도 증가하게 되는데, 도시화는 좁은 지역에서 인간활동이 집중적으로 이루어짐으로써 환경에 매우 큰 영향을 미친다. 특히 대도시에서는 많은 사람들이 좁은 공간에 밀집해서 살고 있으며, 끊임없이 물자와 사람들이 이동하며, 쓰레기 · 생활하수 등 수많은 오염물질이 발생한다. 뿐만 아니라 끊임없이 도시 주변의 농경지와 삼림을 파괴하여 시가지를 만들고, 공장을 건설하는 등 자연환경을 파괴하고 있다.

도시지역 상공의 대기는 항상 먼지, 자동차 배기가스 그리고 각종 공장에서 나오는 오염물질로 가득 차 있다. 각종 건물과 차량이 내뿜는 열로 말미암아 나타나는 '열섬' 현상은 대기의 기온을 올라가게 한다. 또한 더워진 공기가 상승함에 따라 오염물질이 함께 상승하여 대기는 오염물질로 가득 차게 되며, 이것이 태양광선과 작용하여 스모그 현상이 일어나기도 한다. 인간의 활동에 따른 지역 및 지구환경 문제는 다음 〈그림 6-11〉과 같다.

그림 6-11
인간의 활동에 따른 지구환경 문제

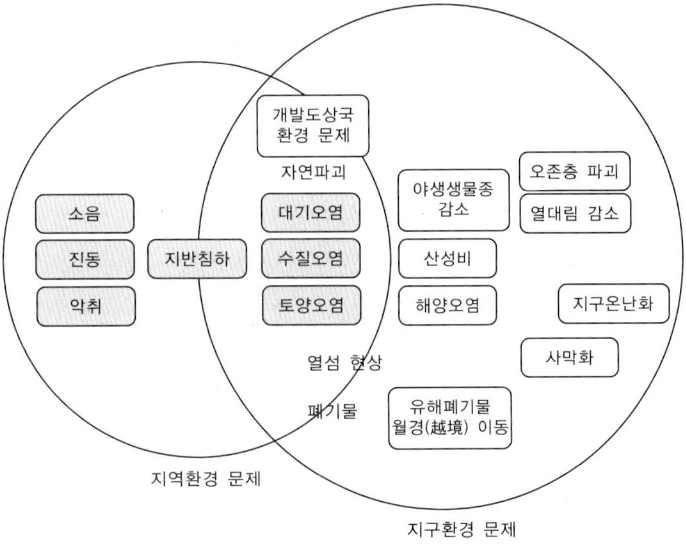

주거환경의 문제

앞에서 자연환경과 지구환경에 대해 거시적인 관점에서 문제점을 살펴보았다. 그렇다면 현대 주거환경에는 어떠한 문제점들이 발생하는지 살펴보도록 하자.

인구가 증가하고 도시화가 진행되면서, 주거 면적이 확대되고 있다. 즉, 사람은 자고 먹고 씻어야 하기 때문에 반드시 주거공간이 필요하다. 인구가 증가하면 주거 면적이 증가하게 되고, 도시화가 진행되고 있으므로 기존 도시 주위의 녹지나 경작지가 주거 용도로 전용되어 녹지가 파손된다. 녹지 감소로 인해 도시의 열섬 현상이 가중되고, 공기 오염이 심각해지는 등 많은 문제점이 발생한다. 또한 생활수준의 향상으로 녹지공간에 대한 요구가 커져, 최근에는 많은 도시에서 도심공원 건설, 도심하천 개발 및 복원 등 많은 노력이 이루어지고 있다.

인구 증가와 도시화에 따라 생활 오 · 폐수가 증가하고, 이로 인해 하천의 수질악화, 수생 동식물의 생태계 변화도 발생하고 있다. 수질오염은 상수도의 급수원, 즉 식수문제로 이어질 수도 있어, 주거환경에 악영향을 미치게 된다.

인구 증가와 생활수준 향상으로 자동차와 냉난방 설비의 보급률이 증가하고 있다. 또한 산업화에 따라 공장 및 운송교통이 증가하면서 대기 오염이 점차 심각해지고 있다. 대기 오염으로 인해 조류, 식물, 동물 등이 살아갈 수 없게 되며, 개체수가 줄어든 동식물을 먹이로 하는 상위 먹이사슬의 동물들도 결국 먹이가 없어 개체수가 줄어들게 된다. 단지 동식물의 문제만이 아니라, 인간에게도 많은 피해를 입히고 있다. 대기 오염에 따라 기관지염, 천식 등 호흡기 질환을 앓는 사람이 늘고 있는데, 한 연구에 따르면 자동차의 배기가스로 인해 생성된 대기 중의 이산화질소가 천식 증세를 악화시킨다고 보고하였다.

다음으로는 바로 소음문제를 들 수 있다. 자동차 소음, 음악 소음 등 현대 주거환경은 많은 소음에 노출되어 있다. 그뿐만 아니라, 우리나라의 경우 아파트 보급이 활성화되고 그에 따라 층간소음 또한 큰 문제점으로 지적되고 있다.

친환경적 주거의 개념

생태건축Ecological Architecture

1979년 독일의 크레쉐P. Krushe가 자연과 인간의 상호관계 및 생태계를 고려한 다양한 건축적 시도와 개념들을 종합하여 '생태건축Okologisches Bauen'이라 명명하였다. 생태건축이란 자연환경과 조화되며 자원과 에너지를 생태학적 관점에서 최대한 효율적으로 이용하여 건강한 주생활과 업무생활이 가능하게 하는 건축으로 정의된다. 여기에서 자원이란 지구구성 요소인 토양, 물, 태양, 공기로 대표되는 지구 생태계 내의 모든 유기 · 무기 물질을 통틀어 말한다. 이러한 관점에서 기존의 건축과 생태학적 개념에 입각한 건축을 다음과 같이 비교할 수 있다. 기존 건축은 자연자원을 적절히 활용치 못하고 달리는 자동차와 같이 에너지와 물질을 소모하여 폐기물을 발생시켰다. 이와 비교하여 생태건축은 자연 생태계의 일부로서 피해 없이 자연자원을 활용한다. 주 순환체계인 토양, 물, 태양, 그리고 공기와 같은 자연자원을 유기적 연계를 가진 건축물인 주택 및 주거단지의 순환체계로 적용한다. 이 순환체계들은 다양하게 연계되어 있고 서로 종속적이며, 독립적으로 이루어지는 것이 아니라 상호 의존적인 관계를 지닌다.

생태건축의 주요 목표는 다음과 같다.

① 자원과 에너지의 절약과 순환활용
② 자연환경과의 조화
③ 건강한 주생활

지속 가능한 개발Sustainable Development

환경과 경제개발을 조화시켜 환경을 파괴하지 않고 경제개발을 한다는 개념이다. 1987년 이 말을 처음 사용한 세계환경개발위원회는 "미래세대의 욕구를 충족시킬 능력을 손상시키지 않으면서 우리 세대의 욕구를 충족시키는 개발"을 지속 가능한 개발이라고 정의하였다. 생태학적 환경 계획은 생물학적 · 과학적 토대 위에 역동성 있고 다양하며, 스스로 생태계 질서에 의해 변해 가는 경관을 이난의 주변에 자연스럽게 조성하는 것이다. 그리고 그 중심에는 '지속 가능한 개발'이라는 개념이 존재하며, 환경디자인의 계획과정에서는 이 개념을 반드시 포함해야 한다. 지속 가능한 개발의 주요 개념은 다음과 같이 세 가지로 나타난다.

① 자연자원의 경제적 이용: 자연자원의 유한성을 인식하고, 구체적으로는 에너지와 토지, 천연자원의 효율적 활용과 폐기물의 재활용 등을 추진하다.

② 주민의 참여와 동등한 분배: 지역사회의 개발 또는 토지이용 등에 대한 의사결정 시 시민의 참여가 적극적으로 이루어지도록 한다.
③ 환경의 보호: 환경을 보호하기 위해 자연환경의 오염이나 생태계에 해가 되는 재료의 사용을 억제한다. 가용한 범위 내에서 자연자원을 사용하고 그것이 환경에 미치는 영향을 충분히 고려한다.

결론적으로 지속 가능한 개발 개념은 자연환경에 이롭거나 또는 적어도 해롭지 않은 경제성장을 지칭하고 자연의 구성 요소 간의 복잡하고 미묘한 상호작용적 성격을 중시하여 생태계의 안정성 유지, 경제성장의 관리, 사회적 평등의 증진을 추구하는 개념이라 할 수 있다.

환경공생주택Symbiotic housing

환경공생주택이란 '지구환경 보전이라는 관점에서 에너지 · 자원 · 폐기물을 충분히 고려하며, 주변의 자연환경과 친밀하고 아름답게 조화를 이룰 뿐만 아니라, 주민이 직접 환경을 가꾸고 건설하는 데 참여하는 건강하고 쾌적한 생활이 가능한 주택 및 지역환경'을 뜻한다. 1991년 일본에서 세부적으로 환경공생

[표 6-11] 환경공생 주거단지의 세 가지 주제

주제	내용
지구환경의 보전 (low impact)	-자연, 미이용 에너지를 유효하게 이용한다. -자원을 유효하게 이용한다. -폐기물을 감소시킨다.
주변환경과의 친화성 (high contact)	-생태적 풍부함과 순환을 고려한다. -건물 내외의 연계성을 고려한다. -지역사회 · 문화와의 조화를 고려한다. -거주자의 공생적 활동을 지원한다.
주거환경의 건강, 쾌적성 (health & amenity)	-자연을 최대한 반영하도록 주거환경을 디자인한다. -안전하고 건강하며 쾌적한 실내환경을 실현한다 -아름답게 조화되도록 설계한다. -풍부한 커뮤니티를 유발할 수 있도록 고려한다.

주택 위원회가 발족되면서 본격적으로 시작된 이 개념은 첫째, 지구환경의 보전, 둘째, 주변환경과의 친화, 셋째, 주거환경의 건강 및 쾌적성 추구를 주제로 한다.

친환경적 주거단지

환경이란 생명체 주위에서 생명활동에 영향을 주고받는 주변환경 모두를 총칭하는 것이다. 인간을 포함한 모든 생명체가 환경의 구성원이기 때문에 사람의 영향이 전혀 미치지 않은 자연계의 상태를 가장 이상적인 환경상태로 본다면 친환경적Environmental Friendly이란 용어는 존재할 수 없다. 다소의 차이는 있으나 인간이 주거환경을 이루기 위해 모든 주변의 환경인자를 이용하기 때문에 환경피해가 발생할 수밖에 없는 것이다. 친환경적 주거단지는 환경문제를 근본적으로 해결하고 예방하고자 모든 개발 행위와 경제활동에서 환경을 중요하게 배려하여 환경에 미치는 악영향을 최소화하기 위해 계획된 주거단지를 말한다.

[표 6-12] 친환경적 건축대안의 목표와 개념

환경 친화적 건축대안의 목표		주요 관점	기본 개념
생태건축	자원과 에너지의 생태적 이용 자연환경과의 조화 건강한 주생활	자원, 에너지 주변환경 건강	친환경 환경+인간 친인간
지속 가능한 개발	자연자원의 경제적 이용 주민참여, 동등한 배분 환경보호	자원 인간 환경	친환경 친인간 환경+인간
환경공생주택	지구환경의 보전 주변환경과의 조화 주거환경의 건강, 쾌적성	자원, 에너지 주변환경 건강, 쾌적성	친환경 환경+인간 친환경

그림 6-12
친환경적 주거건축의
목표

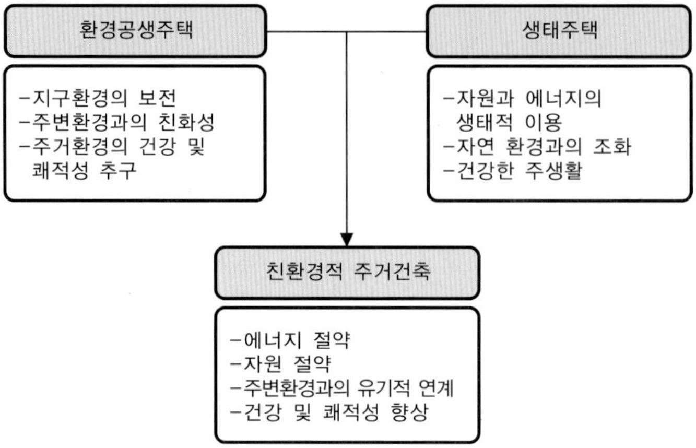

그림 6-13
친환경적 주거건축의
개발 방향

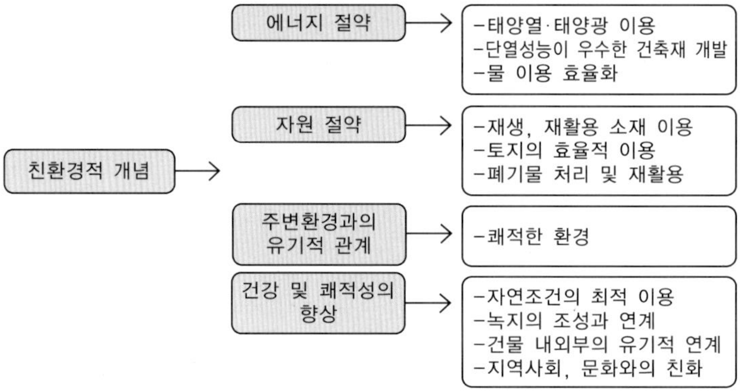

환경 조절

환경조절은 건물의 중요한 기능 가운데 하나로서 인간의 생활환경 구축을 위하여 쾌적한 열환경, 빛환경, 음환경과 적절한 크기의 공간을 필요로 한다. 따라서 건축의 주목적은 이러한 각종 요구를 충족시켜 줄 수 있는 환경성능을 제공하는 것이다.

실내환경 제어는 외부의 환경 요인을 선택적으로 도입 혹은 차단함으로써 이루어지며, 건물 내의 온도, 습도, 빛 등의 물리환경을 제어하는 것은 여러 물리량의 분포상태를 거주하는 인간에게 맞도록, 즉 쾌적한 상태에서 거주할 수 있도록 제어하는 것이다.

에너지 성능에 영향을 주는 인자들은 무한하며 건물의 유형, 기후조건, 디자인상의 요구, 그리고 그 사용방법에 따라 달라진다. 이 중에서 실내환경 조절은 인간생활에 필요한 실내조건과 외기 조건의 차이에 기인하는데, 그 조절 방법은 크게 건축적인 방법(자연형 조절, passive control)과 설비적인 방법(설비형 조절, active control)으로 구분되지만 비용문제 및 에너지 문제의 측면에서 볼 때 자연형을 사용하는 것이 바람직하다.

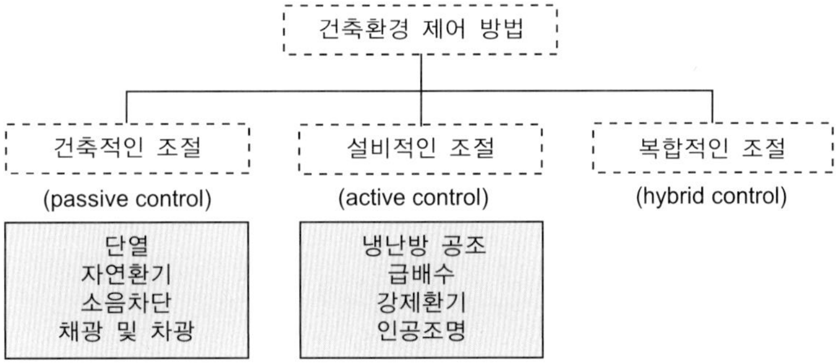

그림 6-14
환경조절의 방법

자연형 조절passive control

기계적인 장치의 도움 없이 실내환경 조건을 인간의 감각적인 요구에 적합하도록 조절하는 방법으로, 건축 계획적인 방법인 건물의 형태와 구조, 외피계획 등을 통하여 환경문제를 해결하는 것이다. 주거건물의 외피는 실내외 기후조건의 경계부분으로서 열 획득과 열 손실이 가장 많이 발생하는 부분이다. 그러므로 에너지 소비를 감소시키기 위하여 건물을 가능한 한 밀집한 형태로 설계하여 외부표면의 면적비율을 줄여야 한다. 에너지 절약을 위해서는 대지 내에서의 일사와 바람의 영향을 동시에 고려하여 건물을 배치해야 한다. 자연형 조절은 다음과 같은 방법을 사용한다.

① 건물 배치 및 인근지형의 이용
② 건물 방위 및 형상 조절
③ 틈새바람, 환기, 실내 쾌적조건, 조절 기상관계 고려

④ 단열시공, 창호기밀
⑤ 태양열, 바람, 축열 등의 자연에너지 이용
⑥ 건물 내 잉여열의 효율적 배분

자연형 조절을 이용한 방법에는 시스템 창호(일사의 유입과 환기), 처마(차양), 이중외피double skin, 축열벽 형식trombe wall, 부착온실형attached sunspace system 등이 있다.

시스템 창호

창호는 불리는 명칭이 매우 다양한데, 일반적으로 특수 하드웨어나 특수 기능의 적용 여부에 따라 일반 창호과 시스템 창호로 분류할 수 있다. 창의 겹수에 따라 단창과 이중창으로 구분하며 사용용도에 따라 발코니창, 내창, 거실복합문창으로 나뉘기도 한다. 시스템 창 역시 발코니에 사용되면 발코니 창으로 부를 수 있다.

일반적으로 시스템 창호는 손을 이용하여 옆으로 밀어서 문을 여는 단순개폐방식(슬라이딩)에 의존하는 일반 창과는 달리, 특수 하드웨어를 장착해 독특한 개폐방식을 가진다. 다양한 개폐기능을 가진 과학적이고 정밀한 특수 하드웨어는 손쉽고 안전한 개폐를 가능하게 한다. 또한 일반 창호보다 기밀, 수밀, 단열, 방음, 내풍압성의 5대 성능을 더욱 완벽하게 구현해 낸다. 우수한 기밀재와 복층유리, 특수 하드웨어의 뛰어난 밀폐성능은 외부 소음을 효과적으로 차단할 뿐만 아니라 창을 통한 에너지 손실을 방지함으로써 냉난방 에너지 절감효과를 얻을 수 있다.

그림 6-15
시스템 창호 설치 예

처마(차양)

처마eaves는 외벽면에서 밖으로 돌출된 지붕, 즉 지붕이 도리(기둥 위에 가로로 길게 건너지른 나무) 밖으로 내민 부분을 말하는데, 외벽을 비로부터 보호하고 개구부의 일조를 조정하는 역할을 한다. 차양awning은 햇볕을 가리거나 비가 들이치는 것을 막기 위해 처마 끝에 덧붙이는 좁은 지붕으로 정의할 수 있다.

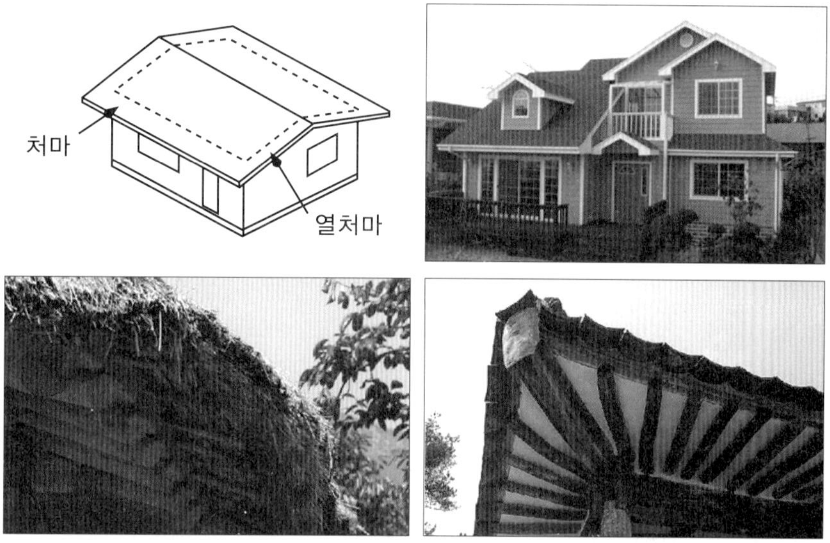

그림 6-16
처마의 종류

그림 6-17
차양의 종류

차양의 종류는 다양한다. 천(원단)에 의해 차양효과를 발휘하는 것에서부터, 수직으로 건축 구조물 자체에 포함된 차양도 볼 수 있다.

이중외피double skin

외부와 내부 사이에 공간층을 하나 더 두어서 그 공간층에서의 공기 대류에 의해 열 에너지가 순환되는 방식을 말한다. 즉, 2개의 외피로 구성된 이중 벽체 구조를 갖는 시스템으로 겨울철에는 열기가 아래로 들어와 안쪽으로 유입되고, 여름철에는 외기를 위로 나가게 해 실내온도의 쾌적성을 유지시켜 준다. 건물의 에너지 절감효과와 자연환기 및 차음성능이 탁월한 공법이다.

그림 6-18
이중외피의 원리

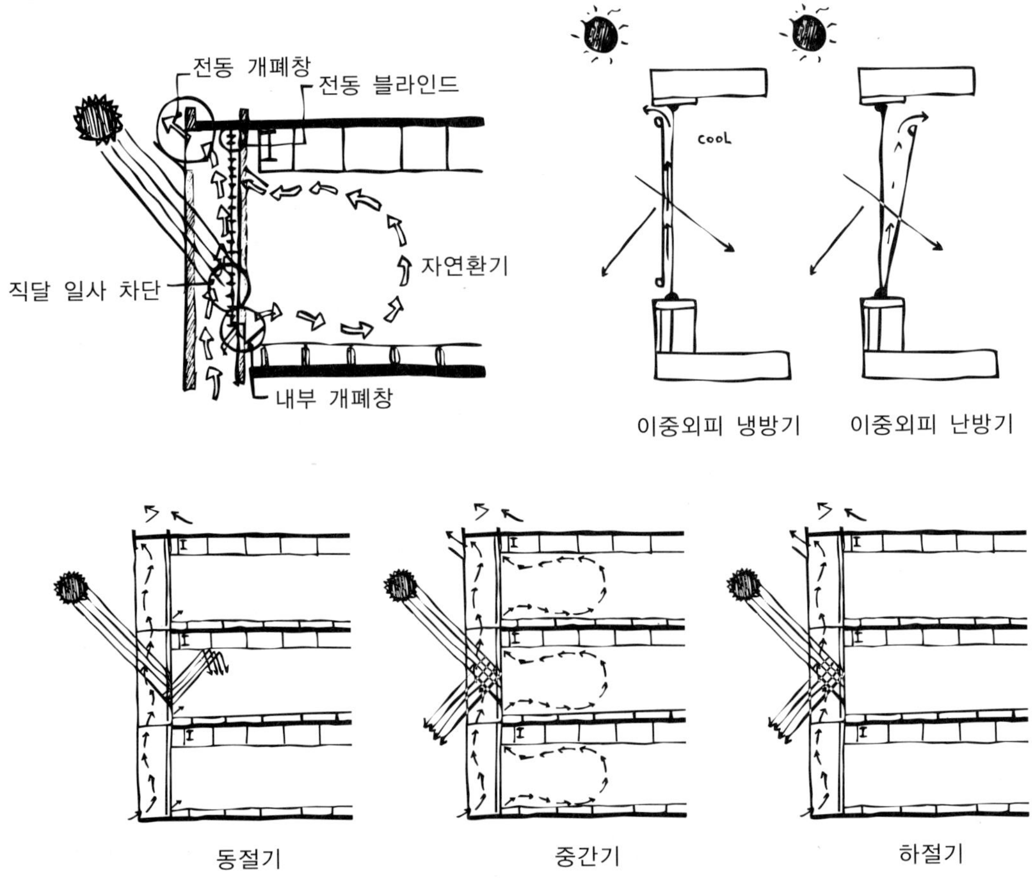

그림 6-19
이중외피 적용 건물

축열벽 형식trombe wall

축열벽thermal storage wall은 패시브 솔라 시스템에서 축열 기능을 갖게 한 벽으로, 특히 남면창의 실내측에 두는 축열벽을 트롬브 월Trombe's wall이라고 한다. 외측에서 낮 동안 일사를 받아 흡수된 열이 전도에 의해 벽을 통하여 실내로 방출되는 특성을 이용한 방식이다.

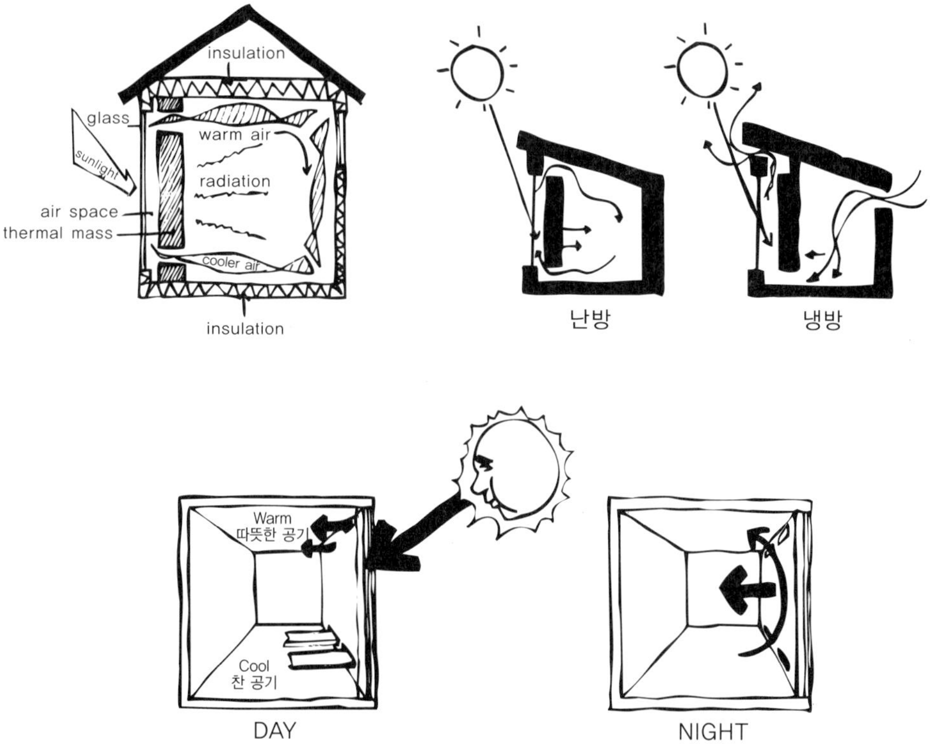

그림 6-20
축열벽의 원리

설비형 조절active control

주거 건물 내부의 실내환경을 기계적 설비를 이용하여 적극적으로 조절하는 방법으로, 외부환경 조건에 관계없이 쾌적범위를 유지하도록 조절하는 것이다. 전기, 가스, 석유 등의 에너지를 사용해야 하기 때문에 비용이 많이 든다. 설비 시스템의 계획과 선정은 주택의 에너지 절약에 있어서 중요한 문제이다. 설비의 비효율성으로 발생하는 에너지 소비량의 증가는 주택 유지비를 상승시키므로 설비 시스템을 선정할 때는 초기 투자비용뿐만 아니라 라이프사이클 비용life-cycle cost까지 고려하여야 한다. 설비형 조절은 다음과 같은 방법으로 조절한다.

① 건물기능과 사용에 따른 에너지 효율성을 고려한 적절한 시스템 구축 및 운용
② 사용 기기의 효율 향상
③ 냉 · 난방설비 및 공조시스템의 효율 향상
④ 팬 및 펌프 관련 에너지 절약
⑤ 급탕, 배열회수, 축열시스템의 효율화

설비형 조절의 예로는 형광등, 백열등과 같은 조명설비, 보일러나 에어컨과 같은 냉난방 설비 등을 들 수 있다.

그림 6-21
조명설비

그림 6-22
냉방설비

그림 6-23
보일러와 방열기

혼합형 조절hybrid control

주거환경 조절은 가능한 한 자연형 조절에 의존하는 것이 가장 바람직하다. 그러나 자연환경이 불리한 야간이나 겨울철 등에는 인공조명이나 난방 등의 설비가 필요하므로 자연형 조절과 설비형 조절을 조화시켜야 한다. 혼합형 조절 적용 시에 고려할 사항은 다음과 같다.

① 자연형 조절과 설비형 조절은 별개의 방법이 아니라 상호보완적인 방법이다.

② 환경 조절은 자연형 조절이 우선이며 설비형 조절은 자연형 조절의 한계를 보완하는 보조수단이 되어야 한다.

제7장

에너지 절약형 주거

에너지 소비와 생산

에너지 절약 주택이란 의미에서의 친환경주거 사례조사

친환경주거단지 계획 사례조사

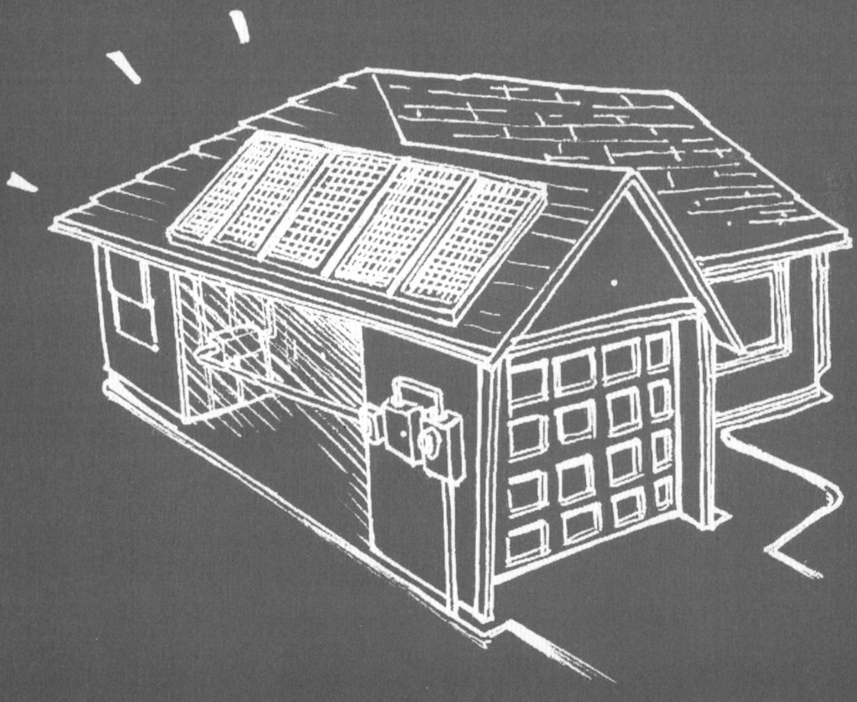

7

에너지 소비와 생산

주택에서의 에너지 소비는 얼마나 될까

한국의 전체 에너지 소비량은 약 194,885,000TOE로 추정되고 있다. 에너지의 단위는 kl, t, m^3, kW 등 여러 가지로 표시되는데, 여기서 TOE(TOE: ton of oil equivalent)는 각종 에너지원들을 원유 1톤이 발열하는 칼로리를 기준으로 표준화한 단위를 말한다. 1TOE는 원유 1톤(7.41배럴)의 발열량 1,000만 kcal가 기준이 되며 석탄 1.55톤, 천연가스 1,150m^3의 발열량에 해당된다. 즉, 194,885,000TOE=1,948,850Tcal가 1년에 소비되는 것이다.

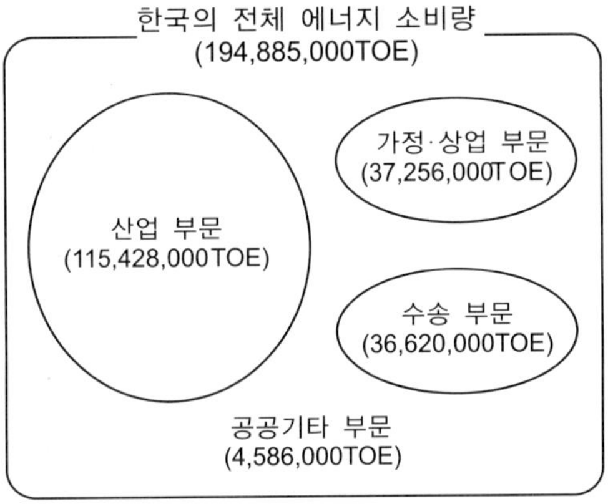

그림 7-1
한국의 전체 최종 에너지 소비량
출처: 에너지통계연보, 2010

에너지 통계조사는 우리나라에서 소비되는 에너지량을 제품을 생산하기 위한 산업 부문, 인간의 생존행위에 관련된 가정 · 상업 부문, 제품의 운반이나 사람의 이동을 위한 수송 부문, 공공기타 부문으로 나누어서 집계하는 것이다. 주택에서의 에너지 소비량은 가정 · 상업 부문으로 분류되고, 전체 소비량의 19%를 차지한다. 칼로리로 환산하면 382,510Tcal이다.

2010년의 에너지 소비량은 2000년에 비해 전반적으로 증가하고 있으며, 부문별로는 산업 부문에서 37%, 수송 부문에서 18%, 가정 · 상업 부문에서 17.9%의 증가 추세를 보인다. 공공기타 부문은 증가 추세가 76%이지만 전체

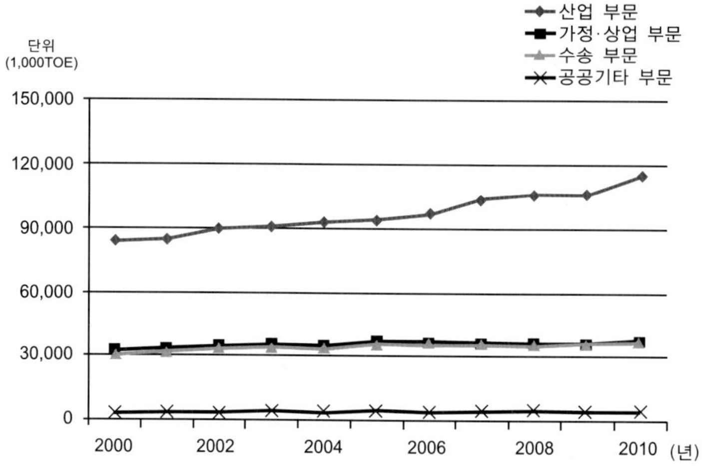

그림 7-2
한국의 부문별 에너지 소비량의 추이 (2000~2010년)

에너지 소비량에서 차지하는 비율이 2% 정도로 다른 부문에 비해 극히 낮기 때문에 차이가 크게 드러나지는 않는다.

〈그림 7-1〉에서 가정 · 상업 부문의 2008년 총 소비량은 약 36,225,000TOE으로 추정되며, 이중 약 51%에 이르는 18,568,296TOE가 가정 부문에서 소비되었다. 단 2010년의 가정 부문 소비량에 대한 통계치가 없는 관계로 2008년도의 데이터를 이용하여 분석하도록 하겠다.

가정 · 상업 부문에서의 에너지는 어떤 형태로 소비되는 것일까? 연도별 통계치가 충분하지 않은 관계로 여기서는 2008년도 가정 부문의 에너지원별 소비비율을 정리하였다. 2008년도에는 가정 부문에서 약 18,568,296TOE가 소비되었는데, 〈그림 7-3〉에서와 같이 도시가스의 형태가 49%로 가장 많고 전력이 23%로 그 뒤를 따르고 있다. 이와 같이 에너지 소비량은 에너지원별로 석탄류(연탄, 무연탄, 유연탄, 코크스, 기타), 석유류(휘발유, 등유, 경유, 중유, 프로판, 부탄 등, 기타석유), 도시가스, 전력의 형태로 나타낼 수 있

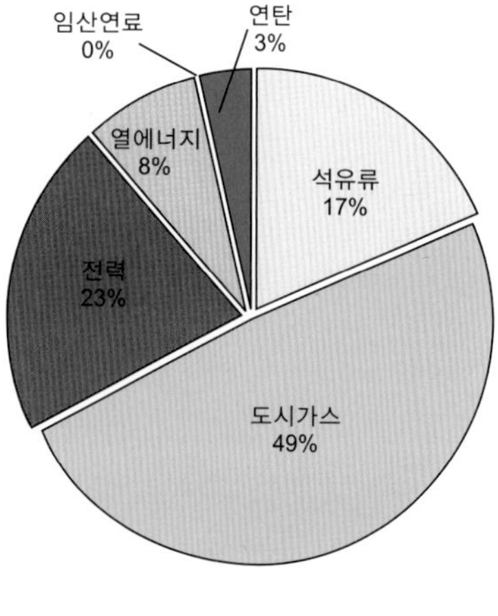

그림 7-3
가정 · 상업 부문에서의 에너지원별 소비비율 (단위 통일, 열량별)

는데, 일반적으로 석탄유, 석유류, 도시가스의 경우는 난방용과 조리용 에너지로 활용되고, 전력의 경우는 가전제품, 조명기기 등을 위한 에너지로 활용된다.

특히 우리나라에서는 전기에너지를 사용하는 온풍기 난방보다는 온돌과 같이 온수로 난방을 하는 시스템이고, 이때 도시가스나 석유류에 의존한 보일러를 채택하고 있기 때문에 그림과 같이 도시가스와 석유류의 사용비율이 높다 하겠다. 또한 우리나라에서는 온돌 이외의 보조기기의 열원으로도 가스히터, 석유히터 등의 활용도가 높은 특성을 보여 준다.

주택의 형태와 구성비율

우리나라의 주택은 2010년 총 13,883,571호로 추정되는데, 아파트가 59%로 가장 많고, 단독주택이 27%, 다세대주택 9%, 연립주택 4% 등이다. 국민들의 아파트 선호 성향과 건물의 초고층화 기술, 주거용 토지 부족 등의 이유가 맞물려 아파트 건설이 급격히 늘어났다.

그러나 주택형태별 에너지 소비비율은 구성비율에 비하여 많은 차이를 보이고 있다. 가정 부문에서의 총에너지 소비량 중, 단독주택이 소비하는 비율은 약 41%, 아파트는 45%에 이르며, 연립주택, 다세대주택, 상가주택이 15%를 차지한다.

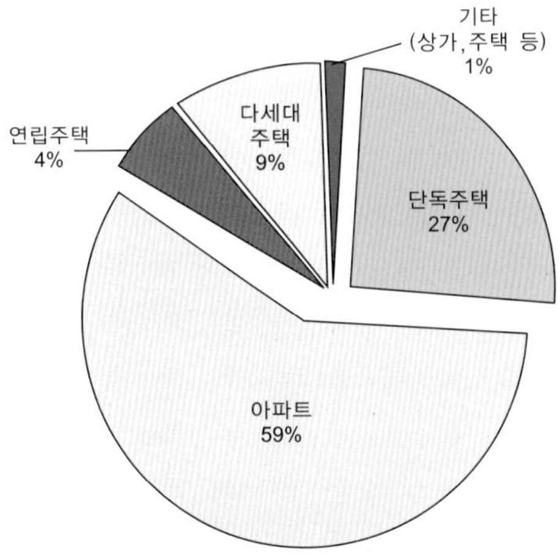

그림 7-4
주택형태별 구성비율
(호수(戶數) 기준,
2010년)

그림 7-5
주택형태별 에너지 소비비율(가정 부문에서의 총에너지 소비량 中)

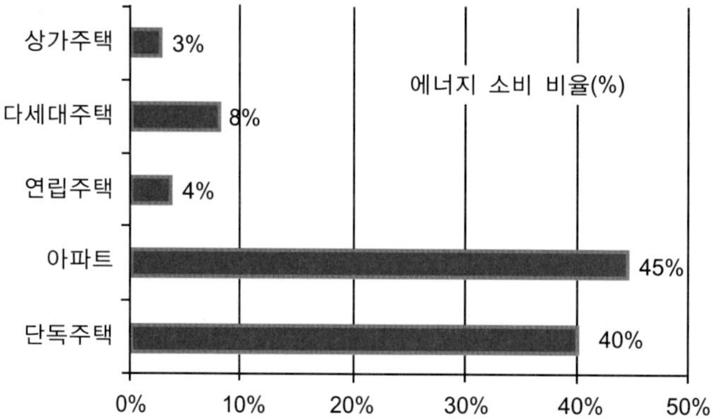

즉, 호수戶數를 기준으로 했을 때 전 주택의 59%를 차지하는 아파트는 에너지 소비량에서는 45%를 차지하고 있다. 단독주택에서의 에너지 소비 비율 41%와 큰 차이를 보이지 않는다. 그 이유는 무엇일까.

그 첫 번째 이유로 주택형태별 면적이 상이하다는 점을 들 수 있다.

〈그림 7-6〉은 아파트에 비하여 단독주택의 경우가 집의 면적이 크다는 것을 보여준다. 아파트는 85m^2(25.71평) 이하 면적이 8할 이상이며, 130m^2(39.32평)까지 합치면 94%에 이른다. 하지만, 단독주택은 130m^2(39.32평) 이상의 면적을 보유하는 비율이 26%를 차지한다. 이와 같이 아파트에 비하여 단독주택은 호수당 단위면적이 넓고, 호戶당 에너지 소비량이 아파트에 비하여 클 수밖에 없으므로 〈그림 7-5〉와 같이 전 가정 부문에서 차지하는 에너지 소비량이 크다.

그림 7-6
주택형태별 면적 구성 비율

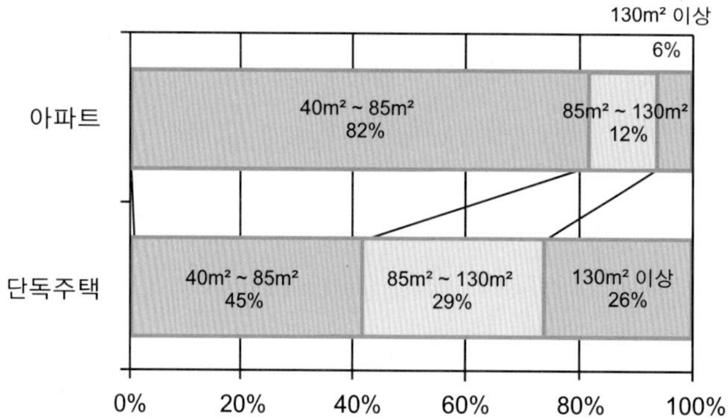

가정 부문에서의 에너지 절약

집중강우와 이상기온 등 지구온난화가 원인이 되는 환경문제가 대두되고, 화석 연료 자원은 채굴의 한계성이 지적되고 있다. 경제성을 지니고 지구를 오염시키지 않는 완벽한 대체에너지가 개발되지 않고 있는 상황에서 에너지 절약은 항상 강조되어 왔고, 강조될 수밖에 없는 실정이다. 따라서 가정에서 사용되는 에너지 소비를 정확하게 인식하고, 헛된 에너지 사용을 줄여 나가야 한다.

이에 에너지관리공단 등은 에너지 절약과 관련한 가이드라인을 제시하여, 에너지를 효율적으로 소비할 수 있도록 유익한 정보를 제공해 준다. 여기서는 가정에서의 여름철 전기절약 행동요령으로 배포된 자료를 소개하도록 하겠다. 〈그림 7-7〉에서와 같이 에너지관리공단에서는 '필수사항'과 '권장사항'으로 나

그림 7-7
에너지 절약 가이드라인(에너지관리공단)

●평상시	! 필수사항	Check
가전제품	· 에어컨 등 전기 냉방기기의 사용은 자제합니다	
	· 사용시간 외 TV, 컴퓨터, 충전기 등의 플러그는 뽑습니다	
냉방	· 실내온도는 26°C 이상으로 유지합니다	
조명	· 사용하지 않는 곳의 조명은 완전 소등합니다	
기타	· 여름철 전력피크시간대(오후 2~5시)에는 전기사용을 최대한 자제합니다	
	권장사항	Check
가전제품	· 실내냉방기기 온도는 한 단계 낮게(강→약) 설정합니다	
	· 세탁기는 한 번에 모아서 사용합니다	
	· 식기세척기는 가득 찰 때만 사용합니다	
	· 전기밥솥 대신 압력솥을 이용합니다(전력 사용→가스 사용)	
	· 전기밥솥은 장시간 보온으로 사용하지 않습니다	
	· TV · 컴퓨터 사용시간을 줄이고, 반드시 셋톱박스의 전원을 끕니다	
	· 컴퓨터는 절전모드를 설정하여 사용합니다	
	· 청소기는 한 단계 낮게 조절(강→중)하여 사용합니다	
	· 냉장고의 음식물은 60%만 넣어 냉기순환이 잘되게 합니다	
	· 냉장고는 벽과 거리를 두고, 뒷면 방열판을 주기적으로 청소합니다	
	· 인원수에 적합한 용량 및 1등급 가전제품을 구입합니다(냉장고, 세탁기, 전기밥솥 등)	
조명	· 백열등은 형광등, LED조명 등 고효율조명으로 교체합니다	

누어 에너지 절약방법을 제시하고 있다. 에어컨 등 전기냉방기기의 사용을 자제하거나 사용하지 않는 전기기기의 플러그를 뽑아 놓는 것, 여름철 실내온도를 26℃ 이상으로 유지할 것, 쓰지 않는 조명의 완전 소등 등을 필수사항으로 제시하고 있으며, 권장사항으로는 세탁기 · 식기세척기 등의 모듬 사용, 전자기기의 사용회피(압력솥 이용, TV, 컴퓨터 등의 사용시간을 줄이거나 절전모드를 이용할 것), 냉장고의 고효율적 사용 등을 들고 있다.

이와 같이 일반적으로 에너지 절약은 에너지 사용을 회피하는 방법에 의한 경우가 많다. 필수사항과 권장사항에서 제시한 에어컨의 사용시간을 줄인다거나, 세탁기 · 식기세척기의 사용횟수를 줄이는 등의 방법은 기기의 사용시간을 줄여 에너지를 절약하는 방법이며, 여름철 실내온도를 26℃ 이상으로 설정하는 것은 기기의 효용을 낮추어 에너지 사용량을 줄이는 방법이다. 그러나 에너지 절약은 기기의 사용시간을 줄이거나 기기의 효용을 낮추지 않고도 가능하다. 바로 고효율 기기를 선택하는 방법이다. 예를 들어 같은 냉장고를 사용하는 경우에도 1등급 제품을 선택하여 사용할 경우, 3등급 제품보다 연간 15.22kWh/월의 전력량을 줄일 수 있고, 연간에너지 비용으로는 29,000원의 절감효과가 있는 것으로 알려져 있다.

이와 같이 에너지를 절약하기 위해서는 기기의 사용 시간을 줄이는 방법뿐만 아니라, 고효율 기기를 선택하는 것도 중요하다. 따라서 정부에서는 효율관리기자재에 속한 제품들은 다음과 같은 등급으로 소비효율을 표시하여 소비

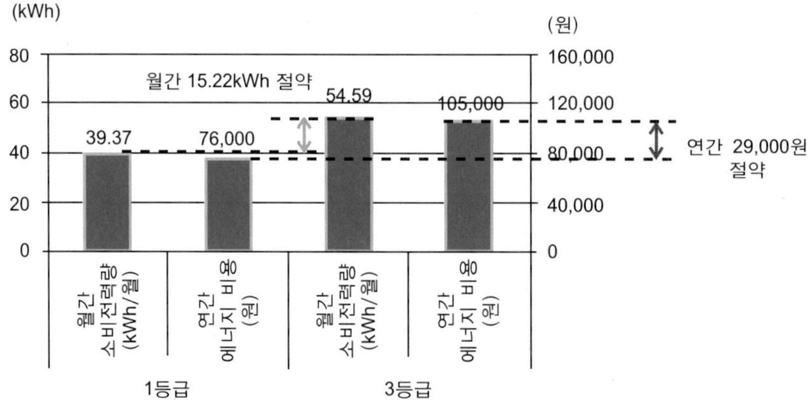

그림 7-8 에너지 소비효율등급 차이에 다른 에너지 절약(냉장고의 예시)

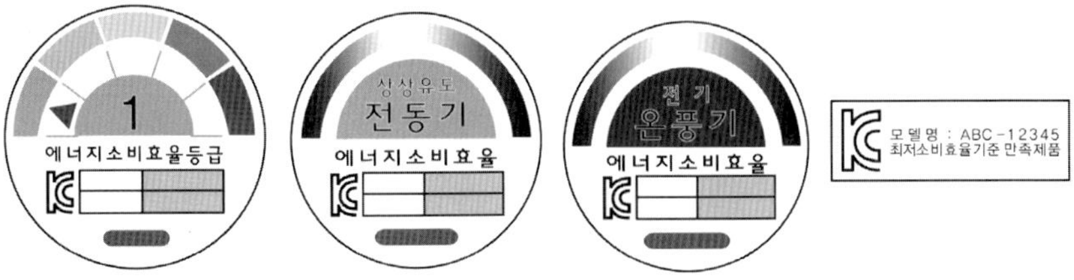

그림 7-9
에너지 소비효율등급
표시 예

자에게 정확한 정보를 제공하도록 하고 있다. 1992년부터 시작된 에너지소비효율등급표시제도는 에너지를 많이 소비하고 보급률이 높은 제품을 대상으로, 각 기기별 에너지의 소비량에 따라서 고효율 단계인 1등급에서 효율이 낮은 5등급까지 표시하는 제도로서, 5등급의 기준에 미달한 제품에 대해서는 생산 및 판매가 금지되고 있다. 대상 제품으로는 냉장고, 에어컨, 세탁기 등을 중심으로 총 36개 제품에 이른다.

가정 부문에서의 에너지 생산

지금까지 에너지 절약에 관하여 살펴보았다. 그러나 에너지의 사용량을 줄이는 것, 즉 에너지 절약에도 한계가 있다. 인간이 살아가는 데 문명기기는 꼭 필요하기에 최소한의 에너지 소비는 반드시 필요하며, 기기의 효율을 높이는 방법도 기술개발의 진보에 맞추어 상한선이 존재하기 때문이다. 그러므로 이에 가정 부문에서도 에너지 절약뿐만 아니라 에너지의 생산에 대해서 적극적인 자세를 취할 필요가 있으며, 어떠한 에너지 생산이 가능한지를 알아야 할 것이다. 본 절에서는 가정 부문에서의 에너지 생산의 측면에서 설명을 하도록 하겠다.

태양광, 태양열, 풍력, 지열 등의 자연에서 얻을 수 있는 다양한 신재생 에너지를 적극적으로 활용함으로써 각 가정에서 소비하는 자체 에너지를 충당하는 개념이다. 또한 연료전지, 가정용 코제너레이션cogeneration을 설치하여 전기 생산은 물론 부가적으로 발생된 열에너지로 급탕용 온수를 사용하는 방법도 있다. 그중 가장 대표적인 신재생에너지로는 2009년에 '태양광발전주택 10만호 보급사업'으로 인해 적극적으로 도입되기 시작한 태양광발전을 들 수 있다.

그림 7-10
태양광발전 사례

풍력주택이란 말 그대로 풍력발전기를 설치한 주택을 말한다. 바람이 연중 일정 수준 이상으로 부는 곳에 풍력발전기를 설치해야 경제적이므로, 장소에 따라서는 풍력발전기를 설치할 수 없는 곳도 있다. 예전에는 풍력발전기를 전량 외국에서 수입하다 보니 고장과 같은 문제가 발생했을 때 곤란한 점이 많았다. 이러한 사후관리의 부실은 풍력주택이 외면 받는 주된 이유였으나, 최근에는 국내기술로 소형발전기를 개발하여 풍력주택 건설이 한층 증대될 것으로 보인다.

지열주택은 연중 15℃ 정도로 일정한 지하의 온도를 히트펌프로 변환시켜 가정의 난방과 냉방에 이용하는 주택으로서, 지열히트펌프는 연중 일정한 지중의 열을 이용하므로 타 에너지원에 비하여 외부환경의 영향을 크게 받지 않는다. 겨울철에는 지중으로부터 열을 흡수하여 히트펌프로 승온시켜 난방하고, 여름철에는 실내의 높은 열을 지중으로 방출하여 냉방에 이용하는 시스템이다. 이용 효과로는 일반적으로 지열냉난방 설비(3RT)를 설치한 100m^2 단독주택의 경우, 겨울철 월평균 난방비는 31만 원에서 6만 원으로, 여름철 월평균 냉방비는 10만 원에서 5만 원으로 부담이 줄어들 것으로 기대된다. 그러나 지열은 태양광, 풍력 등과 달리 제품 위주가 아닌 공사 위주의 시스템이다. 마당 등의 토지가 여유로운 지역을 제외한 대

그림 7-11
'그린홈 100만호 보급사업'의 일환으로 제주시 조천읍에 설치된 소형풍력 발전기(2.4kW)

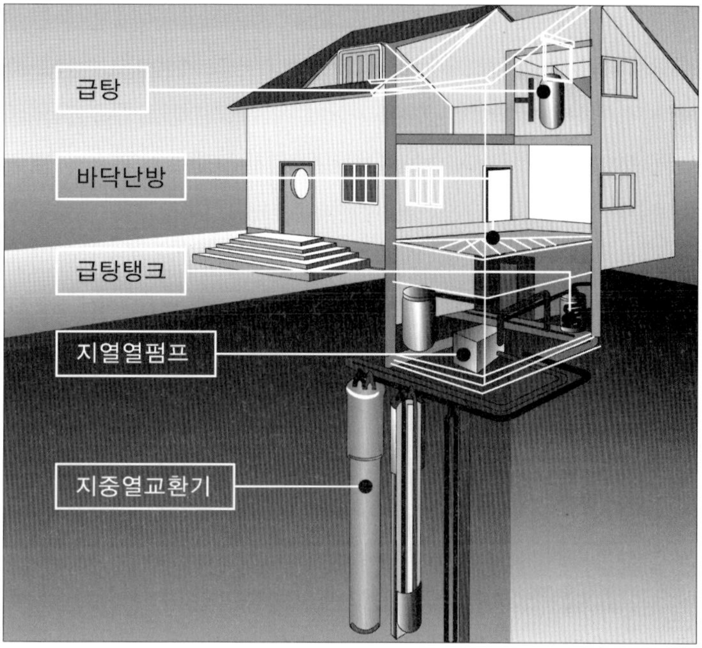

그림 7-12
지열 시스템 구성

부분의 도심의 주택들은 건물 설계단계에서부터 지열이 계획되고 설치되어야 한다. 이러한 이유로 지열주택의 보급은 태양광/열 주택에 비하여 매우 미미하며 정부의 정책에 의존하고 있는 실정이다.

에너지 절약 주택이란 의미에서의 친환경주거 사례조사

환경친화적인 주거란 무엇인가

환경친화적環境親和的의 사전적인 의미는 "인간이나 동식물 따위의 생존이나 생활에 영향을 미치는 자연적 조건이나 상태에 해를 끼치지 않는 것"이다. 환경에 대한 관심과 염려가 높아지고 있는 요즘, 주거부문에서도 환경친화적 주거, 환경공생주택, 그린 홈, 혹은 제로 에미션 주택Zero Emission House 등의 이름으로 환경에 악영향을 미치지 않는 인간의 생활 활동을 추구하고 있다. 특히 제로 에

미션 주택이란 건물의 효율화를 통해 에너지 사용량을 큰 폭으로 저감한 후, 신재생 에너지로 사용량 이상의 에너지를 생산하여 연간 에너지 수지를 '0' 또는 '+'로 유지시키는 주택을 말한다. 이러한 제로 에미션을 추구한 미래의 환경주택은 에너지 절약 및 환경적인 측면에서 거주자의 생활수준을 향상시켜 줄 수 있을 것이다. 인간의 생활환경을 중심 개념으로 한 제6장의 친환경주거와는 달리 본 장에서는 에너지 이용 측면에서의 친환경주거와 주거단지를 소개하고자 한다.

친환경주택 사례조사(국내)

국내에서도 과거 친환경주택의 개념을 실현하기 위해 많은 실험적 주택을 만들어 왔으나, 건물에 도입되는 기술이 발달함에 따라 친환경주택의 레벨도 높아지고 있는 추세이다. 여기에서는 최근에 만들어진 친환경주택, 그린 투모로우Green Tomorrow를 소개하도록 하겠다.

그림 7-13
그린 투모로우의
외부 모습

2009년 삼성물산이 만든 친환경주택 그린 투모로우Green Tomorrow는 "Zero Energy, Zero Emission, Green IT"를 콘셉트로 하고 있으며, 경기도 용인시 기흥구에 위치해 있다. 기본 콘셉트를 구현하기 위한 디자인 요소는 다음과 같다.

[표 7-1] 디자인 요소

디자인 요소	내용
Passive Design	건물의 계획단계부터 대지의 특성 및 기후환경에 대한 이해를 통하여 건물 자체 디자인을 개선하고 에너지 소비량을 줄이는 방법이다. 적절한 방향으로 배치하고 외피 열 성능을 강화하는 작업 등이 이에 속한다. (건물의 배치, 열 성능 향상, 자연채광, 자연환기)
Active Design	설비기기나 시스템 효율성을 증대시켜 에너지 소비량을 줄이는 방법이다. 기존의 조명설비, 냉난방설비 등을 보다 효율적인 기기나 시스템으로 대체함으로써 에너지 소비를 최대한 줄일 수 있다. (직류(CD) 배전, 고효율 설비 기기)
신재생 에너지	신에너지와 재생에너지를 포괄하는 용어로서, 기존에 없던 에너지 또는 자연에 상존하는 에너지를 활용하는 것. (태양광발전, 지열 이용 냉난방 시스템, 태양열 급탕 시스템, 연료전지, 풍력발전)

패시브 디자인은 유럽에서 시작된 디자인 전략으로, 초기 투자비와 에너지 비용 모두를 최적화하는 데 기초를 두고 있으며 매우 적은 에너지를 사용하는 건물을 창출하기 위한 개념이다. 패시브 디자인은 고단열 개념에서 난방이 되는 건물 외피의 에너지 성능을 개선하여 설비 시스템의 가동이 불필요한 수준의 경제적인 이익을 강조하며, 패시브 디자인의 주요 기술은 고단열, 고성능 창호, 축열 구조, 온실, 폐열회수 장치, 자연환기, 고효율 조명 및 기기 등이 있다.

액티브 디자인은 말 그대로 제어나 고효율 설비 등을 통해 에너지 제로화에 도전하는 것이다.

재생에너지는 태양광 패널, 풍력발전 등을 통해 에너지를 공급 받음으로써 에너지 제로화를 가능하게 하고, 또한 신에너지 연료전지를 통해 에너지를 공급하고 있다. 현재 그린 투모로우에서 연료전지는 천연가스를 통한 연료전지이며, 비상시 전원 공급용으로 사용된다. 연료전지는 1차 에너지인 화석연료를 전기화학 반응시켜서 바로 전기에너지를 얻기 때문에 발전효율이 높아 에너지 손실이 적은 저공해 발전이라는 점에서 미래 에너지원으로 각광받고 있는데, 아직은 비용문제로 상용화되지 못하고 있다.

그림 7-14
패시브 시스템의
이미지 그림

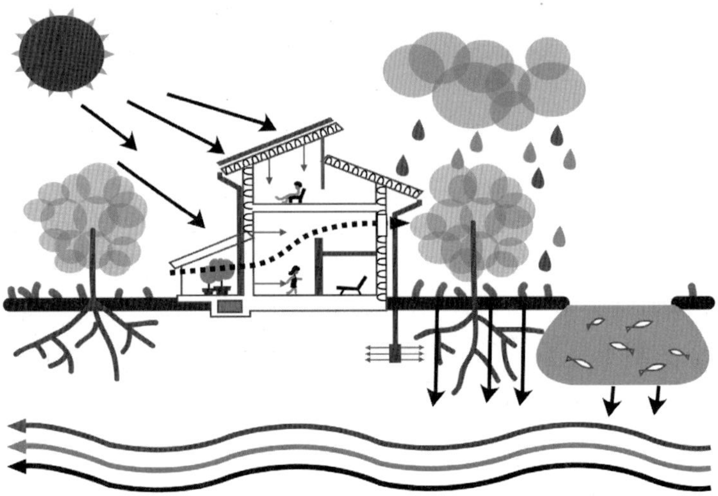

적용된 기술은 다음과 같다.

- 고단열 · 고기밀 방화문: 내 · 외부 판을 분리구조로 하여 단열 및 기밀성능을 향상시킨 방화문이다.
- 이중 외피 시스템: 두 개의 유리 사이에 설치한 블라인드로 실내 유입 일사를 차단하고, 외피 사이 중공층을 외부와의 완충공간으로 활용하여 열적 성능과 환기 성능을 향상시킨다.
- 자연 환기Passive Design: 실과 창호를 통풍이 가능하도록 배치하여 자연환기를 최대한 이용함으로써 실내 쾌적성을 높이고 냉방부하를 저감한다.
- 삼중 창호: 유리 사이 아르곤 가스를 충전하여 열 손실을 저감한다.
- 재택근무 지원 시스템: 인터넷과 멀티미디어를 기반으로 화상 회의, 문서 작업, 전자 결재 등의 원격 근무 환경을 제공하는 시스템으로, 건물과 차량의 상태를 모니터링하고 제어할 수 있다.
- 오디오 파일 공유 시스템: 홈 서버에 저장된 음악 콘텐츠를 홈 네트워크에 연결하여 각 실에서 개별적으로 재생할 수 있다.
- 자연 채광: 자연광의 실내 유입을 최대화하기 위해 천창을 설치.
- 주방: RFID 주방 관리 시스템, 대기전력 차단 시스템, 열회수형 환기장치를 적용한다.

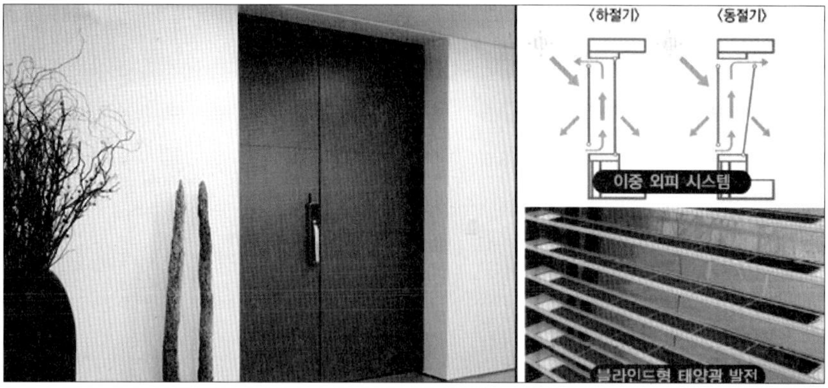

그림 7-15
현관, 이중 외피 시스템, 블라인드형 태양광발전

그림 7-16
자연광 실내 유입을 위한 천창

그림 7-17
지열 이용 냉난방 시스템

- 지열 이용 냉난방 시스템(삼성전자 DVM): 삼성전자 DAS사업팀 제품으로 연중 온도 약 15℃를 유지하는 지하 10m 이하의 지열을 건물의 냉난방 에너지원으로 이용하는 시스템이다. 지열을 이용한 고효율 히트펌프는 에어컨과 바닥 온수난방으로 연계되어 냉난방 에너지를 절감할 수 있다.

그 밖에 LED조명기구와 절전 조명 제어 시스템 등이 설치되어 있으며, 집 전체의 시스템 구성도와 에너지 절감 비율은 〈그림 7-18〉과 같다.

그림 7-18
시스템 구성도와
에너지 절감 비율

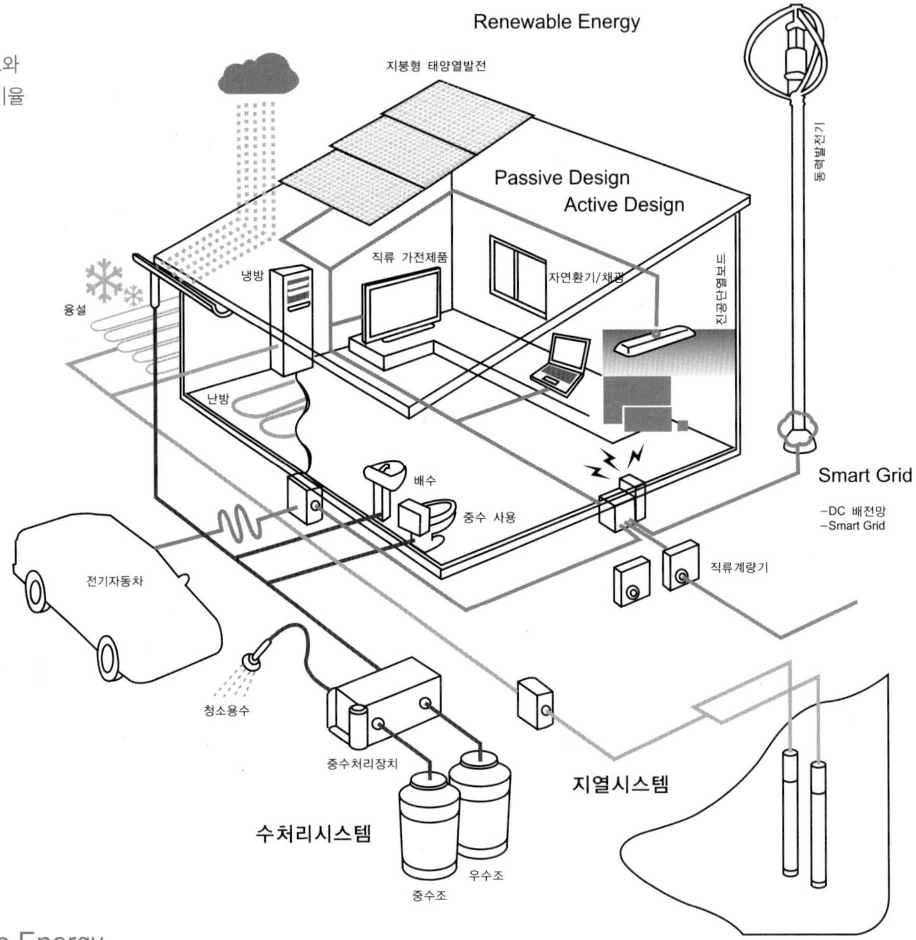

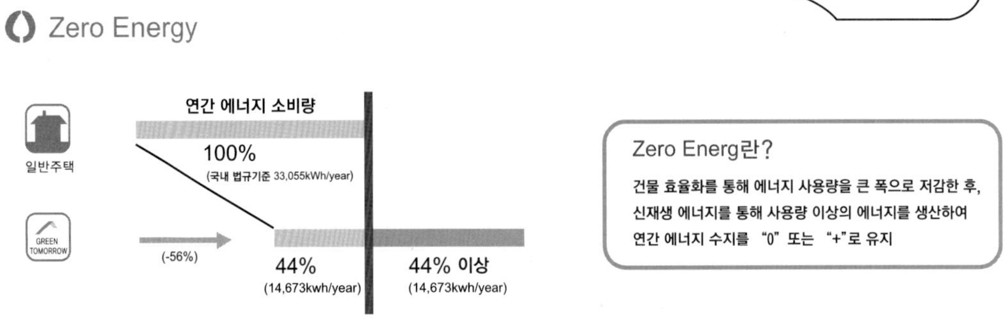

- 직류DC LED 조명기구: 교류/직류 변환 손실을 없애고 에너지 효율을 향상시킨다.
- 절전 조명 제어 시스템: 실내로 유입되는 자연광 양에 따라 각 실 용도에 맞게 조명 밝기를 자동으로 조절하고 재실자 감지를 통해 부재 시 조명을 자동으로 끄는 시스템이다.

친환경주택 사례조사(국외)

일본

2008년도 홋카이도의 도야코에서 개최된 주요국정상회의北海道洞爺湖サミット에서는 기후변동과 에너지에 관련된 토픽이 주를 이루었다. 이에 대비하여 국제 미디어센터 부지 내에 제로 에미션 주택을 건설하여 에너지 절약 방안을 선보이고 신에너지, 재생에너지 등의 환경기술과 쾌적한 생활의 조화를 보여 주고자 하였다.

세키스이積水하우스라는 건축회사가 건설한 이 '제로 에미션 하우스'는 추후 도쿄에서 10km가량 떨어진 이바라키현 고가시로 옮겨져 제로 에미션 주택에

그림 7-19 홋카이도 도야코 국제 미디어센터 부지 내에 건설된 제로 에미션 주택

그림 7-20
첨단 에너지/환경기술을 이용한 미래형 주거

대한 연구가 이루어지고 있다.

2008년 6월에 완공된 이 주택은 주거건물이 200m², 부속건물이 80m²로 약 280m²의 면적을 차지한다. 외관을 보면, 왼쪽에는 풍력발전을 위한 바람개비가 있고, 앞쪽에는 수소연료전지 장치가 설치돼 있다. 정면 지붕은 태양광발전을 위한 전지판으로 덮여 있으며 풍력, 태양광, 수소연료전지 등 사용 가능한 모든 발전시스템을 갖췄다. 이를 통해 필요한 전기를 사용하고도 남아 전력회사에 판매까지 할 수 있다.

- 태양광발전시스템: 지붕과 일체화된 기화 형태의 태양광발전시스템은 14.5kW가 설치되었으며, 일반적인 생활에 필요한 에너지를 발전한다.
- 소형풍력발전기: 고강도 탄소섬유 재질의 날개로 구성되어 초경량화, 저소

그림 7-21
제로 에미션 주택에 도입된 재생에너지

음화 기술이 도입되었다. 또한 풍속 50m/s까지 연속운전이 가능한 제어기술 등에 의하여 도시에서 해안까지 다양한 장소에서 안정된 발전을 행할 수 있는 것으로 알려져 있다.

특히 재미있는 점은 지붕의 북쪽면은 이끼로 덮여 있다는 것인데, 미관상 좋을 뿐만 아니라 열을 보호하고 차단하는 효과를 낸다.

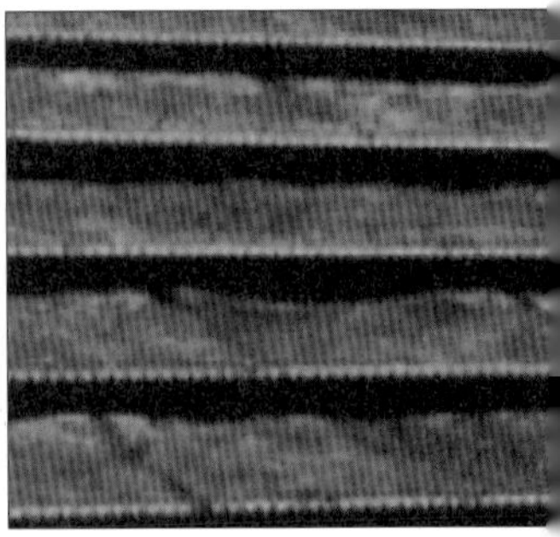
그림 7-22
지붕면의 이끼를 이용한 녹화

- 고효율 열펌프 급탕기: 열펌프 유닛과 온수 저장 유닛이 하나로 이루어진 콤팩트한 고효율 자연냉매 열펌프이다.
- 가정용 연료전지시스템: 연료에서 온수와 전기를 높은 효율로 제공하기 위한 가정용 연료전지 시스템은 에너지 소비가 적고, 이산화탄소를 배출하지 않는 환경친화적 시스템이다.
- 고효율 열펌프 급탕기: 열펌프 유닛과 온수 저장 유닛이 하나로 이루어진 콤팩트한 고효율 자연냉매 열펌프이다.

지진의 운동에너지를 열에너지로 변환시킴으로써 지진에 강한 주택을 고안하였다. 아울러 기존의 경질 우레탄보드와 비교하여 두께는 1/2이지만 동일한 단열성능을 갖는 하이브리드 단열보드를 이용하였으며, 목질재료들은 주택 해체 시 발생하는 폐목재를 재생하여 만든 것이다. 폐목재의 재활용률을 높여 삼림 보호에 공헌할 수 있다.

실내를 살펴보면, 널찍한 유리창은 3중으로 만들어져 있고, 유리 사이는 진공이다. 단열효과를 극대화하기 위해서다. 벽면도 마찬가지로 벽 속에 최첨

그림 7-23
가정용 연료전지시스템

그림 7-24
경량 철골조의 구조 시스템과 방진구조

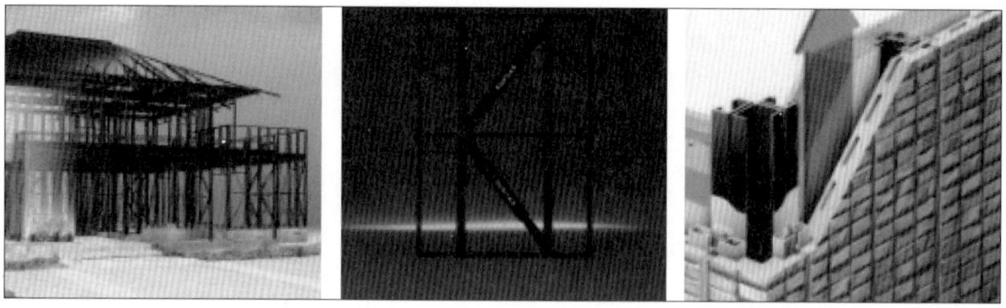

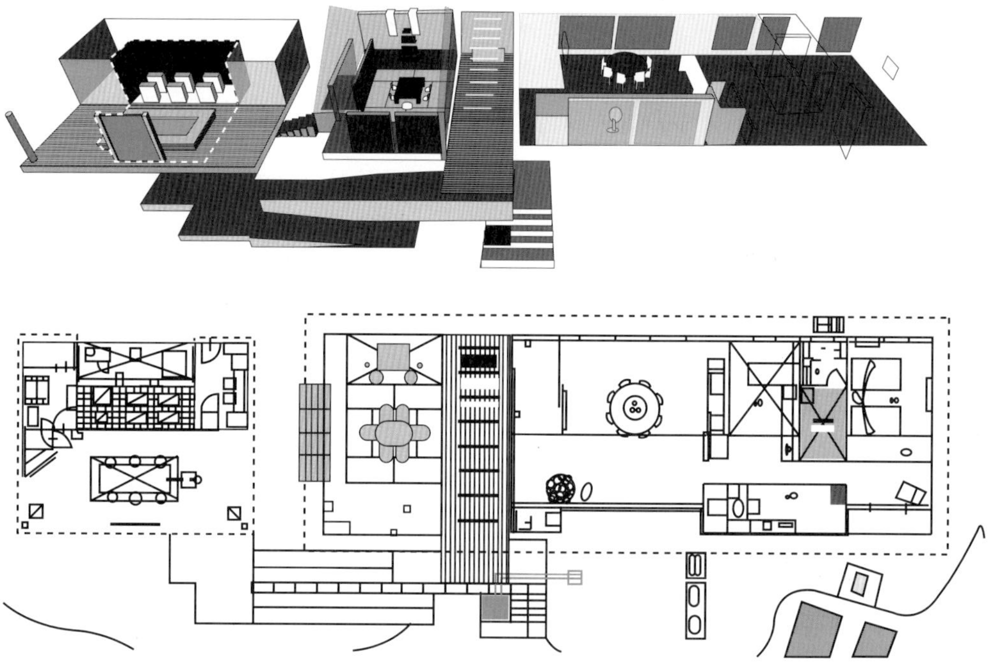

그림 7-25
실내 평면도 사례

단 단열재를 넣었다. 또한 물을 뿌리면 그 자리에서 흡수하는 벽 표면은 집 안에 습기가 많으면 이를 흡수하고, 건조하면 습기를 내뿜도록 돼 있다

조명이 전기가 덜 드는 OLED유기 발광 다이오드인 것은 물론이다. 한쪽 구석에 설치된 공기 집진시설은 바깥 공기가 집 안으로 들어올 때 유해물질을 걸러낸다.

친환경주거단지 계획 사례조사

핀란드

핀란드의 수도, 헬싱키 도심에서 서쪽으로 8km 정도 떨어진 곳에는 에너지의 사용을 최소화하고 농산품 등의 자급자족을 추구하는 실험적인 마을이 자리 잡고 있다. 이 지역은 현재 수도의 중심부에 위치해 있음에도 불구하고 고속도로와 산림지역, 자연보전지역으로 둘러싸여 농촌의 경관을 유지해 왔다. 중세기에는 가장 풍요로운 교구의 마을로 역사가 깊은 이 곳은 현재 인구 1만 7500명이 거주하고 있다.

'에코 비키eco-Viikki'로 이름 지어진 이 지역은 1999년부터 2004년에 걸쳐 만들어졌다. 헬싱키 시정부가 '생태적으로 지속 가능한 개발ecologically sustainable development'이라는 프로그램을 1998년 12월에 제안하였는데, 환경과 생태가 함께 공존하기 위한 구체적인 아이디어를 대중에 공모하고, 제안된 아이디어 중에서 당선된 프로젝트를 실현시킴으로써 완성된 마을이다.

에코 비키는 자연자원을 보전하고 공해물질 방출을 최대한 줄일 것을 목적으로 오염pollution, 자연자원natural resources, 건강health, 생물다양성biodiversity, 식량생산food production이라는 5가지 친환경조건을 만족시키도록 하였다. 건축 또한 생태도시를 구현하기 위한 요소로 판단하여 친환경조건을 만족시킨 경우에만 허가

그림 7-26
에코 비키의 전경

그림 7-27
핀란드의 일반적인 주택과 에코 비키 주택의 에너지 소비량 비교
출처: City of Helsinki Ministry of Environment, 2005

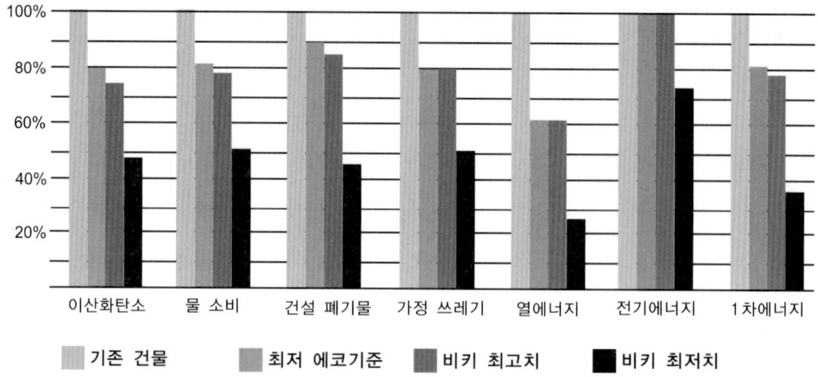

가 난다. 이러한 노력으로 난방에너지 50%, 대기가스 배출 40%, 수돗물 사용의 3분의 1, 폐기물 사용의 3분의 1을 절감시킬 수 있게 되었다고 한다.

또한 비키에서는 주민이 직접 주택을 건설하도록 하는 SBP^Self Build Plot^ 프로젝트를 통해 목재 등의 천연 자재를 사용하여 에너지 소비저감 주택을 지었는데, 통나무를 주재료로 사용하였고, 자연재료로 만든 단열재도 사용하였다.

필요한 에너지는 자연에서 얻을 수 있는 자원을 충분히 활용하고 있는데, 가장 광범위하게 적용되는 것이 태양열 난방과 온수 공급이다. 총 1,248m^2에 이르는 태양집열판으로 연간 급탕 필요 에너지의 1/3을 담당하고, 토지에 사용되는 물은 빗물이나 눈이 녹은 물 등의 우수를 이용하도록 하였다.

그림 7-28
에코 비키 건물의 예

에코 비키 주택들은 다음과 같은 특징을 가진다. 여기서는 그 일부분을 소개하고자 한다.

① SUNH[Solar Urban New Housing]

여러 가지 에너지 절약적인 개발과 함께 솔라 히팅을 적용한 목조 저에너지 건물로, 에코 비키에서 가장 먼저 완성되었다(2001년 여름). 4층의 복층형 아파트 1동과 2층의 타운 하우스 2동으로 구성되어 모두 44가구다. 아파트 동의 남쪽에 진입발코니가 설치되어 있는데, 상층부로 직접 진입이 가능하며, 발코니와 주호 사이에는 온실을 설치하여 데이 룸으로 사용하면서 프라이버시를 보호하도록 하였다. 각 주호는 개별 환기시스템을 가지고 있는데, 기계식 환기시스템에는 열회수 장치를 부착하여 에너지 효율을 높였으며, 순환난방수를 활용한 바닥난방 시스템이 적용되었다.

⑧ Rosemariini, Minttu and Basilika

에코 비키 지역의 남쪽 경사지에 독립적으로 배치된 4동이 탑상형 주동이다. 모든 블록의 특징적인 모습은 남쪽 입면에 설치된 galzed balconies로 만들어진 통일된 입면이다. 분양분에 적용된 친환경적 도구는 에코 비키의 표준을 따르고 있는데, 이를테면 열회수 장치를 포함한 개별 급배기 시스템 같은 것이다.

⑨ Norkkokuja 6 and 7

중층주택과 타운 하우스가 결합된 3동의 주택으로, '거주자의 권리'를 주제로 하며 68가구가 포함된다.

⑩ Eko-keidas and Eko-helmi

5동의 테라스 하우스로 구성된 분양주택으로, 31가구가 포함되어 있다. 각 주호는 열회수 장치가 부착된 환기시스템을 가지고 있다. 천장의 배선 · 배관 공간은 기계환기를 한다.

그림 7-29
에코 비키 주택들

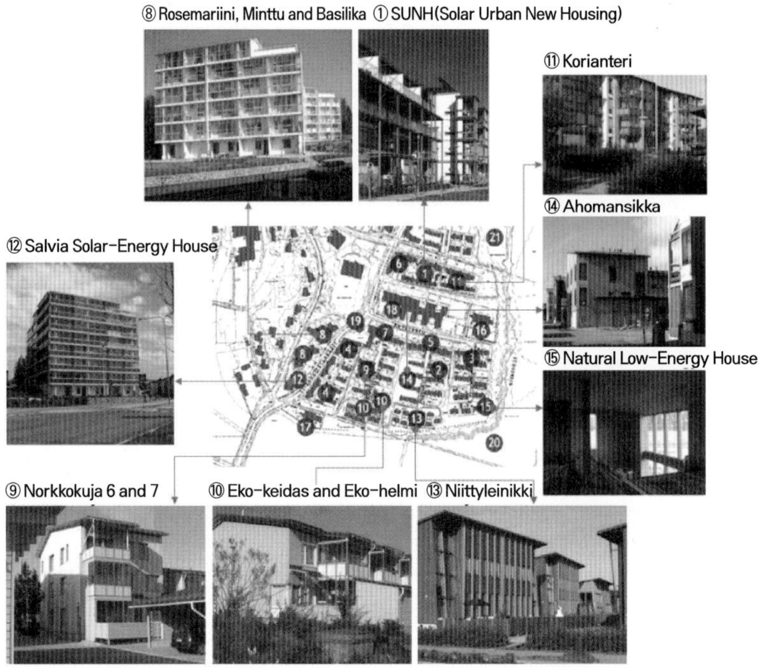

⑪ Korianteri

1동의 4층 타운 하우스와 2동의 타운 하우스로 구성되어 있다. 주동 내 각 주호는 열회수 장치가 포함된 환기시스템을 가지고 있는데, 지역 네트워크를 통해 조절하는 디지털 데이터 채널 시스템이다. 각 타운 하우스는 온실을 가지고 있다.

⑫ Salvia Solar-Energy House

이 건물은 2003년 봄에 완성되었는데, 태양에너지를 사용하는 핀란드 최초의 고층 주거블록이다. 솔라 판넬이 발코니 건설 당시부터 부착되어 24kW의 전기를 생산하는데, 이것이 건물이 요구하는 전기의 15~20%를 담당하고 있다. 여름 동안 초과하여 생산된 태양전기는 전기공급망(이를테면 우리나라의 한국전력공사)으로 보내지고, 겨울에는 그 양만큼 되받을 수 있다. 모두 39호다.

⑬ Niittyleinikki

10동의 2호 연립주택과 1동의 관리동으로 구성된 분양단지다. 각 주호는 열회수 장치가 부착된 개별 환기시스템을 가지고 있다. 각 주택들은 2층 높이의 온실을 설치하여 패시브 솔라 에너지를 활용하고 있다. 그중 한 주택은 자체 솔라 에너지 시스템을 갖추고 있다.

⑭ Ahomansikka

2004년에 완공된 4동의 중층주택과 타운 하우스로 구성된 주거블록으로, 44호가 포함되어 있다. 다른 주택과 마찬가지로 열회수 장치가 포함된 자연환기 시스템을 가지고 있으며, 외부공간에 놓인 service building에는 공동사우나와 세탁실이 설치되어 있다.

⑮ Natural Low-Energy House

에코 비키에는 그룹자조group self-build 개념의 주택들이 있는데, 통나무 구조, 우드펠릿 히팅, 지열 활용과 같은 친환경 기법을 적용하였다. 이 프로젝트에서 가장 혁신적인 내용은 저에너지 빌딩과 천연재료를 결합했다는 점이다. 구조체와 파사드는 목재로, 벽체의 단열은 짚으로 하였고 마당과 진입부의 바닥에는 토탄土炭을 깔았다. 환기시스템은 천장 내부와 벽난로로부터의 열에 의해 먼저 데워진 공기를 활용하는 방식을 취한다. 이 주거블록은 2005년에 완성되었다.

업튼Upton

영국의 노스앰튼Northampton에 위치한 마을로 면적은 약 44ha이다. 약 1,380세대의 작은 마을로서 영국의 온화한 기후를 대표한다 할 수 있겠다. 업튼은 영국의 주택공급문제 해결을 위한 뉴타운에 에너지 요소를 더했으며, 환경에 관한 정책적 규제와 지원이 종합적으로 이루어진 신도시의 한 사례다. 특이한 점은 찰스 왕세자

그림 7-30
제로 에너지 마을
업튼

(좌)그림 7-31
업튼 건물의 앞면

(우)그림 7-32
업튼 건물의 뒷면

그림 7-33
업튼 건물의 실내

가 운영하는 왕세자 재단Prince's Foundation이 참여하여 업튼 디자인코드Upton Design Code를 작성하였는데, 이 코드에는 업튼 개발 개념부터 모도시母都市인 노스햄튼 Northhampton의 물리적 · 사회적 맥락에 대한 이해, 그리고 그것을 바탕으로 도시 디자인 가이드라인이 포함되어 있다.

기술적 · 정치적 · 사회적 문제 등 발생할 수 있는 다양한 문제점에 대해서 이해관계를 가진 참여주체들이 모여 다각도로 논의하게 되는데, 이를 Enquire by Design이라 한다. 업튼에서는 2000년에 초기 기본계획을 승인한 이후, Enquire by Design 방식을 통하여 조금 더 지속 가능성이 강화된 도시를 만드는 방향으로 개발 방향을 수정하였으며, 2003년에 수정계획이 완료되었다.

업튼은 에너지 부문에서 매우 높은 기준을 설정하였으며, 시간의 흐름과 기술의 발전에 따라 더욱더 그 수준을 높여 갔다. 실제로 모든 주택은 건물의 에너지 평가시스템인 BREEAM/EcoHomes에서 우수등급Excellent을 받도록 건설

되었다.

실내환경도 전원주택과 같은 목재의 따뜻함을 충분히 느낄 수 있도록 계획되었으며, 큰 창에서의 충분한 채광은 실내를 밝게 해 준다.

- 배수 시설drainage: 업튼의 개발로 인해 홍수가 발생할 것을 대비해 업튼 지역 전체를 포괄하는 인프라스트럭처로서 SUDSSustainable Urban Drainage System가 구성되어 있다. 업튼의 모든 필지는 배수가 가능한 포장paving이 되어야 하며, 지표면에서 스며든 빗물은 SUDS를 거치게 된다.
- 자원소비와 경제: 개발자는 연간 이산화탄소 배출량을 25kg/m^2 이하로 할 것을 요구받는다. 마스터 플랜 수립단계에서, 개발자는 새로운 개발이 passive solar를 얻을 수 있도록 하여야 한다. 모든 주택에서는 저에너지 전구와 가전제품, 고기능 단열재를 사용하도록 하였다.
- 물water: 고효율 수전을 사용하여 모든 건축물에서의 물소비를 최소화한다. 모든 개인정원에는 저수조와 빗물받이 탱크를 설치하도록 하였다. 빗물관리 및 중수의 재활용이 장려되며, 구체적인 내용은 BREEAM의 EcoHomes1에서 규정하는 바에 따르는데, 예를 들면 실내 물절약은 8.33%까지 가능하며 여기에 빗물관리를 더하면 1.67%를 추가로 절약할 수 있다고 한다.
- 재료material: 모든 개발은 가능한 곳이면 어디든 재활용 재료를 사용해야 한다. 지역에서 나는 지속 가능한 재료가 장려되는데, 예를 들면 목재는 공인된 자원을 정당한 인가를 받아 사용하도록 하였다. 여기에도 BREEAM2와 EcoHomes 규정이 적용되어, 건축재료의 10.63%를 환경적 피해가 적은 재료로 사용하도록 하고 있으며, 4.35%까지 지속 가능한 목재를 사용하도록 하였다.
- 쓰레기 최소화waste minimization: 모든 개발은 오존파괴 물질을 사용하지 않을 것에 대한 시방서를 갖추어야 한다. 또, 쓰레기 재활용을 위한 분리수거함의 설치 위치까지 가이드라인을 통해 정하고 있다. 모든 개인정원에는 퇴비를 만드는 상자가 준비되어야 하는데, 이것이 불가능한 곳에서는 블록 차원에서의 퇴비화 시설이 갖추어져야 한다.

뉴욕의 멜로즈 커먼즈Melrose Commons

그림 7-34
Melrose II의 외관

멜로즈 커먼즈Melrose Commons는 뉴욕의 대표적인 노후주택 지역이자 빈곤 지역인 브롱크스Bronx에 있다. 이 지역은 공공주택의 비율이 30%로 높은 편이고 시에서 토지의 60%를 소유하고 있어, 시는 1980년대부터 재개발을 고려하였다. 뉴욕시는 이 지역을 저밀도 중산층 중심 주택지역으로 만들 계획을 1990년대 초에 발표하였으나, 주민들이 강제이주와 지역의 문화적 특성 보존을 이유로 계획에 반대하였다. 지역주민들은 단순한 반대에 그치지 않고 'Nos QuedamosWe Stay'라는 주민단체를 결성하였고, 시는 주민들의 요구를 받아들여 Nos Quedamos의 참여하에 수정안을 작성하였다. 수정안은 2년 동안 160여 회의 정부 · 주민 · 전문가 간 회의를 거쳐서 완성되었으며, 기존 주민의 이주 없이 재개발을 진행하고 밀도도 높인다는 내용을 골자로 하였다.

1990년대 중반부터 공사가 시작되어 점진적으로 재개발을 진행하던 이 프로젝트는 또 한 번의 전환기를 맞게 된다. 뉴욕시는 2007년에 용도지역 변경과 용적률 상향 계획을 발표하였고, 이것은 재개발을 촉진하는 요인으로 작용하였다. 변경된 계획은 에너지와 관련한 제도적 · 사회적 변화에 발맞추어 에너지 효율이 높고 신재생에너지를 활용하는 주택의 건설을 촉진하게 되었다.

멜로즈 커먼즈는 초기부터 제로 에너지 목표를 가졌던 것은 아니지만 민간 개발업체의 혁신을 통해 친환경단지로 거듭난 사례로 꼽힌다. 이 지역의 대표적 제로 에너지 하우스는 블루씨라는 부동산개발업체Blue Sea Development에서 건설을 주도하였고, 에너지 효율이나 신재생에너지와 관련하여 시 정부나 주 정부에서 기술적 · 금전적 지원을 하였다. 멜로즈 커먼즈는 미국 내 여러 기관에서 우수 사례로 지정되어 다양한 종류의 상을 받았다. 주택 및 도시개발부의 우수 사례로 선정되기도 하였고, LEED를 주관하는 미국 녹색건물협회USGBC의

그림 7-35
리모델링 및 에너지 소비저감 비용

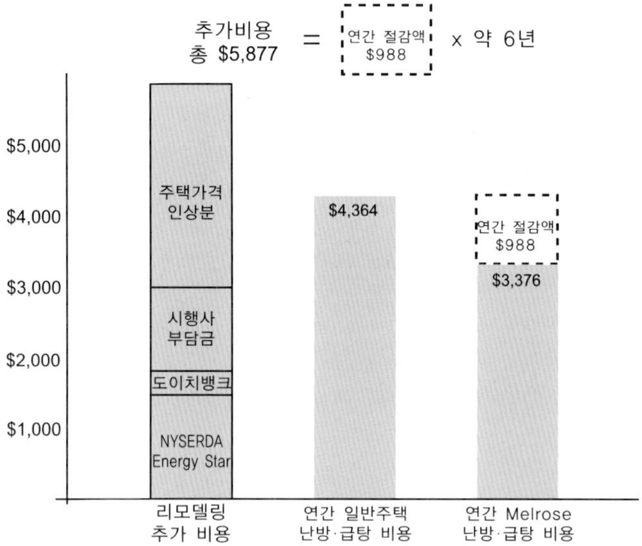

LEED 마을부문LEED Neighborhood Development 우수 사례로 뽑히기도 하였다.

이 지역의 개발은 1994년에 만들어진 계획을 바탕으로 하기 때문에 지구district 차원의 에너지 계획에 대한 특별한 사항이 없다. 따라서 단지 전체의 에너지 소비저감 목표량이나 실제 에너지 소비저감 성과에 대한 자료는 존재하지 않는다. 그러나 위에서 언급했듯이 민간 개발업체가 주도하여 에너지 비중이 강화된 사례가 많다. 그중 저층 주택으로는 Melrose II, 중층으로는 Eltona, 고층으로는 El Jardin de Selene이 있다.

Eltona는 총 63세대 규모의 5층 건물로 미국에서 흔히 말하는 아파트이다. 2009년에 지어졌으며 뉴욕주 최초로 LEED 최상등급인 Platinum 인증을 받은 주택이다. LEED Platinum에 걸맞게 에너지 효율이 상당히 높으며 Micro CHP와 소형 풍력발전 시설을 도입했다.

- 창호: Fiberglass를 사용하여 열관류율을 낮춤
- 외벽: 2″ 단열재 사용(R값: 10)
  외벽 틀에 3.5″ Fiberglass 사용(R값: 13)
- 지붕: 5″ Polyisocyanurate 사용(R값: 32.5)

그림 7-36
Eltona의 모습
출처: http://www.equusdesign.com

- 신재생에너지: 5kW micro CHP 설치로 온수 100% 공급, 1kW 풍력발전 터빈 19개

멜로즈 커먼즈의 사례는 서울시의 노후 다세대주택 지역에 제로 에너지 타운을 개발할 경우 참조할 부분이 많으며, 특히 두 가지 점에서 매우 중요하다. 첫째, 지속 가능성의 서로 다른 차원인 환경과 사회적 지속 가능성Environmental Sustainability & Social Sustainability 문제를 동시에 다루려는 노력이다. 현재 많이 거론되는 동탄이나 마스다르 등의 제로 에너지 타운은 실현 가능성의 문제와 막대한 예산, 부동산 경기 과열 중간에 계획되어 투기적인 성격을 띠는 문제뿐 아니라 에너지를 광고의 수단으로 이용하였다는 인상을 준다. 따라서 대부분의 도시가 직면하고 있는 문제들과 동떨어졌다는 느낌을 준다. 그러나 멜로즈 커먼즈는 노후주택을 비롯하여 저소득층 주택 문제에 에너지 문제를 접목시켰다.

두 번째는 민간의 참여 유도이다. 멜로즈 커먼즈에서는 주민 주도 계획도 중요하지만, 민간 개발업체의 혁신요소 도입이 결정적이다. 이것 역시 민간의 노력만으로는 불가능하며 정부가 민간의 혁신을 지원하는 정책을 마련해야 가능하다.

제8장

안전한 주거

건축과 안전

건축재해에 따른 방지대책

화재로 본 주거안전

8

건축과 안전

건축방재 개요

인류 탄생 이후, 자연과 더불어 공존하면서 터득한 기술 중에서 가장 오래되고 발달된 분야는 건축기술이라 생각된다. 원시시대 동굴에서 생활하다 점차 집단생활과 지능의 발달로 기후변화에 대한 삶의 환경변화를 최소화하기 위한 대체공간으로서 움집 등과 같은 주거생활공간의 생산 활동이 시작되었다. 이후 농경사회, 산업화 시대를 거치면서 각종 재료의 대량생산과 시공기술의 발달로 인하여 건물은 고층화, 대형화되었다.

산업화 시대 이후의 주거 개념에서는 자연 재해 및 화재와 같은 인위적 재해에 대한 피해가 막대하므로 각종 재해 방지에 많은 노력을 기울여 왔으나 노력만큼 큰 효과를 보긴 힘들었다. 특히 산업화 시대 이후 도시로의 인구집중화로 인한 건축물에서의 재해 발생은 해당 건축물뿐만 아니라 도시 기능을 정지시킬 수 있는 재난의 성격으로 확대되므로 방지를 위한 다양한 노력이 경주되어 왔다.

(좌)그림 8-1
잠실 제2 롯데월드

(우)그림 8-2
수성 SK 리더스뷰

안전과 주거에 적용되는 용어는 다음과 같은 의미를 가진다.

- 건축물: 건축법 제2조에 따르면 토지에 정착하는 공작물 중 지붕과 기둥 또는 벽이 있는 것과 이에 부수되는 시설물, 지하 또는 고가의 공작물에 설치하는 사무소, 공연장, 점포, 차고, 창고 기타 대통령령이 정하는 것을 말한다.
- 재해: 천재지변(자연사건)으로 유발되는 피해로, 자연재해대책법 제2조에서는 다음과 같이 정의하고 있다. 재난 및 안전관리기본법 제3조 제1호 규정의 각 항목에 의해서 발생되는 피해를 재해라 한다. 여기에는 태풍, 홍수, 호우, 강풍, 풍랑, 해일, 조수, 대설, 가뭄, 지진, 황사와 같은 자연 재해 및 기타 이에 준하는 자연현상으로 일어나는 피해가 포함된다.
- 재난: 재해의 규모가 일정 수준 이상인 것으로, 재난 및 안전관리기본법 제3조에는 다음과 같이 규정하고 있다. 국민의 생명, 신체 및 재산과 국가에 피해를 주거나 줄 수 있는 것으로서 다음 각 목에 의한 것을 말한다. 첫째는 자연현상으로 발생하는 재해, 둘째는 화재, 붕괴, 폭발, 교통사고 그리고 셋째는 에너지, 통신, 금융, 수도 등 국가 기반체계의 마비와 전염병 확산이 이에 해당한다.
- 재난관리: 재난의 예방, 대비, 대응 및 복구를 위하여 행하는 모든 활동을 말한다.
- 안전관리: 시설 및 물질 등으로부터 사람의 생명, 신체 및 재산의 안전을 확보하기 위하여 행하는 모든 활동을 말한다.
- 방재: 재해 및 재난을 미연에 방지하는 것이다.
- 인위적 재해: 화재, 범죄와 같이 사람에 의해서 발생하는 재해를 의미한다.
- 자연적 재해: 지진, 태풍, 홍수 등 자연현상에 의해서 사람의 생활패턴에 큰 영향을 미치는 피해를 의미하고, 자연재해대책법에서의 자연 재해라 함은 재해 중 태풍, 홍수, 호우, 강풍, 풍랑, 해일, 조수, 대설, 가뭄, 지진(지진해일 포함), 황사 그 밖에 이에 준하는 자연현상으로 인하여 발생하는 재해를 의미한다.
- 건축방재: 건축물에 위해를 가할 수 있는 재해와 재난을 미연에 방지하는

것과 재난 관리를 수행하는 것을 뜻한다. 재해가 인간 생활에 미치는 범위와 영향의 정도가 일정 수준을 벗어나면 재난으로 성격이 변화되고, 방재는 여러 가지 재해의 예방을 포함하는 재난관리까지를 그 범위로 한다.

건축 안전

기본성으로서의 안전성

건축물의 안전성 분야는 인명의 안전성, 재산의 안전성 그리고 기능의 안전성으로 대별된다. 인명의 안전성은 건축물의 도괴, 붕괴 등으로 유발되는 인명의 피해를 방지하는 기능을 의미하고, 재산의 안전성은 건축물의 손상에 의한 피해를 방지하는 기능을 뜻하며, 기능의 안전성은 건축물 내부 공기조화, 수도, 전기 등의 기능적 유지성능을 의미한다.

- 인명의 안전성: 건축물 붕괴 등에 의한 인명손실 방지 기능
- 재산의 안전성: 건축물 붕괴 등에 의한 재산손실 방지 기능
- 기능의 안전성: 공기조화설비, 수도 및 전기시설의 유지지능

건축물의 존재 기능으로서 가능 중요한 부분은 구조적 안전성이다. 즉 지진, 태풍 그리고 각종 기후변화 및 다양한 중력 하중으로부터 건축물의 구조적인 유지성능을 확보하고 이를 검증할 수 있는 것이 구조적 안전성이다. 건축물은 구조적 안전성을 바탕으로 인간의 신체를 보호할 수 있는 피난처로서의 역할을 충실히 할 수 있다. 구조적 안전성이 확보되지 못하면 부분적 파괴, 전체 파괴 등과 같은 불행한 사건으로 확대되어 많은 인명손실을 유발하는 재해와 재난으로 이어지게 된다.

세계보건기구WHO에서는 건축물의 요구조건을 다음과 같이 정의하고 있다.

- 안전성: 구조적 역할을 수행하며 본래의 유지성능을 보존하는 기능
- 보건성: 재실자의 건강을 유지시킬 수 있는 기능
- 편리성: 재실자와 이용자의 동선계획의 편리성과 기능의 고도화

- 쾌적성: 실내환경(열, 온도, 습도 등)을 주변 기후에 조화롭게 유지시키는 기능

세계보건기구에서는 이와 같은 건축물 요구조건 중에서도 안전성에 대한 가중치를 높게 부여하여 재해와 재난에 대비하는 자세가 중요함을 강조하고 있다. 그리고 국내 일부 현장에서는 화재와 같은 고열환경에서 주요 구조부의 내력 유지에 절대적으로 요구되는 내화피복재의 미시공 및 성능이 검증되지 않은 재료 사용 등과 불합리한 행위가 이루어져 많은 보완이 요구되고 있다.

방재의 기능

재해와 재난을 미연에 방지하기 위한 기능은 세 가지로 대별된다. 즉 구조강도의 안전성, 차단방호의 안전성 및 공간관리의 안전성이다. 구조강도의 안전성은 각종 외력으로부터 건축물의 유지기능을 만족시킬 수 있는 기본적인 기능으로서 내화, 내진, 내풍, 내설 안전성으로 세분할 수 있다.

내화 안전성은 화재와 같은 고열환경에서 건축물의 주요 구조부가 본래의 유지기능을 확보하도록 조치하는 수단이다. 건축물의 주요 구조부를 형성하는 주요 재료에 따라서 해당 재료가 구조적으로 내력을 유지할 수 있도록 일정 온도로의 상승을 막는 수단이 요구된다. 그 예로 콘크리트 구조물의 경우, 건축물의 피난방화 구조 등의 규칙에 정의된 구조를 적용함으로써 내화성능의 확보를 인정받을 수 있으며, 강구조 건축물의 경우는 일정 피복 두께를 확보함으로써 요구되는 시간에서의 내화성능을 확보할 수 있다.

내진 안전성은 지진에 의해서 발생되는 횡력에 효과적으로 저항하기 위해 건축물 내부의 주요 구조부 결합부를 보강함으로써 확보할 수 있으나, 추가적인 구조재료가 소요되므로 다소 경제성의 문제를 야기한다. 지진에 의한 횡력에 저항하는 다른 방법으로는 건물 내에서의 효율적인 제어방식인 제진구조와 지진 시 건축물에 전달되는 에너지를 방어하는 전략에 관한 면진구조로 구분될 수 있다. 면진구조는 고무층과 금속층이 합성된 면진 적층 고무판으로 지반의 횡적 운동량의 전달을 최소화하는 공법이며, 면진층이 위치하는 부위에 따라 기초면진과 중간층 면진으로 대별된다. 제진구조는 건축물 내부에 댐퍼 등

을 설치하여 건물의 좌우 진동을 최소화시킬 수 있는 첨단 공법이다. 면진공법은 건축물의 지하부분에 건물의 자중을 견딜 수 있는 하부 구조물이 소용되어 매우 고가이므로 보존가치가 높은 건축물과 중요기관 등에 사용되고 있다.

내풍 안전성은 바람에 의한 흔들림을 최소화함으로써 구조적으로 안전성을 확보하려는 노력이다. 고층건축물은 상부로 갈수로 바람의 압력이 커져 구조설계 시 내진 하중 량보다 일반적으로 바람에 의한 영향도가 커지므로 설계 시에 풍동실험 등을 병행하여 안전성 확보에 만전을 기하고 있는 추세이다.

내설 안전성은 추운 겨울철 폭설에 의하여 건축물이 붕괴되지 않도록 조치하는 기능이다. 즉 지붕에 쌓이는 눈을 녹여서 적층되지 않도록 조치하는 기본적인 방안과 해당 지역의 최대 적설량을 고려한 적설하중을 산정하여 지붕 부재 설계 시에 반영하는 합리적인 방법이 있다.

차단방호의 안전성은 재해의 원인이 되는 요소를 차단함으로써 안전성을 확보하는 방안이다. 여기에는 방화 안전성, 방수 안전성 그리고 방범 안전성이 해당된다. 방화 안전성은 화재가 발생했을 때 다른 구획실로 화재가 확산되는 것을 방지함으로써 확보할 수 있으며, 방수 및 방범 안전성은 건축물 자체로의 침투를 사전에 차단함으로써 기능을 유지할 수 있다.

공간관리의 안전성은 건축물 내부에서 인간이 활동하는 데 안전을 확보하기 위한 방안으로서 전도 방지, 익수 방지 및 화상 방지 안전성이 포함된다.

[표 8-1] 안전성의 종류

구조강도의 안전성	내화 안전성 내진 안전성 내풍 안전성 내설 안전성
차단방호의 안전성	방화 안전성 방수 안전성 방범 안전성
공간관리의 안전성	전도 방지 안전성 익수 방지 안전성 화상 방지 안전성

건축재해의 종류

건축물에서 발생되는 각종 재해는 의미 해석에 따라 협의의 재해와 광의의 재해로, 생활 속에서 일어나는 패턴에 따라 일상 재해와 비일상 재해로, 발생원인이 자연현상이냐 사람이냐에 따라 자연 재해와 인위 재해로 구분된다.

협의의 재해와 광의의 재해

통상적인 의미에서 재해라고 불리는 화재, 홍수에 의한 침수 그리고 건물의 도괴 등은 협의의 재해로 구분되고 건물 내에서 재실자가 실수 등으로 인한 전도, 방화와 도난 등의 범죄는 광의의 재해로 구분된다.

- 협의의 재해: 건물의 도괴, 침수 혹은 화재

(좌)그림 8-3
일본 지진에 의한 건물 붕괴

(우)그림 8-4
대구 지하철 화재

- 광의의 재해: 전도, 익사 등의 사고, 방화와 도난 등의 범죄

그림 8-5
낙산사 산불

일상 재해와 비일상 재해

건물 내에서 미끄러져 넘어지는 전도와 같이, 통상적인 주거행위에서 발생하는 재해를 일상 재해로 구분하고 그 밖에 지진, 태풍 등과 같이 자연현상에 의해서 발생하는 재해를 비일상 재해로 구분한다.

- 일상 재해: 계단에서의 전도 등과 같은 피해
- 비일상 재해: 지진, 태풍, 집중 호우에 의한 피해

자연 재해와 인위 재해

태풍, 지진 등과 같이 자연현상에 의해서 인간에게 피해가 발생하는 자연 재해와 화재, 범죄 등과 같이 사람의 의도적인 행위에 의해서 피해가 발생하는 인위 재해가 있다.

- 자연 재해: 태풍, 지진 등
- 인위 재해: 화재, 범죄 등

건축방재의 원리

건축물에서 발생하는 각종 재해를 최소화하기 위한 전략으로 크게 세 가지 단계가 있다. 즉 외부의 영향을 없애거나 이로부터 멀리 떨어지는 예방단계와 실제 상황이 전개되었을 때 이 진행과정을 소멸시키고자 하는 진압단계가 있으며,

[표 8-2] 재해를 방지하는 방법

- 가해 현상의 발생 저지 ----------→ 예방
- 가해 현상의 존재를 배제 --------→ 진압
- 가해 현상의 전파를 억제 --------→ 회피
  - 가해 현상의 파괴력을 봉쇄: 국한
  - 가해 현상의 파괴력을 완화: 감쇠
  - 가해 현상의 파괴력으로부터 도피: 피난

본 진압단계가 상당히 어려운 경우에는 다른 공간으로의 확산을 방지하기 위한 회피단계가 있다. 회피단계에는 가해현상의 파괴력을 발생원에 포위하여 다른 공간으로 확산되지 않도록 조치하는 국한 방안, 가해현상의 파괴력을 완화시키는 감쇠 방안 그리고 가해현상의 파괴력으로부터 멀어지는 피난 방안이 있다.

건축방재의 기본성능

건축물에서의 재해를 최소화하기 위한 기본적 성능으로써 가해 현상으로부터 직접적인 피해를 받지 않는 내재성, 다른 공간으로 확산되는 피해를 줄이려는 국한성, 방풍림과 같이 피해를 다른 물체가 대신하도록 계획하는 완충성 등의 기능이 있다.

[표 8-3] 건축방재의 성능 분류

종 류	내 용
내재성	가해현상에 의해 손상을 받지 않음: 내진, 내화
국한성	재해의 확산을 방지하여 피해 범위를 한정: 방화 구획
완충성	파괴력을 다른 곳으로 돌려 완화시키는 성능: 방풍림, 면진구조, 배연설비
보완성 (대체성)	시설, 장치, 설비가 손상을 받았을 경우 그 기능을 유지할 수 있는 대체 성능: 2 방향의 피난경로 확보
복원성	복구와 기능 회복을 신속히 할 수 있는 자재의 사전 확보
감시성	재해와 범죄에 결부된 현상을 신속히 발견할 수 있는 성능
자율성	위험한 행위와 위험한 환경을 스스로 해소: 피난 장애물 제거
부조성	연대성으로 서로 돕는 것: 방재 커뮤니티 형성

방재의 원칙

건축물의 방재와 기타 모든 전략적 방재의 원칙으로서 다음과 같은 절대적 기준이 있다. 즉 실패하더라도 안전해야 된다는 절대적 기준인 Fail-safe와 어떤 극한상황에서도 누구든지 해결할 수 있는 Food-proof가 요구된다.

1980년대 미국과 소련의 이념적 대립시기에 미국의 핵무기 발사과정에서 최고 책임자와 부책임자가 작동 장치를 각각 사용함으로써 만일의 사고에 대비하

[표 8-4] 방재의 원칙

종류	내용
Fail-safe	· 안전 공학적 원칙: 실패를 하더라도 안전해야 함 · 2중 3중의 안전조치를 마련하는 것 · 비상전원 등을 확보하는 행위, 2방향 피난경로 설치
Food-proof	· 인간공학적인 원칙: 행동이나 판단 능력이 저하하더라도 안전해야 함 · 알기 쉬운 공간구성(피난계단의 위치 등), 조작하기 쉬운 설비 시스템(전원 스위치의 높이 등)

는 Fail-safe가 유명한 사례가 되었다. 건축물에 있어서는 화재발생 시 계단실의 폐쇄가 우려되는 경우 최소 두 개의 피난경로를 확보하는 것, 비상전원을 확보하는 것 등이 Fail-safe의 좋은 사례가 될 것이다.

건축재해에 따른 방지대책

일상 재해 방지대책

통상적인 생활패턴 범주 내에서 발생되는 일상 재해의 방지대책으로는 각 사고원인에 대한 대책으로서 추락사고, 전락사고 및 전도사고 그리고 낙하물 사고 방지대책이 있다.

추락사고 방지대책

높은 곳에서 떨어지는 추락사고에 대한 대책으로는 미연에 방지하는 방법과 추락 시 피해의 경감을 유도하는 방법이 있다.

미연에 방지하는 방법

난간의 견고성robustness을 확보한다.

- 난간의 강도: 난간에 사람이 기대었을 때 힘의 크기를 고려한다.
- 난간의 틈: 난간의 동자와 동자 사이, 난간과 바닥 슬래브 틈 사이로 어린

이가 빠져나갈 수 있다. 따라서 다음과 같은 사항이 고려되어야 한다.

· 난간의 동자와 동자 사이: 11cm 이내

· 바닥과 난간 틈 : 유아의 몸통 고려, 9cm 이내

- 난간의 높이: 건물 이용자가 난간에 기대었을 때 상체가 앞으로 쏠리게 되어 추락 사고가 발생할 수 있다. 따라서 다음과 같은 난간의 높이가 고려되어야 한다.

· 사람의 중심: 신장의 50%보다 조금 윗부분에 위치

· 한국 성인의 평균 중심위치: 90cm 정도, 산포 등을 고려하여 110cm 설정

· 어린이와 유아를 대상으로 하는 공간의 난간 높이: 80~90cm

| 피해의 정도를 완화하는 방법

건축물 외주부에 정원수 등을 배치한다.

그림 8-6
추락사고

전락사고 방지대책

계단 등에서 굴러 떨어지는 전락사고에 대한 대책으로는 미연에 방지하는 방법과 전락 시 충격을 완화하는 방법이 있다.

| 미연에 방지하는 방법

몸자세의 불안정화 요소를 사전에 없애 주는 방법을 의미하며 주로 계단이동에 따른 자세의 균형을 유지하는 데 목적이 있다.

• 계단의 구조

· 계단의 구배: 계단의 구배는 38° 이내가 가장 적합하고 최대한 45° 이내로 유지되는 것이 바람직하다. 특히 주택의 경우는 최대 56°까지 가능하나 45° 이내가 적합하다.

· 단 높이와 단 너비: 단 높이는 18cm 이하로 하고, 단 너비는 21cm 이상으로 한다. 발바닥의 접지에 의한 자세 안전성 확보가 중요하다.

· 단차의 리듬: 단 높이와 단 너비는 항상 일정해야 한다. 그렇지 않으면 관성에 의한 이동으로 리듬이 무너져 회전하게 된다.

· 단 표면의 마감: 계단에서의 미끄러짐을 방지하기 위하여 논 슬립Non-slip 시공, 융단 설치 등이 필요하다.

• 난간의 설치

균형을 확보하고 유지하는 데 도움을 주고, 균형을 잃게 되었을 때 전락을 방지하는 기능이 있다. 주로 계단의 양쪽에 설치하는 것이 안전하고, 난간봉은 쉽게 잡고 이동할 수 있도록 인체공학적으로 설계하는 것이 바람직하다.

| 추락 시 충격을 완화하는 방법

그림 8-7
전락 및 전도사고

충격에너지를 줄이기 위해서는 움직이는 거리의 제한과 완충지대를 형성하는 것 그리고 충격량을 줄이는 방법이 요구된다. 에너지를 줄이고 완충지대를 형성하는 계단참 등을 설치하여 전락거리를 짧게 하는 것이 필요하고, 충격량을 줄이기 위해 디딤판코의 재질을 고무 등을 사용하는 것이 바람직하다.

전도사고 방지대책

목욕탕, 복도 등과 같이 수분과 턱이 있는 곳에서 재실자가 미끄러지는 전도사고에 대한 대책으로는 미연에 방지하는 방법과 전도 시 피해의 경감을 유도하는 방법이 있다.

| 미연에 방지하는 방법

●미끄러짐 방지

미끄러짐은 힘의 분력 중의 한 개인 수평분력이 바닥의 마찰 저항력보다 크게 될 때 발생한다. 따라서 전도가 발생할 수 있는 부분에는 요철이 있거나, 마찰력이 큰 재료를 사용하는 것이 권장된다.

●단차에 의한 넘어짐 방지

출입구 문지방, 복도 도중의 단차, 바닥 위의 배선, 배관 노출에 의해서 전도가 발생될 수 있으므로 가급적 단차의 발생을 억제한다.

| 충격을 완화하는 방법

체육시설의 바닥을 목조 이중 바닥으로 한다.

낙하물 사고의 방지

낙하물 사고는 조명기구, 외벽 타일의 낙하와 같이 건축물에 고정된 부재나 가구의 낙하에 의한 것과 발코니의 화분 낙하, 서적의 낙하처럼 고정되지 않은 물건이나 수용물의 낙하로 구분된다.

| 조명기구의 낙하 방지

5kg을 초과하는 샹들리에는 반드시 천장 면에 목재 또는 경량철골로 보강재를 설치해야 하고, 일반적으로 부착되는 재료의 무게를 지지할 수 있는 보강이 요구된다.

| 외벽 재료의 낙하 방지

외벽 타일, 모르타르 탈락에 의한 사고가 가장 많이 발생하는데, 이는 주로

시공불량으로 인한 물 침투로 발생되는 팽창과 수축의 반복 작용의 결과이다. 그 대책으로는 양질의 공사재료와 시공에 대한 검사, 시공 이후의 유지보수 관리를 제시할 수 있다.

비일상 재해 방지대책

엘니뇨현상, 온실효과와 같은 지구의 기상이변으로 많은 변화가 발생되고 있다. 특히 집중적인 강우, 강설 그리고 강풍에 의한 피해가 증가되고 있으며, 지진에 의한 1차 피해와 이로 인한 지진해일 등과 같은 2차 피해로 큰 재해가 유발되기도 한다.

풍해 방지

| 풍해의 원인

바람에 의해서 야기되는 피해는 태풍과 계절풍에 의한 자연현상, 고층 건축물이 밀집되어 발생하는 빌딩풍의 인위현상에 따른 것이다.

| 풍해의 현상

바람에 의한 직접적 피해 현상은 건물의 균열 및 파괴와 같은 손상, 유리 파손, 건물의 진동 및 소음이 있으며, 간접적인 현상으로는 소금의 유입에 의한 잠재 부식이 있다.

| 풍해의 저감 방안

바람의 피해를 줄이기 위해서는 풍압의 가해력 완화와 풍압에 잘 견디도록 구조물의 내력을 증가시키는 방법이 있다.

• 풍해 대책

일반적으로 최대풍속이 17m/sec 이상의 폭풍우를 동반하는 열대성 저기압을 태풍이라고 한다. 건축물의 구조 안전성에 영향을 미치는 풍속의 범위는 30m/sec 이상인데, 우리나라를 지나간 '매미'(60m/sec) 그리고 미국을 강타한 '카트리나'(75m/sec)가 대표적 사례이다. 건축물에서 풍해가 발생하는 것

그림 8-8
풍해에 의한 건물 파괴

은 주로 부착강도가 약해서이므로 지붕, 연돌 그리고 광고판, 간판 등에는 국부적인 풍압을 고려하고, 내풍 강화유리를 사용하는 것이 권장된다.

•빌딩풍의 대책

빌딩풍은 고층 건축물의 영향을 받아 발생하는 바람으로서 건물 형상, 완충물의 설치 등으로 완화시킬 수 있으며, 대규모 건축물, 초고층 건축물 등은 풍동실험 등을 통하여 바람에 의한 구조물 안전성을 평가할 필요가 있다.

수해 방지

치산치수治山治水와 토지이용 측면에서 대책을 강구해야 하고, 치수가 불충분한 지역의 거주 시설은 홍수와 토석류에 대한 사방댐 건설과 같은 대비책(차단, 회피)이 필수적이다.

설해 방지

| 설해의 종류

적설에 의한 구조물의 붕괴, 출입 장애, 낙설에 의한 인체 피해 그리고 쌓인 눈이 녹으면서 발생하는 누수가 있다.

| 설해의 대안

눈의 퇴적량을 최소화하고 신속하게 제설하며 구조물을 내설화해야 한다.

| 지붕 눈의 처리

일정량 이상 쌓이지 않도록 눈을 쓸어 내리거나, 자연낙하시키는 방법과 눈을 녹이는 방법이 있다. 이를 위한 건축적 고려사항은 지붕의 모양을 단순화하고, 지붕 마감재로 미끄러운 재료를 사용하며 눈이 떨어지는 곳에는 출입구와 통로를 내지 않는 것이다. 눈을 녹이는 방법에는 지하수를 눈에 뿌리는 방법과 히터, 온수, 온풍과 같은 연료를 이용하는 방법, 그리고 무낙설 지붕인 일명 스노 덕트 방식이 있다.

| 건축의 내설화

건축의 내설화는 적설에 의해 구조물이 도괴하지 않는 구조로 설계하는 것을 의미한다. 적설량 1cm에 대해서 1~3kg/m^{2}로 적설하중을 산정하여 설계하고, 건축 예정지의 최대 적설량을 조사한 후 적설하중을 고려한다. 융설에 의해 누수가 발생되지 않도록 하려면 지붕 방수를 철저히 하고 처마 끝까지 눈을 쌓아 놓지 말아야 한다. 이를 위해서는 처마 끝을 금속판으로 급격한 구배를 두거나 히터와 옥내의 더운 공기로 보온하는 방법이 있다.

지진재해의 방지

그림 8-9 적설에 의한 구조물 붕괴

지구를 형성하는 대륙판의 밀도 차이로 인한 압력이 일시적으로 해소되면서 발생하는 지진은 바다와 육지에서 발생할 수 있다. 바다에서 발생하는 경우는 지진해일과 같은 큰 파도를 일으켜켜 인명과 재산에 큰 피해를 입히게 되며, 육지에서 발생하는 경우는 건축물, 도로 및 교량의 붕괴와 파손 등 사회 인프라를 마비시킴으로써 사회적 혼란을 유발하기도 한다.

| 용어 정리

일반적으로 지진과 관련된 용어는 다음과 같이 정의된다.

- 지진: 지구 내부의 변화로 야기되는 판 운동에 의해 발생하는 진동현상
- 진원: 지진이 발생한 곳
- 진앙: 지진이 발생한 진원 위에 해당되는 지표상의 지점
- 지진의 크기: 규모, Richter, 9등급
- 지진의 강도: 진도, 나라별로 조금씩 다름(우리나라 2001, MM Scale 채택, 12등급)

· 잠자던 사람이 깨어나는 정도: 5
· 일반적인 구조물 붕괴: 8
· 대부분의 구조물이 붕괴: 11

| 지진 발생 원인

지진의 발생 원인은 여러 학설이 존재하지만 현재로서는 탄성반발설이 가장 유력한 것으로 평가받고 있다. 즉 500억 년 전의 지구는 뜨거운 가스층으로 이루어져 있었는데 점차적으로 냉각되고 응축되면서 고체 상태로 바뀌었다. 지구가 식으면서 지구 내부의 암석층이 계란 껍데기처럼 갈라지기 시작하였으며 지구 중심부분 핵의 분열반응으로 열 입자들이 맨틀을 뚫고 지각판을 움직이기 시작하였다. 각 지각판은 대류작용으로 약 10cm/yr의 속도로 점차적으로 이동하게 되었다. 이러한 이동현상으로 지각판이 충돌하면서 단층이 발생하였으며 단층의 발생과 충돌된 지각판의 전단파괴(탄성반발설)로 지진이 발생하게 되었다.

| 지진 피해의 종류

지진 발생에 의한 지진동으로 구조물에서 횡력이 작용하게 된다. 횡력에 저항할 수 있는 능력이 큰 구조물은 대변형이 일어나지만 횡력이 약한 구조, 즉 벽돌과 블록 등으로 이루어진 조적조의 경우는 붕괴로 이어질 가능성이 매우 높다. 또한 대변형에 따른 설비류의 파손, 가구류의 전도, 부재류의 낙하 등이 발생할 수 있다.

| 지진 피해 방지 방안

• 구조물의 붕괴 방지

횡력에 저항할 수 있는 구조형식의 설정, 접합부의 강성증대를 위한 내진구조 채택, 지진동의 영향을 차단하는 면진구조, 지진 영향을 최소화하는 제진구조 등의 활용이 요구된다.

• 설비류의 파손 방지

설비류의 파손은 폭발과 화재를 유발할 수 있다. 따라서 지진 발생 시에는 가스와 전기설비를 차단하여 2차 피해를 최소화하는 노력이 필요하다. 배관류의 파손을 방지하기 위해서는 횡력에 의한 건물의 변위를 흡수할 수 있는 가요성 이음매를 사용하고, 설비와 배관의 접속부에는 기기와 배선 사이에 생기는 상대변위를 흡수하는 조치와 기기에 배관 중량이 걸리지 않는 조치를 강구한다.

• 장치류의 전도 방지

장치류에 작용하는 지진력을 바닥과 보 등의 주요 구조부에 전달시킨다. 즉 장치류를 콘크리트 기초, 바닥 슬래브에 앵커 볼트로 고정시켜 일체화한다.

• 가구류의 전도 방지

지진에 의한 가구류의 이동은 수납물의 튀어나옴, 가구류의 미끄러짐, 흔들림, 튀어오름 등이 있다.

· 튀어나옴 방지: 장롱서랍, 책상서랍 열림 방지 걸쇠, 낙하 방지 창살 설치
· 미끄러짐, 이동 방지: 가구류의 바닥 고정, stopper로 고정용 앵커에 연결
· 전도 방지: 바닥, 벽 등의 구체에 고정

• 부재류의 낙하 방지

유리창, 외벽 타일, 천장의 파손 및 탈락과 같은 피해가 발생할 수 있다.

① 유리의 낙하방지
  - 지진으로 파손 우려가 높은 유리는 붙박이 창을 설치한다.
  - 창틀과 유리 사이의 변형을 고려하여 탄성 실링재를 시공한다.

② 타일의 낙하 방지
  - 층간 변위 발생으로 타일과 모르타르 분리, 낙하 발생
  - 시공과 유지관리를 철저히 한다.

③ 천장 등의 낙하 방지
  - 발생원인: 기구 간 충돌과 층간 변위
  - 방지를 위한 대안으로는 천장재와 프레임을 충분히 고정하고, 유지관리에 충실해야 한다.

범죄의 방지

인명과 재산 피해가 발생한다는 관점에서 재해로 간주한다. 건축물에서의 대응 방안으로는 범죄자의 침입차단(침입방어)과 범죄자의 침입방비 대책(감시강화)이 있다.

| 범죄자의 침입방지

범죄자가 건물 내부로 침입하는 것을 방지하기 위하여 자물쇠 채움, 도랑, 담, 침입 센서 등과 같은 여러 가지 장벽을 설치한다.

| 수상한 사람의 감시 강화

요구되는 영역 범위 내에서의 감시를 원활히 하기 위해서 감시성과 영역성의 확보가 필요하다.

- 감시성: 사각이 없는 상태가 유지되어야 하고 엘리베이터, 특별피난계단, 옥상에는 감시 카메라 설치가 요구된다.
- 영역성: 경계의 영역을 명확히 정한다.

화재로 본 주거안전

우리나라 주택화재의 문제점

주택은 인간을 비바람이나 추위 · 더위와 같은 자연적 피해, 도난 · 파괴와 같은 사회적 침해로부터 보호하기 위한 건축물로 정의된다. 즉 주택은 위협이 되는 요소들로부터 인간을 안전하게 보호하는 보호소 역할을 한다. 그러나 이러한 보호소의 역할에서부터 인간의 생리적 욕구인 식사 · 배설 · 수면 등을 해결하고, 재창조를 위한 휴식을 취하며 문화생활을 담는 그릇으로 주택의 의미가 확대되었다. 그러므로 주택은 인간생활에 꼭 필요한 3가지 요소 중 하나로 매우 중요한 위치를 차지하고 있다.

이러한 주택은 외부로부터 인간을 보호하기 위해 만들어졌으며, 그 내부에서 생리적 · 문화적 욕구를 해결할 수 있도록 발전하였지만, 건축물에 위험이 발생했을 때 주택이라는 건축공간은 보호의 기능에서 위험을 가중시키는 요소로 전환된다. 이러한 요소 중 대표적인 것이 화재이다. 건축물에서 화재가 일단 발생하면 그로 인한 인적 · 물적 피해가 직간접적으로 광범위하여 매우 심각한 상태가 된다. 이러한 사실은 지금까지 발생되었던 비참한 화재사건들로부터 교훈으로 얻게 되었으며, 화재로부터의 피해를 줄이기 위해 인간은 매우 다각적인 노력을 지속적으로 수행해 왔다. 그 노력의 결과, 지금까지 소방과 관련된 많은 발전이 이루어졌고, 화재로 인한 피해가 감소한 것도 사실이다. 현재 국내에서는 화재로 인한 피해를 감소시키기 위하여 정부와 소방조직을 중심으로 많은 노력이 진행되고 있다. 현재 화재의 발생건수는 지속적인 상승을 잠시 멈춘 것으로 보이며, [표 8-5]를 보면 화재로 인한 인명피해의 증가도 일단 중단된 것으로 판단된다. 이제 정부와 소방조직은 화재발생 건수를 감소추세로 만들어야 할 것이며, 이는 인명피해와 재산피해의 감소로 이어질 것이다.

정부와 소방조직은 화재발생 건수를 감소시키기 위해 여러 가지 방안을 생각할 수 있을 것이다. 그중 화재가 가장 많이 발생하는 장소를 대상으로 연구와 대책을 집중하여 발생건수를 감소시키는 것이 현재 비용 대 효과비가 가장 큰 방안이라 할 수 있다. 2005년 우리나라에서 가장 많은 화재가 발생한 장소는 주택이다. 주택은 [표 8-6]에서 보듯이 오랫동안 화재발생 장소 1위를 지켜온 것이 사실이며, 이러한 주택화재의 발생을 감소시키는 것은 국내 화재 피해를 감소시키는 데 가장 중요한 사항임에 틀림이 없다. 그렇다면 현재 주택은 화재 안전상 어떤 문제들이 있는지 알아보아야 한다. 현재 주거용 건축물 중 아파트는 비교적 소방행정의 영향이 미치고 있으나 단독주택, 연립주택, 다세대주택 등의 일반주택들은 그렇지 못하다.

소방시설 설치유지 및 안전관리에 관한 법에서 정의하는 특정 소방대상물의

[표 8-5] 5년간 화재 통계(2001~2005)

구분 연도별	화재발생	인명피해			재산피해 (백만 원)
		계	사망	부상	
2005	32,340	2,342	505	1,837	171,374
2004	32,737	2,304	484	1,820	146,634
2003	31,372	2,833	744	2,089	151,590
2002	32,966	2,235	491	1,744	143,447
2001	36,169	2,376	516	1,860	169,750

[표 8-6] 국내 화재발생 장소 순위(2001~2005)

구분 / 연도	1위		2위		3위		4위		5위	
	원인	건수	원인	건수	원인	건수	원인	건수	원인	건수
2005	주택	8,411	차량	5,883	공장	3,358	음식점	2,152	점포	1,643
2004		8,686		6,012		3,450		2,181		1,674
2003		8,474		6,049		3,416		2,056		1,698
2002		8,877		5,794		3,539		2,010		1,504
2001		10,011		5,973		3,913		2,212		1,662

경우에는 대통령령이 정하는 소방시설을 설치하여야 하며, 시설 및 유지 관리 운영에 관해 소방관서의 소방검사를 받아야 한다. 또 법에서 정하는 방화관리 업무를 수행하고 소방안전교육을 실시해야 하는 등 화재를 예방하고 이에 대비하기 위한 활동을 수행해야 한다. 그러나 일반주택은 특정 소방대상물에 해당하지 않기 때문에 위에서 열거한 소방행정의 집행수단이 미치지 못하고 있다. 이에 따라 일반주택의 소방시설과 방화관리 수준은 현재 매우 열악한 상황이다.

우리나라 전체 화재발생의 약 23%를 차지하는 일반주택의 거주자들은 방화관리를 외면하거나 무관심하고 '설마 우리 집에서 불이 나겠는가?' 하는 안이함 때문에 화재가 발생하고 난 후에 후회를 한다. 즉, 주택화재가 발생했을 때 소방훈련과 소방교육이 되어 있지 않은 가정집에 의외로 인적 · 물적 피해가 클 수 있는 것이다.

주택화재에 대한 신속한 대응 방안의 확립과 실천의 필요성은 현재에도 화재발생 건수 감소를 통한 인적 · 물적 피해의 감소라는 큰 이유가 있으나, 가까운 미래를 생각해 보면 더욱 중요하다. 일반적으로 화재에 대하여 고령자가 매우 취약할 것이라는 사실은 누구나 짐작할 수 있다. 2002년에 작성된 분석 자료를 보면 주택이 아파트에 비하여 인명피해가 월등히 많으며 이 중에서도 61세 이상의 사망과 부상이 다른 연령층에 비하여 매우 높아 주택 사망자의 32.1%, 부상자의 21.9%를 차지하고 있다. 특히 전체 사망자, 부상자 중에서 61세 이상이 차지하는 비중이 20.9%, 12.8%인 점을 감안하면 주택에서 발생하는 화재에 노

[표 8-7] 주택과 아파트의 연령별 인명피해 분석(2002)

구분	계		0~10세		11~20세		21~30세		31~40세		41~50세		51~60세		61세 이상	
	사망	부상	사망	부상	사망	부상	사망	부상	사망	부상	사망	부상	사망	부상	사망	부상
아파트	35	161	5	22	3	11	2	25	5	39	8	36	4	12	8	16
주택	218	616	27	36	5	24	15	90	28	109	45	123	28	99	70	135

자료: 2002년도 화재통계 연보, 행정자치부(2003)

인들이 가장 취약한 것을 알 수 있다. 또한 65세 이상의 고령자가 차지하는 인구 비율이 7.3%밖에 안 되는 것을 고려해 볼 때, 고령자의 인명피해 정도는 예상보다 훨씬 심하다고 할 수 있다.

그런데 문제는 우리나라가 현재 급속한 노령화가 진행되고 있다는 사실이다. 2005년을 기준으로 우리나라 65세 이상 노인인구는 약 438만 명으로 전체 인구의 9.12%이며 매년 20만 명씩 늘어나 2010년에는 535만 명, 2020년에는 782만 명, 2030년에는 1,189만 명에 달해 전체인구의 24.1%를 넘어설 것이라고 통계청은 전망하고 있다. 이는 고령화 사회(노인인구 비율 7%)에서 고령사회(노인인구 비율 14%)로 진입하는 데 걸리는 기간이 프랑스 115년, 스웨덴 85년, 미국 72년, 일본 24년인 데 비하여 우리나라는 18년으로 매우 급속하게 노령화가 진행될 것으로 판단된다. 노인인구가 빠르게 증가하는 원인은 의학기술의 발전 및 식생활 개선에 따른 평균수명 증가, 산업화에 따른 핵가족 증가, 만혼현상에 따른 독신자 증가, 여성 사회활동 참여 증가에 의한 출산율 감소 등이 직접적인 원인으로 분석되고 있다.

이렇게 화재에 취약한 것은 노인뿐만 아니라 신속한 피난이 불가능한 장애인도 포함된다. 2005년 말 장애인 등록 인구는 177만 7천400명에 도달하였는데, 이 중 지체장애인이 95만 9천133명으로 가장 많았고, 시각장애인, 청각장애인, 정신지체장애인 등이 그 뒤를 이었다. 이들은 자력 피난이 어려운 경우가 많아 화재발생 시 희생자가 된다. 이러한 사람들은 대부분 주택에서 생활의 대부분을 보내는 경우가 많으므로 주택화재에 대하여 매우 취약한 상황이다.

[표 8-8] 국내 노인인구 증가 통계자료

구분	2000년	2005년	2010년	2020년	2030년
총인구(A)	4,700	4,829	4,922	4,995	4,932
65세 이상(B)	339	438	535	782	1,189
비율(B/A), %	7.2	9.1	10.9	15.7	24.1

자료: 통계청, 장래인구추계(2005)

주요 주택화재 사례

1990년 이후 다수의 인명피해를 가져온 대표적인 화재사례는 다음과 같다.

[표 8-9] 1990년대 이후 주요 주택화재 사례 분석

발생일시	발생장소	화재원인	인명피해(명)		재산피해 (천 원)
			사망	부상	
1990. 02. 16. 03시 34분	서울시 강남구 청담동 54-1 주택	전기합선	6	-	6,500
1992. 03. 14. 03시 30분	경기도 부천시 중구 오정동 연립다세대주택	전기합선 추정	5	-	7,650
1993. 06. 10. 23시 32분	서울시 용산구 용산동2가 5-1004 주택	원인 미상	5	1	800
1995. 12. 15. 15시 50분	경기도 동두천시 송내동 556 주택	방화	5	1	9,800
2001. 03. 04. 03시 46분	서울시 서대문구 홍제동 312-135 주택	방화	6	3	102,000
2003. 04. 24. 03시 56분	전주시 덕진구 금암동 457-16 태안 다가구주택	원인 미상	3	13	19,944
2003. 12. 04. 01시 58분	경기도 의정부시 의정부 1동 120-7 주택	방화	6	1	17,000
2004. 02. 11. 00시 36분	경남 통영시 도산면 수월리 218-4 주택	원인 미상	5	-	5,821

자료: 『2006년도 화재통계연감』, 소방방재청, 2007, pp. 185~198

일반주택의 화재피해 안전 방안

집은 우리 일상에서 가장 편안하고 안락한 휴식공간이다. 직장과 일터에서

서 긴장된 하루 일과를 모두 털어 버리고 내일을 위해 에너지를 충전하는 장소이기도 하다. 그러나 이러한 주거공간에 안전설비가 없다는 것은 안타까운 현실이다. 특히 아파트보다 일반주택을 선호하는 노인인구가 증가하고 그와 함께 장애인 인구가 증가하는 것도 일반주택에서 화재발생과 인명피해가 증가하는 하나의 원인이다.

일반주택에서 화재로 인한 인적 · 물적 피해를 줄이기 위한 방안으로는 다음과 같은 것이 있다.

첫째, 일반주택에 소방시설 설치를 의무화하는 것이다. 주택에 설치할 소방시설은 국내 소방시설 중 주택에서도 활용 가능한 것으로서 소화기, 단독경보형 감지기, 자동확산 소화용구, 휴대용 비상조명등, 그리고 완강기 등이 있다. 이러한 설비는 우선 구입가격이 저렴하고 설치가 용이할 뿐만 아니라 초기소화가 가능하고 인명피해를 효과적으로 방지할 수 있다.

둘째, 소방시설의 관리적 측면에서 방화안전증명서 제도를 시행하는 것이다. 이러한 설비는 주택의 신축, 재축, 개축, 이전 시에 건축허가부터 적용하고, 기존주택은 자율적으로 설치하도록 권장하고 홍보하되, 일반주택을 매수하거나 임차하여 사용할 경우에는 해당 설비를 설치한 다음 관련기관으로부터 방화안전증명서를 발급받아 읍 · 면 · 동사무소에 전입신고 시 제출할 수 있도록 한다. 이러한 시스템은 일반주택에 설치된 소방시설을 거주자가 자율적으로 관리하고, 행정관서의 업무를 줄이는 효과도 기대할 수 있다.

셋째, 주택에 설치할 소방시설을 적용하기 위한 공감대를 형성한다. 사람들은 보통 자기 집 화재발생에 대하여는 너무도 무감각하다. 화재는 남의 집에서나 발생하고 우리 집은 불날 일이 없다는 안전불감증이 팽배한 것은 어느 나라나 마찬가지다. 이러한 안전불감증을 불식시키고 안전의식을 제고하기 위해서는 중앙정부나 지방정부가 모든 매체를 통해 홍보에 나서고 시민단체가 협력해야 한다. 그래야만 일반주택에 소방시설을 설치할 수 있는 공감대가 형성되리나 믿는다. 또한 국민이 신뢰할 수 있는 소방장비를 설치하게 하여 소방시설만이 화재로부터 내 자신과 우리 집을 지킬 수 있다는 확신을 갖게 해야 한다.

넷째, 일반주택에 소방시설을 설치한다고 해서 화재가 발생하지 않는 것은 아니며, 인명피해가 절대 나지 않는다고 보장할 수도 없다. 화재에 대한 주거자의 안전의식 향상과 정부의 보다 다각적인 소방홍보 및 교육이 필요하다. 또한 기초생활 수급자나 독거노인 및 장애인 가정의 소방시설 설치와 관리 · 유지에는 유관기관의 협력이 필요하며, 중앙이나 지방정부의 인적 · 물적 지원이 필요하다. 보건복지부에서 시행하는 돌보미제도나 바우처사업 등의 사회복지사업과 연계하고, 소방방재청에서 시행하는 안심폰 사업과도 연계할 수 있을 것이다.

공동주택의 화재안전

공동주택에는 목조아파트에서 고층아파트까지 여러 가지 형태가 있는데, 평면 형식에 따라 계단실형, 편복도형, 중복도형이 있으며, 입면 형식에 따라 판상형과 탑상형, 높이에 따라 저층형, 고층형, 초고층형으로 분류할 수 있다. 시설의 거주자는 남녀는 물론 어린아이에서부터 노인, 신체 장애인까지 다양하게 걸쳐 있는 것이 특징이다.

공동주택의 방재상 무엇이 문제인가

공동주택의 형태상 특징으로 첫째는 세대마다 벽으로 분할되어 있는 것이다. 이것의 장점은 방화상 개벽을 구성하는 것이 되어 인접세대로 연소하는 것을 방지하기 쉽다는 것이다. 반면 각 세대가 밀폐공간이며 복도의 비상방송을 청취하기 어렵고 인접세대의 피난이 지연되기 쉽다는 문제가 있다. 화재세대에서 피난경로인 복도로 연기가 누출되어 복도가 사용 불가능해지면서 인접세대의 피난이 지연된다. 복도가 편복도 형식인 경우에는 그다지 문제가 되지 않지만, 중복도 형식인 경우는 대단히 심각한 문제가 된다. 이 때문에 공동주택에서는 제2의 피난경로로서 발코니가 중요시된다.

또한 발코니는 상층연소 방지의 유효한 수단이며, 공동주택의 화재안전상 불가결한 것이라고 말할 수 있다. 이 발코니도 건물 주위에 전부 설치하고 더욱이 피난계단에 접속되어 있는 경우에는 거

그림 8-10
부산 해운대 우신골드 스위트 화재

의 문제가 되지 않지만, 발코니가 부분적으로 밖에 설치되어 있지 않고 피난계단에 도달하기 위해 다시 복도로 나가지 않으면 안 되는 계획은 근본적인 문제해결이 되지 않는다. 또한 발코니에 통상 설치되어 있는 트랩 정도의 피난기구는 노인과 신체장애인의 피난에 그다지 도움이 되지 않는다.

중복도 형식에서 건물 주위에 발코니를 모두 설치하지 않은 공동주택의 경우에는 세대 내에 스프링클러 등의 자동소화설비를 설치하여 화재성장을 억제하고 복도로의 연기 누출량을 제한해야 한다. 또는 복도를 복수로 구획화하고 피난경로 모두가 연기에 오염되는 것을 방지할 필요가 있다. 취침시설인 공동주택에서는 각 세대 내(특히 침실)에서 2방향 피난경로 확보와 복도의 방연대책에 충분히 주의할 필요가 있다.

초고층주택의 전형적인 평면의 하나로 중앙부에 보이드 공간을 설치하고 그 주위에 개방복도를 설치하여 각 세대를 배치하는 것이 있다. 이 평면은 화재세대의 연기가 복도에 누출되면 보이드 공간의 단면이 적은 경우와 보이드 공간의 하부에 급기 루트가 충분히 확보되어 있지 않은 경우에는 연기가 보이드 공간의 상부로 효과적으로 배출되지 않고, 연기가 보이드 공간 전체에 확대되어 상층 전부에서 복도 피난이 곤란하게 되는 경우가 있다. 이 때문에 충분한 보이드 공간의 단면을 확보하고, 보이드 공간 하부에 급기 루트를 확보해야 한다. 덧붙여서 보이드 공간에 급기 루트를 확보하는 것은 풍해에 의한 세대 문의 개폐장해를 방지하는 데도 유용한 수단이 된다. 또한 보이드 공간에 연기를 내보내지 않는 연구도 중요하며, 보이드 공간에 면해서 현관문 이외에 개구부를 설치하는 경우에는 세대 내 감지기 연동으로 폐쇄하는 기구를 설치하거나, 세대 내에 스프링클러를 설치한 보이드로 연기가 누출되는 것을 제한할 필요가 있다.

공동주택의 화재안전 체크 가이드

| 발코니

- 각 세대에는 연결된 발코니가 설치되어 있고, 세대 내에는 2방향의 피난경로가 확보되어 있다.
- 인접세대를 경유하는 피난계획의 경우, 비상시 발코니에서 유리문을 열 수 있도록 계획되어 있다.

| 안전구획

- 복도는 2방향으로 피난이 확보되어 있다.
- 복도의 각 위치에서 피난 방향을 용이하게 인식할 수 있다.
- 피난경로의 문은 피난 방향으로 열리게 되어 있다.
- 안전구획(복도, 전실, 계단 등)은 가연물이 놓이기 어렵게 되어 있다.
- 제1차 안전구획(복도)과 각 개실의 사이는 내화벽으로 구획되어 있다.
- 제1차 안전구획과 각 개실 사이의 문은 자동폐쇄기구로 부착되어 있다.
- 중복도형식의 경우에는 아래 가운데 하나에 해당된다.
  - · 연속된 발코니가 피난계단까지 유효하게 접속되어 있다.
  - · 복도가 복수로 구획되어 있다.
  - · 세대 내에 스프링클러가 설치되어 있다.
- 중복도의 경우, 복도에 적절한 연기제어설비가 설치되어 있다.
- 중앙부에 보이드 공간을 설치하고, 그 주위에 개방복도를 매개하여 각 세대를 배치하는 경우에는 아래 가운데 하나에 해당된다.
  - · 충분한 보이드 단면을 확보하고 있다.
  - · 보이드 하부에 급기 루트를 확보하고 있다.

| 계단, 엘리베이터

- 계단 전실이 설치되어 있다.
- 계단 전실 면적은 피난자를 수용하는 데 충분한 크기이다.
- 계단 전실에 적절한 연기제어설비가 설치되어 있다.
- 계단 폭은 계단 문보다 넓게 확보되어 있다.
- 엘리베이터 샤프트로의 연기누출방지대책(EV홀의 구획, EV문 직전셔터, 샤프트 가압 등)이 되어 있다.

제9장

미래 주거의 방향

미래 주거의 의미

미래 주거의 새로운 개념

미래 주거의 개발 방향

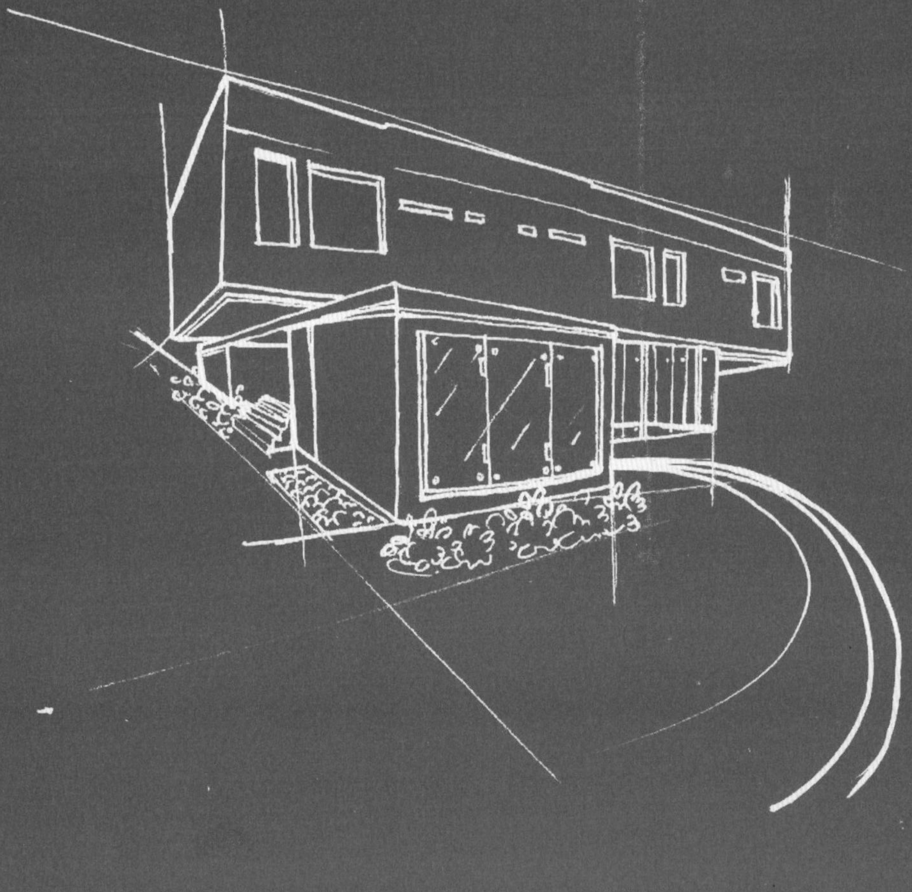

9 미래 주거의 의미

미래라는 것

'주거'라는 것은 우리 생활의 터전이라고 할 수 있다. 미래의 주거는 우리에게 어떤 의미일 것인가? '미래'는 현재보다 뒤에 진행되므로 '장래', '내일', '지금부터'라고 바꾸어 말할 수도 있다. '내일'은 '오늘의 다음 날'의 의미로서 시간의 경과에 의해 도래하는 어떤 시간대를 나타내는 단어이며 사람이 아무런 행동을 하지 않아도 미래는 다가온다.

하지만 미래에 대한 연구를 하면 할수록 예측은 그만큼 더 어려워진다. 예측을 할 때마다 불확실성은 더욱더 높아진다. 너무 많은 사건과 행위들이 서로 영향을 주고받으며 결과를 만들어 내기 때문이다. 그리고 예측을 어렵게 만드는 복잡한 문제가 한 가지 더 있다. 미래에 대한 예측이 공개될 수 있고, 또 실제로 공개될 경우 예측 자체가 미래에 영향을 미칠 수 있다는 것이다. 물리학자인 베르너 하이젠베르크의 주장과 유사한 일종의 '불확정성의 원리'에 직면하게 된다. 하이젠베르크는 분자의 위치를 보다 정확하게 측정할수록 분자의 움직임을 예상하기가 더욱 어려워진다고 주장한다. 그 반대도 마찬가지이다. 비슷한 논리로 우리가 미래를 더 정확하게 예측할수록 미래가 예상과 맞아떨어질 확률은 그만큼 줄어들 것이다. 하지만 100% 맞아떨어지지 않아도 우리가 일기예보를 믿고 대비하듯이 다소 맞아떨어지지 않더라도 어느 정도 예측하고 위험을 피해갈 수는 있을 것이다.

영화 〈아일랜드〉나 〈아이 로봇〉 등에 등장하는 미래의 모습 또한 우리의 현 생활과 연관시켜 생각해볼 때 픽션의 세계로만 느껴지지는 않는다. 우리는 과학자나 기술자의 자세로 과학, 기술에 희망을 걸 것인가? 아니면 픽션 작가와 같은 입장에 설 것인가? 어느 한쪽의 고집을 가지고 미래를 해석하는 것이 이해하기는 쉽다. 미래를 탐구하고 제시하기 위해서는 먼저 미래에 대한 강한 의지가 필요한데, 이는 원망, 욕구로 표현할 수도 있다. 또한 미래를 어떻게 표현해 갈 것인가 하는 사고를 체계적으로 정리 정돈하여야 한다.

건축물이나 주거 또한 그것을 사용하는 사람들과 공존시켜야 한다. 마치 인

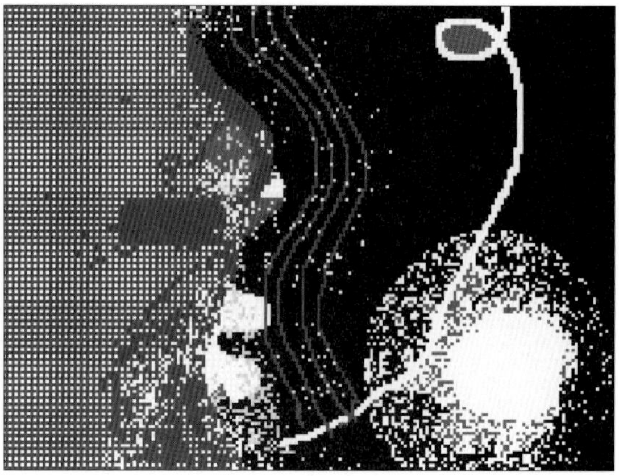

(좌)그림 9-1
영화 〈아일랜드〉

(우)그림 9-2
하이젠베르크 불확정성의 원리

간이 유전자에 의해 복제되어 후세에 계속 전달되듯이 주거 또한 부분적으로는 수정이 이루어지지만 기본적인 요소들은 변함없이 세대를 넘어 미래로 존속시켜야 할 것이다. 미래를 생각한다는 것은 전진, 진보만을 생각하는 것은 아니다. 요구대로 축조된 미래가 '환경을 오염시키지는 않을까?', '인류의 번영에 역행하지는 않을까?' 하는 등의 문제들을 항상 주의 깊게 생각하지 않으면 안 된다.

한편, 왜 미래주택을 지금 논하지 않으면 안 되는가? 그 이유는 20세기 말을 지나, 21세기에 접어들면서 전 세계가 거대한 전환기에 놓여 있기 때문이다. 지금의 생활기반은 정확하게 지축이 바뀌는 것과 같은 변혁의 시기에 처해 있다. 외부 물질세계가 눈부시게 발달해 왔던 지난 일백 년과 비교할 때, 21세기에는 인간 마음속에 내재해 있는 내적 정신세계가 눈부시게 변화해 갈 것이다. 따라서 외부의 물질세계와 인간 내부의 정신세계가 부딪히는 격동기에는 여러 가지 의미의 충돌과 변화가 발생한다고 할 수 있다. 도시나 주택의 경우에도 내측으로부터 요구되는 정신적 욕구와 감성을 만족시키기 위한 방법을 만들지 않으면 인간의 의사와 행동이 일치되지 않을 것이다. 즉 제3차 산업이 궁극에는 인간의 정신세계로 전환되고 미래사회는 정보화, 국제화가 고도로 진전되어 인간이 자연의 생태계를 위협하는 생활을 청산하고 주체자로서 자연과 공존하면서 자기의 가치관을 중심으로 살아갈 수 있는 사회로 변화해 갈 것이다. 이러한 사회가 빠른 미래에 올 것인지, 아니면 좀 더 먼 미래에 올 것인지, 아니면 이러한 요구만 있다가 몇 세기가 지날 것인지는 실제로 알 수가 없다. 그러나 어떠한 결과라도 미래 사회에서 인간은 자연과 다시 일체화된 생활을 영위하고 자연으로 돌아갈 것이다.

20세기는 바이오의 세계로 볼 수 있으며 생물 생존권의 갈등의 시대이며, 자연환경 기반과 사회환경 기반 속에서 인간이 자아를 알기 위해 갈등한 시대라 할 수 있다. 그러나 21세기에는 그러한 갈등으로부터 해방되어 인간 정신의 세계로 근접해 갈 것이다. 그것은 자기 정신적 존재를 인정해 가는 사회로서 그 기반이 되는 것이 자기 집이기 때문이다.

미래 환경 디자인의 흐름

문명사적 대전환기에서 지구촌화가 진전되어 새로운 공간과 시간의 축이 형성되고 있다. 이 중 커다란 하나의 축이 인위적 환경문제이다. 인간이 환경을 창조함과 동시에 자연의 파괴가 초래되었고 자연 생태계와 인간 생태계에 적신호를 보내게 되었으며, 생활의 질을 향상시키기 위해서는 환경을 변화시키고 관리하는 능력이 필요하다. 삶의 질은 본질적 가치이며 환경은 삶의 질을 확보하기 위해 사용되는 도구적 가치일 뿐이다. 우리가 이 관계를 명확하게 의식하지 않으면 도구적 가치인 환경이 마치 디자인 목표인 것처럼 생각되어 그것이 진정으로 지녀야 하는 지원성을 망각할 수 있다. 디자인은 더 이상 시각적 특성

그림 9-3
미래형 에너지 주택

과 형태적 특성, 외형적 특성, 새로운 특성, 화려하게 드러나는 특성으로 정의되어서는 안 되며 진정으로 인간 삶의 질을 증진시켜 줄 수 있는 도구로서 어떤 특성이 부여되어야 하는지를 신중하게 생각해야 한다.

환경 디자인의 흐름은 이 도구적 가치를 지닌 환경이 그 근원적 기능을 잘 하도록 하기 위해 그것을 창조하는 과정에 필히 내재해야 하는 사고의 틀이다. 비록 생물학적 생명은 없는 물리적 환경이지만 그것이 제 기능을 할 때 생명력이 있다고 봄으로써 인위적 환경 그 자체를 서로 유기적 상호관계를 지니는 모든 부분들이 상호 간에 영향을 미치는 생태계로 간주할 수 있다. 이를 위해 생태적 역동성을 지닐 필요가 있는 실체로 이해할 수 있고 이 역동성이야말로 인위적 환경을 지속시키는 에너지로 해석할 수 있다.

미래 주거의 새로운 개념

현재의 사회적 제 문제를 통해 본 미래

전통적인 가치와 질서는 급변하는 현대 사회의 요구를 충족시키지 못한다. 다양한 집단들의 다양한 요구를 수용하면서, 사회의 소외된 사람들에게 관심을 갖고 그들의 생존권과 평등권을 보장하라는 공론이 점차 힘을 얻고 있는 추세이다.

미래는 이미지를 호소하고 사람들의 사고를 환기시킨다고 해서 이루어지는 것이 아니라 이미지를 실현시킬 때야 비로소 실현된다고 할 수 있다. 미래 실현을 위하여 검증되어야 할 몇 가지 문제점들을 살펴보면 첫 번째 경제성 문제를 들 수 있다. 미래구상을 가지고 그 실현이 기술적으로 가능하며 사색을 통하여 평가했을 때 틀림없다 하더라도 경제성이 없다면 실현되지 못할 것이다. 두 번째 사회적 인식, 즉 법률이나 사회 통념적인 이해가 있어야 한다. 법률은 현재의 사회정세를 기반으로 제정, 정비되며 미래에 대해서는 언급하지 않는다. 그렇기 때문에 현재의 구조로부터 벗어나는 미래상은 실현될 수 없다. 이것은 한국의 법률이 목적법이 아닌 규제법이기 때문인데, 미래를 실현하기 위해서는 법적 규제에 저촉될 경우 그 개정까지도 추진하지 않으면 안 되며 사전에 사회 통념의 변경이 필요하다. 우리는 우리 사회에서 발생하는 모든 사회 문제가 결국은 이상적인 미래 사회 구축을 위하여 도출되는 정상적인 현상이라 보고 제 문제를 통하여 미래 주거의 방향성을 제시해 보고자 한다.

아파트 문화

일반적으로 공동체란 용어는 동일 지역에 근거하는 사람들의 구성단위를 일컫는다. 물리적으로 인접한 곳에 사는 사람들은 공통된 사회적 구조와 서비스에 의존하고 관심사가 유사하며 자신들이 사는 지역에 대해 정체성과 애착심을 갖는다. 이러한 점에서 공동주택은 단순히 주택의 기능만 하는 것이 아니라 공동체 생활을 원활하게 할 수 있는 공간이기도 하다. 그러나 "지금 우리나라의 아파트는 공동주택이라는 말이 무색하게 모든 것이 개별로 이루어지고 있다." (서윤영)는 말처럼, 새로 지어지는 집의 85% 이상을 차지하는 아파트가 결국은 공동주택이라는 말이 무색할 정도로 개별적이어서 단순히 단위주거의 옆 세우기(단위주거의 수평적 결합)와 위 쌓기(단위주거의 적층)에만 열중하는 것이 지금의 현실이다.

도시화로 인한 지가 상승은 공동체 간의 독점과 배타를 불러오고 경제성, 효율성에 치중하여 고층 고밀도의 공동주택단지를 형성하게 하였다. 단위 주거공간과 단지 내 공동체 공간으로 이루어지는 아파트 공간에서 단위공간 위주의 계획들이 새로운 근린성의 약화를 가져오고 있다. 또한 영구임대주택은 물리적 공간의 제공을 위한 기본태도에서도 다른 곳과 차별적이다. 영구임대아파트는

(좌)그림 9-4
깡통 아파트

(우)그림 9-5
분양시장

11평, 14평, 18평 등 상대적으로 소규모이다. 그러나 한 세대를 구성하는 가구원 수가 일반 아파트 가구원 수보다 많은 경우가 허다하다. 따라서 일반 주택의 경우와는 달리 실내 공간의 전용 면적은 상대적으로 작고 공간 사용자 수는 많은 경우가 된다. 그런 점에서 본다면 외부공간이 풍요로워야 한다는 가설을 생각해 볼 수 있으나 실제적인 상황은 그와 반대여서 법적으로 규정한 외부공간의 양 또한 일반 아파트에 비해 상대적으로 적고 그 상태 또한 열악하다.

환경 문제

자연환경 변화의 첫 번째 경계선은 산업혁명이다. 그것은 대부분의 자연환경이 산업혁명 이후에 급격히 변화한 것으로 분석되고 있기 때문이다. 두 번째 경계선은 지난 20세기 100년간의 변화이다. 20세기에 인류는 과학기술의 눈부신 발달로 정치, 경제, 사회, 문화 등 전 분야에 걸쳐 급격한 변화를 경험하였다. 또한 인구 증가와 무분별한 개발 위주의 정책으로 지구환경은 오염되고 훼손되었으며 지구는 자정능력을 잃기 시작했다.

생활환경으로서의 기존 건축물은 결과적으로 에너지 소모적이고 자원 낭비적인 인공환경이라고 볼 수 있으며, 건축물 및 주생활 자체가 환경오염의 주된 원인이 되고 있다. 실제로 에너지 해외 의존도가 90%를 넘는 우리나라에서 전체 에너지 사용량의 1/3을 건물(상업 및 가정부분)이 사용하고 있다. 이처럼 자연 조건, 즉 자원과 에너지 그리고 경관을 고려하지 않은 개발 위주의 건축 행위는 건축 환경 자체를 오염시키는 동시에, 자연환경을 파괴하여 인간의 건강과 생명을 위협한다. 어떠한 사업이나 국가도 환경보호 없이는 장기간 살아남을 수 없을 것이다. 환경을 훼손시키는 것은 국가 경제에 막대한 영향을 미친다. 따라서 앞으로는 기업으로 하여금 환경을 고려하여 경영하도록 하는 압력이 더욱 가중될 것이다. 무엇보다도 기업가들은 환경보호가 시장에서의 성공과 반대되는 것이 아니라는 것을 인식할 필요가 있다. 잘 수행된 환경보호 활동들은 현재의 순수 비용 부담에서 앞으로는 살아남기 위한 투자로 변화될 것이다.

고령화

고령인구의 증가에 따른 인구 구조상의 변화는 사회적 · 경제적 구조에 큰 영

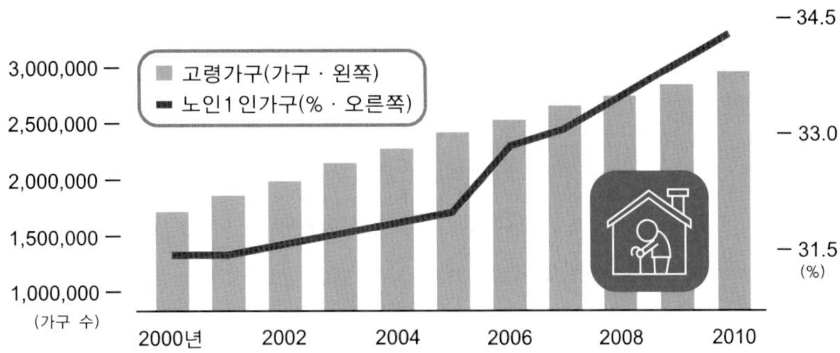

그림 9-6
늘어나는 고령인구와 노인 1인 가구
출처: 매일경제, 2011. 11. 16.

향을 미친다. 또한 노인 복지의 질적 향상에 따른 사회적 관심 속에서 문화, 사회복지 수요 증대와 실버산업의 요구 등이 새로운 사회 구조의 변화를 맞이하고 있다. 가족 구성상의 특성도 전통적인 사회에서는 가계상속으로 인해 직계가족들을 중심으로 하는 대가족 제도였으나 현대는 대가족 제도가 해체되고 핵가족화가 추진되는 등 가족 구성이 크게 변화하였다. 이러한 가족 구성의 변화에서 독신 노인 가구 및 부부 노인 가구의 비율이 증대되는 현상 등이 나타나고 있다. 선진국에서는 이것이 가장 일반적인 가구 형태로 보이나 우리나라는 아직 노후 생활 준비가 매우 미흡한 실정이므로 노인 가구의 증가는 노인 부양 문제라는 사회문제를 야기한다.

서구 선진국가는 노인 복지에서 연금, 의료보험, 사회 복지 서비스 등 노인의 사회보장제도를 근간으로 하는 공적 부양 체계 기능을 강화하였으나 우리나라는 아직 대다수 노인들이 가족의 부양에 의존하는 이른바 사적인 부양 체계 비율이 높다. 그러나 공적인 부양 체계에 의해 노인을 지역사회로부터 분리하는 방안을 활성화시켜 온 선진국에서는 이러한 시책이 노인의 복지에 적합한 방법인지에 대해 부정적인 시각을 나타내고 있다.

우리나라의 경우, 노인의 부양과 보호에서 가족의 책임만을 강조하고 부양에 따른 가족 혜택이 실질적으로 정부에 의해 이루어지지 않는 상황에서는 전통적인 가족제도가 지닌 장점과 경로효친의 가치관을 현대에 적용시켜 노인문제를 해결하려는 정부의 정책이 성공하기 어렵다. 그러므로 재가노인 복지 서비스를 통해 개인과 확대 가족에게 노인부양의 종합적인 책임을 경감시킬 수 있도록 다양한 주택대안 및 지역사회 서비스가 통합되어 있는 주거환경 체제 개발이 정책적으로 지원될 필요가 있다.

저소득층의 복지

그림 9-7
노후한 주거지역

빈곤은 인류 역사와 함께 나타난 오래된 현상이며, 지금도 우리가 일상적으로 쓰는 용어이다. 빈곤을 넓은 의미로 해석한다면 정치, 사회, 문화 등 여러 측면에서의 기회, 수단 또는 자원의 결핍상태라고 정의할 수 있겠으나 경제적 관점에서 접근할 때는 보통 절대적 빈곤과 상대적 빈곤을 논의하게 된다. 절대적 빈곤은 필수품을 사는 데 필요한 소득에 미달할 때를 말하고 상대적 빈곤은 그 사회의 평균 소득 수준과 대비하여 상대적으로 소득이 낮은 것을 말한다.

여러 가지 이유로 내 집을 갖지 못한 자나 좁고 불편한 집을 가진 자들은 그들의 요구에 비해 개인공간이 턱없이 부족해 활동 영역이 공공 영역으로 확장될 수밖에 없다. 때문에 이웃 간의 연대감이 다른 계층보다 강하게 형성된다. 그러나 이렇게 강한 연대감으로 묶인 지역이 도시 건강과 미관을 해친다는 이유로 부정적인 사회적 시선을 받아 왔으며 저소득층은 좌절감을 느끼며 살 수밖에 없다.

도시의 저소득층에 의해 형성되는 불량 주거지란 물리적 환경의 측면에서 볼 때 질적 수준이 일정 수준에 달하지 못하는 주택의 수가 정해진 비율 이상을 점유하고 있는 일단의 주거지를 말한다. 이때 그 기준은 건물의 노후상태, 구조적인 결함 또는 시각적인 불량상태 등에 따라서 결정되는 것이 보통이다. 이와 함께 불량 주거지는 도시의 토지를 비효율적으로 이용하고 화재나 붕괴 등 재해의 위험성이 내포되어 있으며 비위생적인 곳, 사회범죄의 온상으로 인식되고 있다. 하지만 긍정적인 측면도 있는데 도시 저소득층에게 비교적 저렴한 가격의 주택을 다량 공급함으로써 주택시장 기능으로서의 역할을 할 뿐 아니라 주택재고의 잠재력을 높여 주기도 한다. 이런 관점에서 볼 때 불량 주거지는 도시

그림 9-8
저소득층 주거 생활
공간의 확장

의 저소득층에게 도시 생활에 적응할 수 있는 기회를 주고 사회 경제적으로 도시 사회에 정착할 수 있는 여건을 마련해 주며 그들 상호 간의 유대를 깊이 다져 온 공동생활의 장을 형성해 왔음을 알아야 한다. 오늘날 개도국의 도시에서 흔히 볼 수 있는 불량촌의 철거 재개발과 집단 이주 등의 정책이 빈민들의 삶의 터전을 파괴하며 원주민에게 주거 불안을 안겨주고 있는데 도시 빈민들의 집단 주거지인 도시 불량촌을 어떻게 재개발할 것인가는 그곳에 살고 있는 주민의 주거복지 문제와 아울러 도시 환경 정비 및 개선의 차원에서 접근해야 할 것이다.

다원화

인터넷의 발달로 지식과 정보의 교류가 국경을 초월하고, 급속한 시장의 통합이 이루어지고 있다. 지식과 정보의 교류, 시장의 통합은 삶의 방식을 일원화하고 있다. 이러한 문화 통합의 시대에 특정한 사회 시스템과 자연환경을 기반으로 형성된 문화들은 도태될 가능성이 많다. 문화의 정체성을 가지고 지키고 보존하는 것과 타 문화를 배척하는 것은 다르며 한 나라가 다문화되어 갈수록 전 지구적으로는 결국 하나가 되어갈 것이다.

다원화는 비단 나라와 나라 간의, 지역과 지역 간의 문화 차이뿐만 아니라 동일 국가, 지역 내에서의 급변하는 세대 간의 사고 차이도 결코 간과할 수 없을 것이다. 다원화의 장점은 사회와 문화의 다양함을 인정하고 서로의 삶을 중시하는 사회를 만들 수 있다는 데 있으며 단점은 가치관의 혼돈과 사회 혼란의 가능성을 지니고 있다는 데 있다. 서로의 다름을 인정하고 존중하여 개개인의 독창성이 인정되는 것이 다원화의 특성이다. 비주류, 소수, 비서양 등의 주변 문화를 모두 받아들이고 그들 문화에 대한 차별을 없애 다양한 문화가 서로 조화롭게 어우러질 수 있도록 하는 공간 창출이 필요하다.

전통문화 전수

한반도의 위치가 가지는 기후환경은 지역별 주거환경에 큰 영향을 주었으며 사회문화적으로는 불교사상, 유교사상, 음양, 풍수, 도참사상을 기반으로 발달하여 왔다. 주거에서의 전통문화라 함은 한옥을 일컫는데 한옥이란 이 땅에 우리 민족이 수천 년 동안 살아오면서 자생적으로 혹은 타 문화에 의한 간접적 경험들이 걸러져 한국인들에게 적합한 쪽으로 발달한 우리네 주거 양식이다. 이러한 한옥은 의생활 · 식생활 · 주생활 등의 제반 생활양식과 통시적 사회 흐름을 반영하는 제도적 표현체로서 형성된 문화 특성을 내포하고 있다. 한옥이 지닌 대표적인 특성은 온돌과 마루 구조의 통합, 유연한 기와 지붕의 선, 창호의 개방적 구조 등이라 볼 수 있다.

하지만 산업화 사회가 되어 편리한 서양문화로의 전환이 급속히 이루어지면서 오랜 시간 우리의 삶에 녹아들어 역사적 생명력을 가지고 있는 고유의 생활문화가 단절될 지경에 이르렀다. 최근 이렇게 잃어버린 정체성을 찾으려는 움직임이 조용히 일어나고 있는데 무조건적인 전통의 수용은 이미 우리의 생활양식과 많이 동떨어져 있으므로 전통문화를 시간의 흐름에 연계하여 현대적으로 계승 · 발전시켜 우리 전통 주거문화의 우수성을 세계 각국에 알리는 것이 중요하다 할 수 있겠다.

(좌)그림 9-9
북촌 한옥마을 골목길

(우)그림 9-10
농암종택

디지털과 정보화

빠른 속도로 보급되고 있는 정보통신기술의 혁명적 발전은 우리 사회 전반에 크나큰 영향을 미치고 있다. 그것은 우리의 생활양식과 패턴을 변화시키면서 또 다른 환경을 창출하고 있다. 인터넷 시대의 다음으로 유비쿼터스 시대가 등장함에 따라 유비쿼터스 컴퓨팅, 네트워크 기술이 발전하였다. 그 결과 장소, 사람, 사물, 컴퓨터가 하나로 연결됨으로써 어떤 공간에서 발생하는 상황들에 대한 모든 정보가 언제 어디서나 감지, 추적, 전달되고, 역으로 이전까지 불가능했던 보이지 않는 컴퓨터를 통해 사람, 장소, 사물의 상태를 변화시키는 구동화가 가능해졌다. 인류 역사의 4대 공간혁명을 꼽는다면 그것은 도시혁명, 산업혁명, 정보혁명, 유비쿼터스 혁명이 될 것이다. 이러한 네 가지 공간혁명을 구분하는 데 있어서 가장 중요한 초점은 그것이 물리공간에 관한 혁명이냐, 전자공간에 관한 혁명이냐 하는 점과 두 공간의 상호작용 관계에 있다. 도시혁명은 인류의 활동공간이 물리공간인 원시적 평면에서 도시공간으로 창조한 1차 공간혁명이고, 산업혁명은 도시공간을 중심으로 물리공간의 생산성을 이전에는 상상조차 할 수 없었던 수준으로 고도화한 2차 공간혁명이라고 할 수 있다. 정보혁명은 인류의 활동 기반으로 물리공간이 아닌 인터넷과 같은 완전히 새롭고 보이지도 않는 전자공간을 창조한 3차 공간혁명이다. 유비쿼터스 혁명은 물리공간에 전자공간을 연결하여 물리공간과 전자공간이 하나로 통합되어 공진화할 수 있게 하는 4차 공간혁명이라고 할 수 있다.

이러한 4차 공간혁명은 고용의 증대와 재택근무 등에 따른 사무공간의 변화, 생활 기기의 변화에 따른 주거공간의 변화 등 수많은 도시 문제를 변화시켜 줄 것으로 예상된다. 이러한 도시공간에 연령, 교육수준, 직업, 수입 등의 인구통계학적 특성 요인과 거주지역 특성, 직장지역 특성 등의 지리적 특성 요인, 이용 교통수단, 소비 형태, 건강 관심도 등 상황적 특성에 이르기까지 다양한 유형의 도시민들이 거주하고 있다. 이러한 다양한 도시민들의 복잡하고 미묘한 요구를 모두 만족시키는 해답은 분명 존재하지 않을 것이다. 그러나 해당 도시가 가지고 있는 물리적 환경과 자연환경, 다양한 계층과 세대, 전통과 첨단, 사회문화적 흐름 모두가 조화를 이루며 공존할 수 있는 u-city 구축이 필요할 것이다.

미래 주거의 개발 방향

앞에서 살펴본 인구의 고령화, 환경 문제, 사회복지, 정보화 등을 고려해 볼 때 미래의 주거는 새로운 맥락에서 접근해야 하며 하나의 문제에 하나의 해결책이 아닌 통합적이고 다원적인 프로그램이 제시되어야 한다. 이러한 맥락에서 특히 확산될 주택 유형으로는 최소 규모로 고기능을 발휘할 수 있는 신세대 핵가족을 대상으로 한 일실주택, 고령자의 신체적 특성을 감안하여 이에 대응할 수 있는 고령자 대응주택 그리고 정보통신 및 전자기기의 수요증가를 주택 내에서 수용한 주택 자동화 대응 주택의 수요가 대두될 것이다. 이러한 미래 주택 유형의 특징을 살펴보면 다음과 같다.

지속 가능한 주거

산업화 및 도시화가 가속화되면서 도시의 토지 공급은 점점 한계에 다다랐고, 지가 상승 및 도시의 평면적 확산, 그로 인한 녹지의 잠식 등과 같은 문제가 발생하게 되었다. 또한 화석 연료의 과다 사용으로 에너지는 고갈되고, 지구 온난화가 가속화되고 있다. 이러한 문제 의식에서 출발하여 자연 에너지 활용 시스템, 쓰레기 퇴비화, 중수 활용 시스템의 개발 등 자연자원과 에너지의 효율적 활용을 목표로 하는 환경 공학 분야의 연구가 추진되고 있다. 지속 가능한 주거 공간을 계획하기 위한 기본 방향으로 토지의 효율적 이용, 자연 요소의 적극적 활용, 생태적 외부 공간 구성물질을 순환시키는 개별 시스템의 최적화 등이 있다. 이 부분의 친환경주거에 대한 내용은 제6장과 제7장에서 상세히 다루었으므로 이 장에서는 간략히 소개하기로 한다.

자원 및 에너지 절약형 주거

건축물은 많은 자연자원의 결정체이므로 그 생산 및 폐기 과정에서 공급과 처리가 반드시 고려되어야 한다. 자연자원은 지속적인 소비의 결과로 고갈될 수밖에 없는 한정된 자원이 대부분이다. 따라서 자원절약의 최선책은 수요의 절감이다. 수자원 수요를 절감하기 위해서는 중수도 시스템의 도입과 우수의 이용, 그 밖에 절수 기술의 적용 등이 있으며 이러한 기술의 이용으로 한 가구당 물 사용량을 현재에 비해 20% 이상 절감할 수 있다. 가정에서 배출되는 폐기물은 분리수거와 재활용 시설 확충 등의 방법으로 철저하게 회수하고 재이용하여야 한다.

에너지 절약 역시 중요한데 이를 위한 방법으로는 먼저 에너지를 많이 사용하지 않아도 살아갈 수 있는 주택의 구조와 설비 혹은 방 배치의 연구와 아직 이용되지 않은 에너지의 활용이 있다. 그중에서도 자연 에너지를 최대로 활용하는 것이 중요하다. 태양 에너지와 주변 미시기후를 이용하여 건물에 필요한 냉난방 에너지의 수요를 줄이는 방법이 많이 개발되었다. 기후를 고려한 디자인은 새 건물이 환경에 미칠 충격을 감소시킬 수 있는 가장 효과적인 방법이다. 인공조명을 절약하기 위해 주광, 아트리움, 그 외의 자연 채광 기법들을 이용할 수 있다. 또한 토지이용 효율이나 자원 및 에너지 절약 측면에서 보면 단독주택보다 집합주택이 더 바람직한 주거유형이라고 할 수 있다. 기존의 고층 · 고밀화를 지양하면서도 현실적 요구 밀도를 만족시키기 위해서는 에너지와 자원의 절약 측면과 일정 수준의 고밀화가 가능한 중층형, 복층형 기법을 최대한 활용할 필요가 있다.

자연 순응형 주거

주택지의 개발은 지역적인 자연환경, 즉 그 입지 지역의 생태계에 영향을 준다는 것을 고려해야 한다. 자연 경관과 건축 환경의 유기적인 연계를 위한 자연 순응형 주거는 1차적으로 녹지, 호수 등의 자연 경관을 건축 환경과 공간적으로 가까이 접근시켜야 한다.

주거환경을 위한 인위적 녹화 기법은 좁게는 옥상 녹화와 벽면 녹화를 통해 여름철의 직사광선을 차단하여 냉방 부하의 절감을 유도할 수 있고, 온실 설치와 경계수목 식재, 발코니 녹화를 통하여 조습 환경의 구성, 프라이버시 확보, 겨울철 방풍 효과를 얻을 수 있다. 또한 넓게는 기존의 지역 수자원 보존을 가능하게 할 수 있다. 특히 구릉지나 경사면과 같은 자연 지형을 최대한으로 살려서 주거지역으로 개발하는 것은 부정적인 측면보다 긍정적인 측면이 더 많다. 평지에 조성되는 주거단지와는 달리 자연 지형을 이용한 주거단지는 경관적인 측면에서 유리하며 녹지 공간 보호의 측면에서도 유리하다. 이러한 주거 형식 가운데 특히 테라스 주거는 건물의 다양한 형태, 유기적 배치, 양호한 일조환경 등을 확보할 수 있어 자연환경과의 조화 측면에서 유리하다. 이곳에 건립되는 저층 주거단지에서는 변화가 풍부하고 다양한 특성을 가지는 외부공간의 창출이 가능하기 때문에 프라이버시와 커뮤니티에 대한 요구를 동시에 충족시킬 수 있으며 사회적인 고립감 또한 해소할 수 있다.

인간 친화형 주거

폐쇄적인 아파트, 소외된 고령자, 다문화 가족 등의 사회 문제를 아우를 수 있는 미래 주거의 방향은 인간 친화형 주택의 개발이라 할 수 있다. 주택에 대한 사람들의 요구는 대단히 다양하지만 이러한 요구를 모두 만족시켜 주는 집은 없다. 하지만 고도로 발달해 가는 기계문명 속에서 사람들의 감성과 인간성을 회복하고 공동체적인 삶을 살 수 있도록 해야 한다.

공동체형 주거

공동체형 주거 유형은 좁은 의미로는 한 가족 내에서 공유 공간의 확보로, 넓은 의미로는 가족과 가족 간의 공용 공간의 확보 그리고 가족 구성원의 변화에 따른 새로운 가구와 가구 사이의 공용 공간의 확보로 볼 수 있다.

| 가족 및 이웃 공동체

〈그림 9-11〉은 소유주가 다른 이웃 두 집이 이가 꼭 맞게 끼워지는 테트리스 조각 같은 형태로 설계됐다(왼쪽이 요동, 오른쪽이 철동). 두 건물 사이에 공유 공지를 합쳐서 만든 마당과 텃밭이 있다. 아래 오른쪽 사진은 철동의 마당. 정면으로 보이는 집이 요동이다. 대지 경계를 그대로 따랐다면 마당이 현재의 절반 정도밖에 안 되었을 것이다.

21세기 정보화 사회에서는 가족 구성원 각자의 일은 서로 다르지만 상당 부분의 일들이 집에서 이루어질 수 있고, 사회 각 부분의 자동화에 의해 개인의 여유시간이 늘어나게 된다. 이로 인해 고대 농경 사회에서와 같은 가족 공동 사

그림 9-11
판교의 요철집
출처: 정재헌, 판교의 '하나되는 집', 조선일보, 2011. 07. 11.

회로의 환원이 가능해지고 여유시간을 가족 공동 또는 개인의 여가 활동에 활용할 수 있게 된다. 안전 문제, 심리적 불안, 외로움과 같은 사회문제는 우리가 사는 집과 밀접한 관계가 있다. 우선 공동체적 삶을 영위하기 위해서는 서로의 독자 영역을 인정하면서 나만의 영역을 확고히 해야 한다. 혼자 떨어져 있는 장소도 필요하고 모이는 장소도 있어야 한다.

이웃 공동체를 형성하기 위해 서로에게 방해가 되지 않는 범위에서 눈으로 자주 접촉할 수 있는 기회를 제공해야 한다. 공동주택의 경우 계단이나 엘리베이터를 타고 내리는 장소나 복도와 같은 공용공간을 쾌적하게 만들어야 한다. 또 중정을 만들거나 주민 공용 시설의 수준을 높이고 주민 모두가 참여할 수 있는 프로그램을 개발한다. 지역 공동체 의식과 정서적 안정을 위한 방어적 공간을 형성하기 위해 소규모 복리시설을 주민 전용으로 만들고 대규모 복리시설은 외부에 개방하는 것도 바람직하다. 단독주택의 경우는 〈그림 9-11〉과 같이 이웃이 서로 독립된 공간을 가지되 어느 부분은 공유할 수 있는 공간을 형성한다.

| 고령자 공동체

과거의 무기력한 노년층과는 달리 미래의 실버층(65세 이상)은 왕성한 소비생활을 유지하면서 사회 참여나 자아실현에 대한 강한 의욕을 보이게 될 것이다. 여기에 발맞춘 변화 양상은 다음과 같다. 첫째, 재산을 보유한 실버층의 등장으로 독립된 경제생활을 영위하는 노년층이 확대될 것이다. 둘째, 노년층의 쾌적함을 목적으로 하는 상품과 서비스를 제공하는 실버산업이 크게 성장할 것이다. 확대된 개인 시간을 왕성한 사회활동 동호인회, 여행 그룹, 동창회 활동 등을 통해 좀 더 적극적으로 활용하려는 활동파 실버층이 등장할 것이다. 셋째, 노년을 가족에게 의지하지 않아도 되도록 사회 기반 시설과의 연계가 중요한 과제로 부각될 것이다. 이러한 상황을 고려한 고령자 주거 유형은 다음과 같다.

- 자녀세대의 거주 단위와 완전히 분리된 독립형 주택으로, 경제력을 갖춘 65~75세 정도의 건강한 노인을 위한 집합주택의 형식을 취한 도심형 고령자 주택이다. 외부 공용 공간이 도시 기반 시설과 연계되어 지역 주민과의 공동체를 형성한다.
- 자녀와 도심 시설과는 떨어져 있지만 동호인 주택단지 형태의 고령자 마을로 만들어 사회 교류 및 기본적인 편의시설을 배려한 전원형 고령자 주택이 있다.
- 건강 상태가 좋지 않아 가사 운영이 힘든 고령자들을 위한 호텔형 고령자 주택은 기존의 호텔이 갖춘 서비스 시설과 의료시설이 부가되어 전원이나 도심 등 어디서나 가능하다.

| 다문화 공동체

사회 구조와 인식의 변화로 가족에 대한 개념이 바뀌고 그로 인해 가족 공동체의 구성에도 많은 변화가 있을 것으로 예상된다. 가족 변화의 다양성에 따른 유형은 다음과 같다.

- 이혼율의 증가로 편모, 편부 가족이 증가하고 있다.
- 자식이 없는 부부커플 가구가 늘고 있다.
- 독신 가구가 늘고 있다.
- 다국적 문화를 가진 가구가 증가하고 있다.
- 기타 단신부임, 주말 가족이 늘어나고 구성원 간의 생활이 개별적으로 분리되는 가족 해체 현상도 일어나고 있다.

통상적인 가족개념으로는 정상적인 가족이라고 볼 수 없는 가족이나 가구들이 너무 많아지고 있다.

새로운 가구의 거주자들은 비용 절감이라는 경제성, 육아 서비스와 같은 생활 지원 서비스 및 사회적 서비스에의 접근성, 안전성, 주택관리 부담의 최소화, 다른 거주자들과의 교류기회를 요구한다. 그로 인해 공간과 시설을 같이 사용함으로써 비용 부담을 줄일 수 있는 주택을 원한다. 이는 핵가족 사회의 고립감을 해소해 줄 수 있는 실마리가 될 수 있는데 각 단위 주택의 독자성과 공유공간을 어떻게 균형 있게 계획하고 운영하느냐에 따라 공동체 생활의 질이 결정된다.

유비쿼터스 기반 인공지능형 주거

라틴어 'ubiquitas'를 어원으로 하는 유비쿼터스ubiquitous는 어디에나 존재한다는 뜻으로, 사용자가 네트워크나 컴퓨터를 의식하지 않고 장소에 상관없이 자유롭게 네트워크에 접속할 수 있는 정보통신 환경을 말한다. 유비쿼터스 환경의 특징으로는 첫 번째, 통합적 디지털 네트워크 기반이다. 디지털 기술은 이제 개별 기술이 아니라 네트워크화를 통한 복합화의 형태로 제시되고 있다. 두 번째, 생활과의 통합적 연계의 형태이다. 디지털 도구는 컴퓨터 및 핸드폰 등의 활용을 통한 생활과의 연계를 넘어 사회 전반의 변화를 가져오고 있다.

가정 내의 모든 정보가전기기가 유무선 홈 네트워크로 연결되어 누구나 기기, 시간, 장소에 구애받지 않고 다양한 디지털 홈서비스를 제공받을 수 있는 미래지향적인 가정환경을 u-홈이라 하는데, 이를 구축하기 위해서는 가정 내

[표 9-1] 유비쿼터스 사회 도래에 따른 변화와 서비스 특성 비교

구분	정보화 사회(지식기반사회)	유비쿼터스 사회(지능기반사회)
핵심기술	인터넷 네트워크	센서, 모바일
산업	IT 산업 중심	가전, 자동차 등 산업 분야 적용
정부	One stop, Seamless 서비스 통합, 포털 서비스 백업 시스템에 의한 위험관리	보이지 않는 서비스 실시간 맞춤 서비스 상시 위험 관리
기업	주요 거래(지불)정보화	생산, 유통, 재고관리 전 분야의 무인화
개인	표준화된 서비스	지능형 서비스

의 홈 네트워크 외에 서비스를 가정까지 전달해 주는 외부 네트워크, 정보 가전 기기, 홈 디지털 서비스를 구현하는 콘텐츠가 필요하다. 이용자는 복합적인 네트워크 환경을 활용하여 원격 교육, 원격 진료, 홈오토메이션, 멀티미디어 서비스를 제공받을 수 있다. u-헬스 케어는 u-홈의 일환으로 제공되기도 한다. 언제, 어디서나 건강관리를 받을 수 있는 원격 의료 서비스, 전국 각지 병의원과 u-헬스 서비스 네트워크를 구축해 주치의에 의한 맞춤형 개인 건강관리를 할 수 있다.

이러한 u-홈을 구축하기 위한 지능형 미래 주거의 기반 기술 및 요건으로 가장 기본적인 개념은 네트워크, 센싱, 제어를 들 수 있는데 네트워크는 지능형 주거 구축에서 가장 중요한 인프라로서 유선의 경우에는 배선 및 배관 시스템, 무선의 경우에는 통신의 신뢰성 확보와 적절한 엑세스 포인트 배치에 따른 실내의 균형 있는 커버리지가 주요한 이슈이다. 센싱 역시 지능형 주거를 가능케 하는 중요 기술들 중의 하나로 모든 자동화나 제어 역시 센싱을 기반으로 이루어지는데 이 센서들이 첨단 행동인지 소프트웨어와 통합되어 효과적인 관찰이 가능하며, 고성능 음성, 비디오 및 정지 이미지 저장이 가능하다. 센싱의 여러 가지 기능을

그림 9-12
수원 SK스카이뷰 단지에 지그비 서비스(개념도)를 도입해 스마트홈을 구현하는 개념도

*** 지그비(ZigBee)**
지그재그로 춤을 추며 정보를 제공하는 꿀벌의 정보전달 체계에서 따온 것으로, 별도의 칩이 내장된 '범용 가입자 인증장치(USIM)' 카드가 꽂힌 스마트폰만 휴대하면 공동 현관을 출입하는 것은 물론, 엘리베이터 자동호출, 지하 주차장 주차위치 확인, 위급상황 시 비상 콜을 할 수 있도록 설계되었다.

분류해 보면 다음과 같다.

- 환경 센싱: 각각의 인테리어 자재가 환경 센서를 가지고 있어 바닥과 천장의 공기 온습도 측정이 가능하다.
- 상태 센싱: 소형 유선 및 무선 센서를 사람들이 만지고 사용하는 캐비닛문, 서랍, 조절기, 가구, 출입문, 창문, 주방기구 등 모든 사물에 부착시켜서 켜고 끄기, 열림이나 닫힘, 사물의 위치 이동을 감지한다.
- 활동 인지 센싱: 특정 행위, 예컨대 걷기, 청소, 가벼운 신체 움직임, 신체 자세를 실시간으로 감지해서 어떤 조치나 조정을 시작하도록 할 수 있다.
- 생체 측정 및 움직임 감지 센싱: 소형 생체 측정 및 속도계 디바이스를 며칠 또는 몇 주간 착용하여 실시간으로 특정 행위를 감지하여 특정 상황에 대한 정보를 수집 · 제공한다.

센싱과 더불어 지능형 주거와 쾌적한 삶을 영위하게 하는 또 하나의 제어 요소로 실내조명 제어, 환경 조절용 HVAC 시스템, 지능형 시큐리티 시스템, 출입통제, 모니터링 기능 및 스마트 리빙을 위한 제어 모듈을 구축하고 있다. 이러한 유비쿼터스 주거는 과학기술의 발달이 가져다 준 또 하나의 혁명이자 기술이지만 우리의 삶과 생활에 초점을 맞추는 것을 잊어서는 안 될 것이다.

한국 전통 주거문화의 계승

전통 가족관계와 한국형 주거공간

우리의 주거공간을 형성하는 데 있어서 가족관계가 미치는 영향은 매우 크다. 한국 전통 주거공간의 형성은 그러한 전통 유교적 가족관계에 의해 생성되고 유지되어 왔다. 그러나 근대화, 산업화, 도시화는 가족의 분열과 해체를 초래하였고 3세대 이상의 직계가족이 점차 사라지고 2세대 중심의 가족 구성 형태로 변모해 왔다. 따라서 현대주거의 환경은 이미 2세대 이상을 수용하기 위한 요구들이 사라지고 있으며, 내외를 지키기 위한 공간의 구별도 찾기 힘들어졌다. 주거 내에서 이루어지던 가족외적 활동들(접객, 의례, 집회 등)이 격감하면서 사랑채와 같은 사회적 공간들이 축소 · 소멸되었다. 반면에 개인생활과 프라이버시는 점점 더 강조되었는데, 이에 따라 개인공간의 기밀성과 공간 환경이 더욱 중요시되고 가족 형태는 축소되었다. 이미 출산율의 급격한 저하로 나타나듯이 가족 축소는 점점 더 심화될 것이며 고령가구, 단독가구가 증가할 것이라는 예측이 지배적이다. 이러한 추세라면 종래의 가족생활과 관계를 바탕으로 했던 공간의 규범적 장치들은 더 이상 지속력을 잃게 될 것이 분명하다. 즉, 예전에는 가족의 구성 형태에 따라 등장하던 채 나눔 기법, 전이 공간, 중정, 마당 등은 오히려 개인 생활의 독특한 요구를 수용하기 위한 개인공간들로 발전할 것이다.

전통 생활양식과 한국형 주거설비

우리 민족의 생활 · 민족성 · 문화 전통이 한옥을 만들고, 그 한옥이 다시 우리의 문화 전통을 만들었다. 좌식 생활이나 온돌과 같은 난방 방식도 분명 한국 전통 주거문화의 산물이라고 할 수 있다. 좁은 공간을 융통성 있고 효율성 있게 사용하기 위하여 좌식생활을 하였는데, 좌식 생활양식이 없었다면 온돌은 탄생하지 않았을 것이다.

한옥의 바닥을 구성하고 있는 온돌과 마루는 각기 상반된 특성을 지녔음에도 불구하고 다기능을 수용할 수 있는 융통성을 가진 공간으로 발전하여 전체적인 균형과 조화를 이루고 있다. 따뜻하게 불을 지필 수 있는 온돌방은 폐쇄 공간이며 반대로 마루는 시원하게 트인 공간이다.

온돌은 열의 전도, 복사, 대류를 이용한 한국 고유의 난방 방식인데 근대화 과정에서 서양 문물의 도입과 기술의 발전으로 좌식문화가 입식문화로 바뀌는 과정에서 자칫 사라질 위기에 처하기도 했다. 그러나 최근 들어 온돌의 우수성이 부각되면서 역으로 전 세계로의 전파가 이루어지고 있다. 온돌은 세계에서 우리 민족만이 가진 유일무이한 바닥 난방 방식으로 그 특성과 장점을 현대적 과학기술로 잘 개발하여 심리적으로 안정감과 유대감을 줄 수 있는 한국적 좌식문화로의 회귀를 도모하여 한국 전통 주거문화의 정체성을 회복하는 것도 좋을 것이다.

자연과의 관계

한국건축의 성격 중에서는 풍부한 외부 공간과 유기적인 배치, 자연과의 조화 등을 빼놓을 수가 없다. 이러한 공간과 건물 배치는 사회적 관계를 유지하는 데에도 도움을 주지만 일조와 통풍 등 자연 에너지의 사용, 지형으로의 순응 등 자연환경에 대한 독특한 적응 전략과 가치체계로부터 형성되었다고 볼 수 있다. 여하튼 마당을 이용한 채 나눔, 내외부공간의 결합, 툇마루와 같은 매개공간의 활용 등은 한국 주택의 또 다른 전통이라고 할 수 있다. 이것은 요즘 화두가 되고 있는 지속 가능한 건축의 개념과 일맥상통하는 것으로 예전의 형태를 그대로 답습할 필요는 없겠으나 현대의 과학기술과 잘 접목시켜 발전시킨다면 친환경 생태건축의 한 방법론이 될 수도 있을 것이다.

그러나 근대화 시대 이래로 도시화에 따른 집합주택의 발달은 주택 건축이 자연과 대응하는 방식에 대한 인식을 희석시키고 말았다. 토지의 효율성을 극대화하기 위한 집합주택의 설계는 주거공간을 고층화 · 고밀화시켰기 때문이다. 고층화, 고밀화된 집합주택에서 단위주거와 외부공간의 관련성을 찾는 것은 한계가 있었고 자연과의 관계는 단지 환경에 의존할 수밖에 없었다. 그러나 상업화된 집합주택단지들이 자연친화적인 개발과 풍부한 외부공간을 제공하리라 기대하기는 더욱 어려웠다.

환경에 대한 적응전략으로부터 발전한 건축적 방법들은 환경조절기술의 발달에 따라 지속력이 저하될 것이다. 더구나 미래 사회가 집합주거방식을 포기하고 단독주택으로 회귀할 가능성은 적어 보인다. 네트워크가 점점 더 중요시되는 사회에서 인프라를 수평적으로 구축하기는 어렵기 때문이다. 더구나 생태계의 보전과 지속 가능한 개발방식을 강조하는 작금의 추세로 볼 때 지표상에 부담을 주는 수평적 개발보다는 수직적 개발이 더 유리하기 때문이다. 그러나 미래에는 친환경적 단지환경을 갖지 못하는 커뮤니티들은 점차 도태될 수밖에 없을 것이다. 또한 자연환경에 대한 인식과 가치체계는 쉽게 변할 수 없기에 이를 보존하고 대응하는 전통적 방식 또한 쉽게 사라지지 않을 것이다. 자연과의 조화, 내 · 외부 공간의 관계를 다루는 한국의 전통적 방법들은 오늘날 풍수의 이념과 방법이 국제적인 호응을 받는 것처럼 오히려 범세계적인 계획 언어로 재해석될 가능성이 높다.

빈부격차 완화를 위한 주거복지

우리나라처럼 짧은 기간 동안 고도의 경제성장을 이룩한 나라의 경우 빈부격차는 더욱 빠른 속도로 증가한다. 주거복지는 단순히 저소득층을 위한 보조나 배분만을 의미하는 것이 아니라 이미 적절한 주거 생활을 하고 있는 이들의 권리도 함께 보호해 주어야 하는데, 주거복지라고 하면 그 대상이 주로 빈곤층에 국한되어 있는 것이 사실이다. 자본주의 민주사회가 되면서 자연스럽게 발생하는 빈부격차는 사회적 문제가 될 수 있다는 점을 인식할 필요가 있다. 빈부격차가 증가하면 사회 계층 간의 분열이 초래되고 상대적 박탈감 속에서 소외감을 느끼는 계층으로부터 시민의식, 공동체 의식을 기대하기 어렵게 되며, 사회적 혼란도 가중된다. 이는 결국 빈곤층만의 문제로 남지 않고 전체 주거의 안전망과도 직결된다. 이처럼 빈부격차는 현재 시점의 취약계층에게만 해당되는 문제 같아 보이지만 시간이 흐를수록 사회 전체의 혼란과 분열을 가져와 우리 자녀들의 미래에도 영향을 미치게 된다. 그렇다하여 빈부격차를 완전히 없애지는 못하겠지만 최소한의 주거권을 가질 수 있는 적절한 수준으로 갈 수 있도록 노력은 가능할 것이다. 사회통합과 사회 안전망의 확충을 위해 빈부격차가 지나치게 커지지 않도록 정책적인 노력을 기울여야 할 것이다.

한국의 현행 주택 정책은 비수급 빈곤층, 차상위계층 등 정책의 혜택을 받지 못하는 사각 지대가 크고 주택의 물리적 수준 및 주거비 부담과 관련하여 개인 및 가구의 주거 욕구를 충분히 충족시키지 못한다는 문제점이 있다. 특히 정부의 주거지원 프로그램의 전달체계가 다원화된 정책결정으로 연계성 및 통합성이 부족하고 수직적이고 상의하달식이어서 서비스의 중복 및 단절 현상이 발생하고 있으며 수요자 위주의 주거복지 서비스를 제공하기에 미흡한 구조이다.

주거지원에 대한 수요가 상당한 가운데 정부의 주택공급 정책만으로 문제의 신속한 해결에 한계가 있다면 발상의 전환을 통한 종합적 해결 방안이 필요하다. 이를 기존의 주택정책과는 구별되는 주거복지정책이라 할 수 있을 것이다. 아직도 주거정책과 복지정책의 연계는 미흡한 수준이다. 부처 이기주의보다는 서로의 업무영역에 대한 이해 부족이 가장 큰 원인이라고 할 수 있다. 특히 지자체에는 주거복지 전담기구조차 설치되어 있지 않은 곳이 대부분이기 때문에 주거복지 전달체계가 제대로 기능할 수 없는 구조인 것이다. 이러한 문제를 극복하기 위해서는 다음과 같은 발상의 전환과 범정부적인 노력이 지속적으로 필요하다.

첫째, 주거복지의 개념을 폭넓게 해석할 필요가 있다. 즉 주거와 복지를 효과적으로 연계하기 위해서는 주거복지를 주택의 공급뿐만 아니라 입주자의 삶의 질 개선까지도 포함하는 개념으로 이해해야 한다. 지금은 기관 간 업무의 분명한 구분보다도 서로 다른 업무가 교차되는 영역을 넓혀야 할 시점이기 때문이다.

둘째, 주거정책은 목표가 아닌 수단이며 종합적 대안을 모색하는 사회정책의 일환으로 추진되어야 한다. 다시 말해 취약계층에게 주거를 지원하는 단계에 만족할 것이 아니고, 한 걸음 더 나아가 취약계층의 자립을 지원하되 그들이 사회 공동체의 일원으로서 소외에서 벗어나 정상적인 생활을 영위할 수 있는 단계까지 고려하여야 할 것이다.

셋째, 주거복지는 정부의 노력만으로 실현될 수 없다. 취약계층의 유형도 매우 다양할뿐더러 정책의 다양성과 현장성을 제고하기에는 한계가 있기 때문이다. 따라서 민간 비영리 단체의 역량을 강화하고 이들을 적극 활용할 필요가 있다. 특히 취약계층의 자립은 제도적 요인뿐만 아니라 정서적 요인에 의해서도 많은 영향을 받기 때문에 휴머니즘적인 접근이 필요하다.

요컨대 빈부격차의 문제해결을 위해서는 제도적 지원과 당사자의 의지가 적절히 결합되어야 한다. 어떻게 보면 후자가 더 어려운 부분일 수도 있다. 취약계층의 자립의지가 결여될 경우 복지 의존적 행태를 보이며 빈곤의 함정에서 빠져나오지 못할 것이기 때문이다. 근로 능력이 있는 사람은 소득을 창출할 수 있도록 유도해야 하며, 그렇지 못한 사람은 커뮤니티 케어를 통해 보호해야 할 것이다.

참고문헌

제1장

1. Kroeber A. & Kluckholn C., Culture, A Critical Review of Concepts and Definitions, Peabody Museum, 1952.
2. 레이스 A. 화이트 저, 이문웅 역, 문화의 개념, 일지사, 1989.
3. 임승빈, 환경심리 · 행태론(환경설계의 과학적 접근), 보성문화사, 1998.
4. 이경희, 주거와 환경, 문운당, 2005.
5. 손세관, 주거의 의미에 관한 현상학적 고찰, 대한건축학회 논문집 6권 2호, 1990.
6. Rapoport, Amos, 'Cultural Origins of Architecture', Introduction to Architecture, McGraw-Hill, 1979, p. 8.
7. C. N. SCHULZ 저, 이재훈 역, 거주의 개념(구상적 건축을 향하여), 태림문화사, 1992.
8. Altman irwin & Chemers, Martin, p. 1.
9. Irwin Altman & Carol M. Werner, 1985, pp. 287-290.
10. 강영환, 서금홍 외 3명, 주택계획이론관 설계, 기문당, 2010.
11. 한필원, 주거의 문화적 의미, 세진사, 2000.
12. 강영환, 집으로 보는 우리 문화 이야기(웅진 사회사 시리즈 3), 웅진지식하우스, 2000.
13. 한상복, 문화인류학 개론, 서울대학교출판부, 1990.

제2장

1. 현대건축관련용어편찬위원회, 건축용어사전, 성안당, 2011.
2. 편집부, 미술대사전, 한국사전연구사, 2010.

제3장

1. 황용운, 주거건축의 이해, 서우출판사, 2012.
2. 백영흠 · 안옥희, 새로 쓴 한국 주거역사와 문화, 신정, 2011.
3. 임창복, 한국의 주택 그 유형과 변천사, 돌베개, 2011.
4. 주남철, 한국건축사, 고려대학교출판부, 2006.

5. 대한건축학회, 주거론, 기문당, 1997.
6. 강영환, 한국 주거문화의 역사, 기문당, 1992.
7. 김도경 · 주남철, 집안 동대자유적의 건축적 특성에 관한 연구, 대한건축학회 학회지 19권 9호, 2003.

제4장

1. 임창복, 한국의 주택 그 유형과 변천사, 돌베개, 2011.
2. 박경자, 조선시대 정원, 학연문화사, 2010.
3. 최창조, 새로운 풍수 이론, 민음사, 2009.
4. 김종인, 주거문화산책, 밀알, 2007.
5. 신영훈, 한옥의 고향, 대원사, 2000.
6. 김형준, 문전본풀이를 통해 본 제주전통주택의 경계공간연구, 대한건축학회 학회지 23권 3호, 2007.

제5장

1. 임충신 외 공저, 건축 개론, 울산대학교출판부, 2006.
2. 한영호 · 이진영, 주거공간디자인의 이론과 실제, 기문당, 2004.
3. 신경주, 신개념 주거학, 기문당, 2005.
4. 김홍기, 건축 조형 디자인론, 기문당, 2003.
5. 이영재, 주거와 문화, 도서출판 서우, 2003.
6. 김창국, 건축 설계 · 제도 이해, 기문당, 2007.
7. 장정재, 알기쉬운 건축, 시공문화사, 2009.
8. 건축개론편찬회 편, 건축개론, 기문당, 2007.
9. 고상균, 건축설계론, 광문각, 2003.
10. http://blog.naver.com/omath?Redirect=Log&logNo=150032057842.

제6장

1. 정준현 · 백영흠 · 손광제, 주거와 환경, 대구대학교출판부, 2000.
2. 정승일 외 4인, 인간과 환경, 대구대학교출판부, 2002.
3. 대한건축학회, 주거론, 기문당, 1995.
4. 교학사 편집부 등, 중학교 사회 1-2, 교학사, 2010.
5. 홍갑기, 아파트 구매결정의 선택 요인 분석 연구, 인하대학교 학위논문(석사), 2010.
6. 박전자, 주거환경학개론, 세진사, 2001.

7. 김봉애, 주거환경학, 제주대학교출판부, 2001.

제7장

1. 에너지경제연구원 에너지정보통계센터 에너지통계연구, 부문별 최종에너지 소비, 2012.
2. 에너지경제연구원 에너지정보통계센터 에너지통계연구, 주택형태별 소비, 2012.
3. 에너지경제연구원 에너지정보통계센터 에너지통계연구, 주택의 종류, 연면적 및 거주인 수별 주택-시군구, 2012.
4. 에너지관리공단(http://www.kemco.or.kr/), 여름철 전기절약 행동요령(가정용), 2012.
5. 에너지 소비효율 비교 사이트 http://www.효율바다.kr/notice/faqList.aspx, 2012. 07. 03.
6. http://www.greentomorrow.co.kr/index.htm.
7. http://samsungtomorrow.com/617.
8. http://www.sekisuihouse.co.jp/company/newsobj1177.html.
9. http://ebshim.egloos.com/10021493.
10. http://www.aist.go.jp/aist_j/press_release/pr2008/pr20080617/pr20080617.html.
11. City of Helsinki, Ministry of the Environment, 'Eco-Viikki : Aims, Implementation and Results', 2005.
12. 이규인, 세계의 지속가능한 도시주거, 발언, 2004.
13. 김민경 · 임희지, '2010 세계 주요도시의 제로에너지타운 정책비교 연구', 서울시정개발연구원, 2010.
14. City of Helsinki(http://en.uuttahelsinkia.fi/sections/5/environment/areas/156/ viikki).

제8장

1. 권인규, 건축방재학, 동화기술, 2007.
2. 이영재, 건축방재, 기문당, 2002.
3. 김운형, 한국의 주택화재 현황과 분석, 주택화재안전 국제세미나/한국소방검정공사 기술시험연구소, 2006.
4. 이재형, 일반주택의 화재피해 저감에 관한 연구, 경기대학교 산업정도대학원 소방 · 방재전공 석사학위논문, 2007.
5. 방재연구회 AFRI 저, 정영배 역, 건축방재계획(건축구조물 방재계획의 사고와 결정방법), 기문당, 2010.
6. 양영석, 제주지역 주택화재 피해 저감 방안에 관한 연구, 제주대학교 행정대학원 석사학위논문, 2011.
7. 이주성, 건축방재계획의 개선방안에 관한 연구, 서울시립대학교 석사학위논문, 2012.

8. 일본화재학회, 권영진 외 5명, 건축과 화재, 동화기술, 2006.
9. 이강훈, 건축방재계획론, 경남대학교출판부, 2002.
10. 실기익휘 저, 강병희 역, 건축방재 안전, 서우, 2001.
11. 정재학, 신승우 외 3명, 건축소방 방재, 선학출판사, 2012.
12. 김홍수 · 김상인, 건축 소방 및 방재 시설물 유지관리 기법, 광문각, 2005.

제9장

1. 대니얼 앨트먼, 10년 후의 미래, 청림, 2011.
2. 이연숙, 미래공간과 디자인, 연세대학교출판부, 2005.
3. 한균자 외 14인, 한국사회문제, 한국방송통신대학교출판부, 2008.
4. 이연숙, 미래공간과 디자인, 연세대학교출판부, 2005.
5. 임만택, 건축환경학, 보문당, 2011.
6. 양윤재, 저소득층의 주거지 형태 연구, 열화당, 1991, p. 15.
7. 하성규, 주택정책론, 박영사, 2010, p. 14.
8. 윤정숙 외 4인, 한국 주거와 삶, 교문사, 2007, p. 10.
9. 김민정, 유비쿼터스 환경과 미래 주거의 변화 고찰, 홍익대학교 석사학위논문, 2004, p. 2, p. 12.
10. SK C&C 컨설팅 본부 Market Solution 컨설팅팀, u-city 어떻게 추진해야 하는가?, 인포드림, 2009, p. 35.
11. 정재헌, 판교 하나되는 집, 조선일보, 2011. 07. 11.
12. (사) 한국주거학회, 미래주거환경, 2008, pp. 20~31, pp. 47~48, pp. 68~69, pp. 76~77.
13. 오재인, 도시와 유비쿼터스 융합, 박영사, 2010, pp. 181~182.
14. 한옥공간연구회, 한옥의 공간문화, 교문사, 2004, p. 115.
15. 한국도시연구소 기획, 홍인옥 외 5인, 주거복지의 새로운 패러다임, 사회평론, 2011, p. 95.
16. 서윤영, 사람을 닮은 집, 세상을 담은 집, 서해문집, 2005, p. 157.